創見文化，智慧的銳眼
www.book4u.com.tw www.silkbook.com

看懂趨勢，搶先布局應用指南

Web4.0
商機大解密

AI、區塊鏈應用賦能專業顧問
吳宥忠 /著

WORLD WIDE WEB

國家圖書館出版品預行編目資料

Web4.0商機大解密：看懂趨勢,搶先布局應用指南 / 吳宥忠 著. -- 初版. -- 新北市：創見文化出版, 采舍國際有限公司發行, 2024.5 面；公分--- (Magic power ; 30)

ISBN 978-986-271-993-0（平裝）

1.CST: 網際網路 2.CST: 技術發展

312.1653　　　　　　　　　113004288

Web4.0商機大解密

 創見文化 · 智慧的銳眼

作者／吳宥忠

出版者／智慧型立体學習 · 創見文化

總顧問／王寶玲

總編輯／歐綾纖

文字編輯／蔡靜怡

美術設計／Maya

台灣出版中心／新北市中和區中山路 2 段 366 巷 10 號 10 樓

電話／（02）2248-7896　　　　　　傳真／（02）2248-7758

ISBN ／ 978-986-271-993-0

出版日期／2024 年 5 月

全球華文市場總代理／采舍國際有限公司　　新絲路網路書店 www.silkbook.com

地址／新北市中和區中山路 2 段 366 巷 10 號 3 樓

電話／（02）8245-8786　　　　　　傳真／（02）8245-8718

華人最具深度的區塊鏈、元宇宙專家

　　兩年前因進入區塊鏈學習領域和魔法講盟執行長吳宥忠結緣，認識了執行長，發現其人生歷練相當豐富，從行銷、房地產、餐飲、保險、區塊鏈、元宇宙領域，皆因其廣泛的知識涉獵成為各領域的專家，他時常受邀兩岸、東南亞的千人大型演講，學員遍佈兩岸，已名副其實成為華人國際級名師之首。2017 年因區塊鏈逐漸受到全球市場的關注，執行長不吝嗇分享心法，將其知識出書惠予廣大讀者，讓有興趣了解區塊鏈、元宇宙的讀者有更全面、系統性的方式獲取知識。

　　正所謂天道酬勤，機會永遠是給準備好的人，吳執行長與魔法講盟董事長王晴天博士領先業界嗅出元宇宙的趨勢，在臉書創辦人 2021 年 10 月發布更名為 Meta 之前，早在 2021 年 8 月已完成註冊「元宇宙股份有限公司」，由此更足以肯定吳宥忠執行長為華人先趨，因此我極度推薦本書，其中在最近特別火熱的 NFT 鏈遊（GameFi）議題有深度的介紹與探討，本人亦深感榮幸受執行長的邀請，以鏈遊風險意識角度於該篇章略有著墨，期盼藉由本書的出版為元宇宙的未來略盡綿薄之力，謝謝!!

林柏辮

國立中山大學亞太經營管理碩士(EMBA)
合法隔套包租公、中國工信部區塊鏈認證
魔法講盟區塊鏈講師認證

期待並迎接這充滿機遇的智能時代

自 2016 年開始從事區塊鏈教育以來，我堅信區塊鏈技術遠超於僅僅是加密貨幣那般簡單的概念。它涉及廣泛的產業應用。然而，由於區塊鏈技術本身的複雜性，對於初學者而言，理解和應用這一技術無疑是一大挑戰。隨著時間的推移和技術的發展，區塊鏈工具日益變得用戶友好，大大降低了入門門檻。網上對於區塊鏈的討論和搜尋熱度亦隨之大增，特別是自 2021 年下半年起，Web3.0 成為了熱門關鍵詞。眾人熱切討論 Web3.0，似乎將其視為近在咫尺的未來。

就在 Web3.0 成為焦點之際，2023 年 7 月，歐盟率先提出 Web4.0 概念，發布了結合實體和虛擬環境，以及人機互動技術的「Web4.0 和虛擬世界戰略」。該戰略預計將創造約 240 萬個就業機會。

在 90 年代，許多人難以相信所有企業最終將轉型為互聯網公司的預言。今天，對加密貨幣的懷疑、恐懼和不確定性，似乎是對那時懷疑的翻版。我敢於預測，在不久的將來，所有企業都將融入加密經濟，企業網站將普遍設有「連接錢包」按鈕，以 Web3.0 為實現這一目標的途徑。這一變革背後的推動力是多方面的。首先，隨著越來越多人投身加密貨幣領域，他們將尋求一種無縫的方式來進行日常金融活動，而無需將加密貨幣兌換回法幣，避免不必要的手續費和匯率損失。儘管加密貨幣目前仍是一個利基市場，但其擁有者比例在全球範圍內持續成長，預示著加密貨幣的普及正逐步擴展到各行各業。

　　加密貨幣的持有者期望能夠像使用法幣一樣，進行各類交易和投資。Web3.0將使得使用加密貨幣進行日常金融活動變得更加便捷。以抵押貸款為例，目前借款人需經歷一個繁瑣的申請流程，這一過程大量依賴人工判斷，可能反映出人類的偏見，不公平地對待某些群體。在Web3.0時代，這一過程將變得更加迅速和公正。借款人只需連接自己的錢包，基於區塊鏈上的財務概況和交易歷史，一個演算法即可立即做出借貸決定。

　　此外，Web3.0不僅簡化現有金融活動，還將開啟新的金融領域，比如使資產部分所有權的買賣成為可能。賣家得以獲得之前難以觸及的資金，而買家則能通過購買部分所有權更經濟地投資於這些資產。Web3.0將促進更直接的賣家與客戶關係，消除中間商的剝削。在藝術和娛樂領域，我們已見證到創作者直接通過社交媒體和內容平台與粉絲互動，減少對傳統大眾媒體的依賴。然而，即使在Web2.0時代，創作者與粉絲之間的關係仍可能受到平台政策的限制。Web3.0的出現，將徹底排除中間商，允許粉絲直接購買創作的全部所有權，而非僅是租用內容。

　　NFT在某種程度上已實現了這一轉變，尤其是在數位藝術領域。這一模式可輕易擴展至音樂、電影等其他媒體。Web3.0生態系統的不斷成熟表明，轉型正在順利進行。

　　最終，Web3.0將促使商業世界實現去中心化，通過社區所有權而非傳統的自上而下控制模式。去中心化自治組織（DAO）已在一些領域實現這一變革，允許任何參與者通過投票指導公司或項目的方向。隨著Web3.0的發展，我們期待看到更多行業迎來創新。

　　至於Web4.0，它代表著互聯網技術的第四代演進，也稱為智能互聯網，基於前代技術實現更智慧、更高效、個性化的網絡環境。對於從事科技行業的專業人士、企業經營者以及對Web4.0感興趣的讀者，本書旨在提供全面而深入的Web4.0指南，結合理論與案例分析，探索技術創新的未來方向，助您把握Web4.0時代的機遇，為數位化轉型做好準備，讓我們共同期待並迎接這一未來充滿機遇的商業趨勢。

AI、區塊鏈應用賦能專業顧問

吳育忠

賦能新趨勢，「智」造新商機！

自 2021 年下半年起，互聯網上對「Web3.0」的搜尋量急劇上升。大眾對 Web3.0 展開熱烈討論，彷彿這一概念即將迅速成為現實。然而，Web3.0 並不是憑空出現的新鮮事物，它其實是延續了上世紀 80 至 90 年代賽博朋克和密碼朋克的精神。當下 Web3.0 的熱潮，可被視為在賽博空間注入原生經濟動力後的一次文化復興。在此背景下，歐盟已經搶先布局了 Web4.0，推出了「Web4.0 和虛擬世界戰略」。這一戰略強調了「延展實境」技術的關鍵作用，這種技術結合了實境、虛擬環境以及人機互動裝置的應用場景，預計將創造高達 240 萬的就業機會，開啟一個全新的數位時代。

*註：

賽博朋克（Cyberpunk）和密碼朋克（Cypherpunk）是兩個源於 20 世紀末期的文化運動，各自對科技和社會有著深刻的影響，尤其是在互聯網和數位隱私方面。

★賽博朋克

賽博朋克是一種科幻文學流派，於 1980 年代早期興起，著重於未來世界中高度發達的資訊技術和網絡空間背景下的反烏托邦社會。這些故事通常設定在企業控制的城市景觀中，探索人類、機器以及人工智慧之間的關係，強調科技對個體自由的影響。賽博朋克作品中常見的主題包括網絡黑客、人類與科技的融合、社會階層分化和對抗體制的反叛。威廉·吉布森的《神經漫遊者》（Neuromancer）是該流派的代表作之一。

★密碼朋克

　　密碼朋克是1990年代初期出現的一個運動，由一群對加密技術、隱私權和資訊自由有著強烈興趣的活動家、數學家和計算機科學家組成。他們相信，通過使用密碼學，個人可以保護自己免受政府和大型企業的監控和控制。密碼朋克們提倡隱私保護、匿名通信和安全的數位貨幣。他們的理念和技術創新對後來的數位隱私法、加密貨幣（如比特幣）和區塊鏈技術有著深遠影響。

　　賽博朋克和密碼朋克雖然在關注的重點和表現形式上有所不同，但都深刻地反映了人類在高速發展的科技環境中面臨的道德、社會和政治挑戰。兩者都提供了對未來可能走向的獨到洞察，特別是在科技與人類自由交織的複雜關係上。

網絡獨立宣言

　　1996年2月8日，電子前哨基金會創始人約翰・佩里・巴羅發表了具有開創性的《網絡獨立宣言》，這篇文章在早期的互聯網上引發了廣泛討論。巴羅在宣言中挑戰了政府對於日益發展的網際網路空間的控制權，強調網絡世界是一個獨立於傳統力量管轄的心靈家園。宣言主張了三個核心理念：第一，它是無物質的存在，既無所不在又虛無縹緲，不依賴於實體世界；第二，它是無國界的，歡迎所有人加入，不受種族、經濟、武力或出生地的限制；第三，它是一個無歧視的空間，人人可以自由表達個人信仰，無需恐懼。這份宣言快速走紅並在網上被廣泛轉載，九個月內約有四萬個網站轉載此文。

　　約翰・佩里・巴羅宣言中有句話：「We will create a civilization of the Mind in Cyberspace.」（我們將在賽博空間創建一個心靈的文明），成為了當時互聯網自由派理想的代言。

　　隨著時間的推移，隨著互聯網的不斷發展和演進，這份宣言引起的熱烈討論漸漸遭遇質疑。到了 2002 年，轉載該宣言的網站數量減少到約兩萬個。更為深刻的是，巴羅本人在 2004 年的一次訪談中回顧當年的樂觀主義態度，坦言：「我們都變老了，變得更明智了」。儘管《網絡獨立宣言》所描繪的理想化場景當時未能完全實現，但它無疑激發了一代人對於網絡自由和獨立的持續追求與思考。

網路空間主權貨幣的早期嘗試

　　若將貨幣視為現代經濟社會高效運轉的不可或缺之血液，那麼獨立於物理世界的網絡空間同樣需要一套原生的貨幣系統來推動其經濟活動。在網絡獨立宣言興起的背景下，密碼朋克運動也迎來了其發展的高峰。1993 年，Eric Hughes 發表的《密碼朋克宣言》不僅明確了密碼朋克致力於透過密碼學建立匿名系統以保護隱私的使命，更強調了「軟體是不可銷毀的，分佈式系統將永遠運行」的理念。

　　我們，密碼朋克，致力於建立匿名系統。我們用密碼學、匿名郵件轉發系統、數字簽名，以及電子貨幣來保護我們的隱私。

　　　　　　　　　　　　　　　　　　　　　　—— Eric Hughes

　　1983 年，David Chaum 提出了基於盲簽名技術的匿名電子現金系統概念，即後來的電子貨幣 eCash 之前身，雖然這一概念最終未能普及，其背後的運營公司 DigiCash 也於 1998 年宣告破產。DigiCash 的失敗背後可能有諸多原因，但根本上或許是由於其中心化架構所導致的，畢竟一旦中心化的實體或服務器崩潰，整個系統便無法持續運行。難以想像在未來，我們會依賴某個公司的產品作為互聯網上的通用貨幣標準。

　　DigiCash 倒閉的同年，另一位密碼朋克 Wei Dai 提出了 b-money 概念，一個匿名且分佈式的電子現金系統，擁有現代密碼貨幣系統的所有基本特性，然而由於技術實施上的挑戰，b-money 未曾實現。到了 2005 年，Nick Szabo 設計出了名為 bit gold 的去中心化數字貨幣框架，試圖在賽博空間中盡可能模仿黃金的安全和可信特性，關鍵在於其不依賴任何中央權威機構。儘管 bit gold 被視為比特幣的直接先驅，它同樣未能實現。

　　從 eCash 到 b-money，再到 bit gold，早期密碼朋克對於創建賽博空間的原生主權貨幣進行了一系列嘗試，但這些創新想法最終未能得到實際應用，反映了在進入數字貨幣時代之路上的初期探索與挑戰。

軟體正在吞噬世界

　　隨著互聯網從 Web1.0 的階段演進到 Web2.0 時代，我們面臨到了若干個現有架構難以跨越的發展瓶頸。Web1.0 時代，大約自 1991 年至 2004 年，被視為萬維網發展的初期階段。在此期間，創造內容的人士相對較少，絕大部分的網路使用者僅僅作為內容的消費者，形成了一種「閱畢即走」的模式。然而，隨著時代進入 Web2.0，網路使用者得以在眾多互聯網平台上，以極低的成本進行資訊的交流和協作，這一時代的互聯網產品核心理念轉變為互動、分享與聯結。這一變革在 2011 年達到了高峰，當時美國風險投資公司 a16z 的合夥人馬克·安德森提出了「軟體正在吞噬世界」這一觀點，他確信許多新興的互聯網公司正在建立真實的、高成長和高利潤的商業模式。緊隨其後，我們見證了包括 Meta（前稱 Facebook）、亞馬遜、Alphabet（Google 的母公司）、騰

訊等互聯網科技巨頭的迅速崛起。這些公司雖業務領域不一，但它們成功的共通點在於能夠有效利用用戶的「狀態」信息。

進入 Web2.0 階段，用戶不再僅是互聯網服務的消費者，而是成為了互聯網產品不可或缺的一部分。用戶與平台建立了基於信任的關係，願意提供自己的狀態信息以換取更優質的服務。不過，當平台發展遇到瓶頸時，這種信任往往會被背叛，用戶與平台的關係從正和遊戲轉變為零和遊戲。平台為了維持成長，開始從用戶那裡擷取包括隱私在內的各種資料，將原本的合作夥伴轉變為競爭對手。隨著軟體逐漸侵蝕到我們生活的各個方面，互聯網迫切需要一場範式的轉移，來重新定義用戶與平台之間的關係，推動更開放、更公平且充滿創新的數位生態系統的發展。

這一範式轉移的核心，在於構建一個以用戶為中心的數位世界，其中用戶的隱私和數據所有權受到尊重與保護。這要求我們轉向採用去中心化的技術和架構，如區塊鏈和分布式帳本技術，以確保數據的透明性、安全性和不可篡改性。通過這種方式，我們可以創造一個更加民主化的網絡環境，其中每一位用戶都有能力控制自己的數據，決定哪些信息可以被共享，以及如何被共享。

隨著人工智慧和機器學習技術的進步，我們還需要確保這些技術的應用促進了公平性和透明性，而不是加深了數位鴻溝或加劇了不平等。這意味著在設計和部署這些系統時，需要考慮到倫理和社會影響，確保技術創新服務於整個社會，而不僅僅是少數利益集團。

隨著我們進入一個新的數位時代，我們面臨著重塑互聯網基本原則和價值觀的挑戰與機遇。透過推動範式轉移，我們不僅能夠解決當前面臨的問題，更能夠開創一個更加自由、公平且充滿創新的數位未來。

區塊鏈創世紀

2008年10月31日，神秘身份的中本聰在密碼朋克社群中發布了比特幣白皮書，並於2009年1月3日挖掘出比特幣的創世區塊。這一里程碑事件不僅標誌著密碼朋克幾十年對於無需信任的網絡原生貨幣追求的實現，也為賽博空間注入了經濟活動的血液。

Bitcoin P2P e-cash paper

Satoshi Nakamoto satoshi at vistomail.com
Fri Oct 31 14:10:00 EDT 2008

- Previous message: Fw: SHA-3 lounge
- **Messages sorted by:** [date] [thread] [subject] [author]

```
I've been working on a new electronic cash system that's fully
peer-to-peer, with no trusted third party.

The paper is available at:
http://www.bitcoin.org/bitcoin.pdf

The main properties:
 Double-spending is prevented with a peer-to-peer network.
 No mint or other trusted parties.
 Participants can be anonymous.
 New coins are made from Hashcash style proof-of-work.
 The proof-of-work for new coin generation also powers the
    network to prevent double-spending.

Bitcoin: A Peer-to-Peer Electronic Cash System
```

接著在2014年1月24日，維塔利克‧布特林在邁阿密的比特幣大會上宣布了以太坊項目的誕生。以太坊建立在比特幣的基礎之上，引入了圖靈完備的虛擬機，將整個網絡轉化為全球共享的通用計算機，為開發者提供前所未有的靈活性。DeFi（去中心化金融）協議如Uniswap和Compound的出現，標誌著人們能夠在賽博空間內進行更多複雜的商

業活動。此外，NFT、GameFi、DAO 等新興概念為賽博空間的居民提供了豐富的互動場所。

在這一過程中，以太坊的聯合創始人 Gavin Wood 首次系統性地闡述了 Web3.0 概念，他認為在後斯諾登時代，互聯網用戶不應再盲目信任企業，強調需要建立一個以最小信任為基礎的互聯網基礎設施和應用。Web3.0 旨在推動網際網路朝一個更加去中心化、安全、且尊重用戶隱私的方向發展，其中包括重新定義用戶與資料的關係，確保用戶對自己的數據擁有絕對的控制權。

隨著社會的進步和技術的發展，Web3.0 為建立一個更加開放、公平的數位世界提供了可能，其中去中心化的理念和技術如區塊鏈為用戶提供了前所未有的權力和自主性。這不僅是技術上的革命，也是一場社會政治運動，旨在從根本上改變人們對權力、信任和自由的認識。

在 Web3.0 的願景下，我們看到了一個去中心化的網絡系統的雛形，它強調開放性、包容性、韌性和去中心化治理，並為經濟系統提供了一種免於信任的基礎。隨著技術的進步和社群的發展，我們期待在未來探索更多的可能性，共同塑造一個更加自由、公正的數字新世界。

歐盟啟動 Web4.0 新革新

2023 年為 AI 世代的元年，引領出 Web4.0 的新世代，在積極布局未來科技轉型的進程中，歐盟宣布推出其前瞻性的「Web4.0 和虛擬世界戰略」，突顯對「延展實境」技術的深度投資與應用，並預計將激發 240 萬個就業機會的創造。此戰略隨著《加密資產市場法案》（MiCA）的成功簽署後揭曉，標誌著歐盟在推動科技創新和轉型方面的又一重大

進展。2023年7月12日公佈的計畫意在超越當前的Web3.0概念，致力於為歐洲公民、企業和政府部門建立一個更開放、安全、可靠、公正及包容的數字生活環境。

此次戰略的推出，不僅是對過往以互聯網論壇和社交網絡為中心的Web2.0時代的超越，而且強化了當下Web3.0趨勢中對開放性、去中心化和賦予用戶更大權限的追求。

歐盟強調，Web4.0（簡稱為Web4）將作為新一代互聯網的標誌，深化數位元與物理世界的融合，進一步促進人類與機器之間的交互作用。歐盟內部市場研究專員蒂埃里‧佈雷頓（Thierry Breton），指出歐盟將發揮其從嚴格監管到促進創新開放的全面優勢，促進虛擬世界的開發者與產業用戶之間的連結，並專注於推動新技術的廣泛應用和推廣，旨在確保公眾能夠安全且充滿信心地接觸和利用虛擬世界。

根據歐盟的宣布，虛擬世界將為人類的生活帶來劃時代的轉變，開啟無限機遇與挑戰。該戰略的核心宗旨是打造一個反映歐盟核心價值觀和原則的Web4.0和虛擬世界，確保民眾權利得到全面實踐，同時促進歐洲企業在這個新的時代背景下繁榮發展。

隨著Web3.0的興起和Web4.0的展望，我們見證了互聯網從去中心化理念到實踐的演進，一場融合賽博朋克精神與現代科技的文藝復興正緩緩展開。自網絡獨立宣言到密碼朋克的勇敢嘗試，再到區塊鏈技術的創世紀，每一步都為賽博空間注入了生命力，推動了經濟與文化的復興。Web2.0時代雖然促進了互動與連接，但同時也暴露了中心化控制的風險與限制。區塊鏈技術的興起不僅為網絡自主權提供了技術基礎，更開闢了DeFi、NFT、DAO等創新領域，為用戶參與和資料主權帶來了新的可能性。

　　進入Web4.0時代，我們期待一個更開放、公平、且充滿創新的數字未來。歐盟的「Web4.0和虛擬世界戰略」不僅展示了對技術進步的前瞻性投資，也突顯了對於創造就業、推動經濟與社會全面發展的承諾。透過延展實境技術和深化數位與現實世界的融合，Web4.0為人類與機器之間的交互提供了無限可能。

　　在這個新的時代裡，隨著基礎設施的持續進化，社群DAO和Web3.0應用已經展示了基於共同價值觀和使命在賽博空間聚集的力量。未來，更多的創新和可能性正等待我們去探索和實現。Web4.0不僅是技術的升級，更是社會、經濟與文化轉型的契機，代表著向更加自由、平等、開放的數位世界邁進的堅定步伐。隨著每一位網絡使用者的積極參與，我們共同塑造的未來，將是一幅由無數創新點滴匯聚成的璀璨畫卷。

Part 1　Web4.0時代

Part 2　Web4.0的基礎技術

Part 3 Web3.0的下一步～元宇宙

Part 4 元宇宙的發展與應用

Part 5 最值得關注的十大Web3.0 加密貨幣

Part 6 Web4.0

Part
1

Web4.0時代

01 Web4.0演進史

　　Web（World Wide Web）即全球廣域網路，也稱為萬維網，它是一種基於超文字和HTTP的、全球性的、動態交互的、跨平台的分散式圖形資訊系統。電腦專業的學習者對Web這個概念並不陌生，提到Web3.0、Web4.0……我們會下意識地理解為Web的「版本」，或者是「升級版」的意思。因為我們在很多的技術中都會有一些通用的標準，一般都是以數字來命名版本，以示區別。互聯網發展至今，現在一共有6種形式：Web1.0、2.0、3.0、4.0、5.0、6.0。

　　Web1.0——資訊共用。雖然人們為資訊共用已經奮鬥了很多年，但直到Web技術的出現並逐步完善至今，資訊共用還遠遠未令人滿意。但比起之前的其它技術，如FTP等，自描述性賦予了Web系統強大的生命力，使得Web成為資訊共用的第一設施。

　　Web2.0——信息共建。直到Web1.0時代，資訊也還都是單向的，由話語權集團發出，普通百姓只有聽的份兒，而Web2.0則賦予了普通百姓一樣的話語權，意識表達空前活躍，特別是在意識形態禁錮的社會裡。如此必然導致網路資訊的氾濫：陷阱病毒成災，如今殺毒軟體倒成了電腦第一應用了；垃圾資訊遍布，如果找到適合自己的資訊，就成了網民的需要，因此搜尋引擎崛起。但搜尋引擎並不能杜絕陷阱病毒，也不能區分垃圾資訊，更不能系統化Web資訊，因此技術探索就成為必

然。

Web3.0──知識傳承。電腦是人類的意識外化，其每一點進步，都必然聚合了更多人的智慧。集聚人類智慧為人類共用，是電腦科學技術的內在本質。Web3.0裡，我們不僅要消滅陷阱病毒，踢出垃圾資訊，更要有序化、系統化整個Web世界，以全Web資源為基礎建設出一座「Web圖書館」來實現人類自身的「知識傳承」。個人的知識系統就是實現人類自身知識傳承的Web3.0系統。即時性是其主要特性，因此即時通信（IM）系統是知識界的技術平台。

Web4.0──知識分配。在Web3.0裡，人類可以隨心所欲地獲取各種知識，當然這些知識都是先人們即時貢獻出來的。這裡的即時性，指的就是學堂裡老師教學生的即時性。從Web3.0開始，網路就具備了即時特性。但人們並不知道自己應該獲取怎樣的知識，即自己適合於學習哪些知識。比如一個10歲的孩子想在20歲的時候成為核子物理學家，那麼他應該如何學習知識呢？這些問題就是Web4.0的核心──知識分配系統所要解決的問題了。

Web5.0──語用網。說到語用網，才真正進入了AI的領域。技術的發展雖然令人眼花撩亂，但其背後的本質卻十分簡單。現有的電腦技術都是圖靈機模型，簡單來說圖靈機就是機械化、程式化，或者說算術，以資料和算符（運算元）為二元的閉合理論體系。圖靈機是研究和定義在資料集上的運算元規律或法則的數學科學。在網路世界裡，這個封閉系統都要聯合起來，成為一個整體，也就是整個網路成為一台電腦系統了。而這台電腦就不再是圖靈機了，而是Petri網了。早在20多年前，Petri就說過，實現Petri網的電腦系統技術叫語用學。因此語用網才是這台電腦的技術基礎。

Web6.0。本質上不是單純的互聯網技術或衍生思想，而是物聯網與互聯網的初步結合的一種全新模式，惠及廣大網民。這裡不要將物聯網看成是互聯網的附庸，它是與互聯網等價的物理媒介，即將改變世界的新的物理模式。在Web6.0裡每個人都有調動自己感官的無限權力，用自己的五官去重新發現世界，從而改變世界。

如果從1989年，CERN（歐洲粒子物理研究所）中由Tim Berners-Lee領導的小組提交了一個針對網際網路的新協議和一個使用該協議的文檔系統，該小組將這個新系統命名為World Wide Web，簡稱WWW（全球資訊網）的創建開始計算，網際網路已經走過33個年頭，在漫長的發展歷程中，網際網路也經歷了兩次巨大的變遷。

網際網路的技術發展已經發生了很大變化，簡單來說可以被分類成Web1.0、Web2.0、Web3.0時代：

★**Web1.0如：**Netscape

★**Web2.0如：**Facebook

★**Web3.0如：**Decentraland

★**Web4.0如：**Open AI

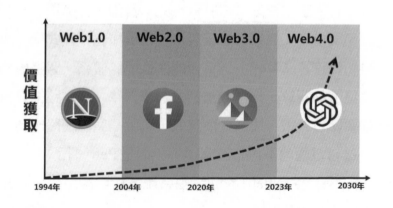

	Web1.0	Web2.0	Web3.0	Web4.0
互動	只能讀	讀+寫	讀+寫+擁有	讀+寫+擁有+運用
管道	靜態文字	互動內容	虛擬經濟	數字世界
組織	公司	平台	網路	去中心化
基礎設施	個人電腦	雲端行動	區塊鏈	區塊鏈+AI
控制	中央集權	中央集權	權力下放	去中心化

👍 1-1 前世～ Web1.0

　　網際網路早期的那一批協議如TCP、IP、SMTP和HTTP，我們叫它Web1.0協議，它們秉承的是開放性和包容性的精神，是開放的標準。這意味著在世界上的任何地方的任何人，都能站在平等的位置上，在它們之上構建系統，而不需要經過任何人的准許。比如你現在手裡的iPhone/Android手機，或者你每天都會打開的微信，都是基於這些開源始碼。

　　因為網際網路的核心協議是開源的，沒人能單方面控制網際網路，

正是基於這些底層協議的中立和穩定，在其之上才能讓全世界處在不同
利益兩端的組織共同聚集和運行在這些協議上，並在此之上互相連接。

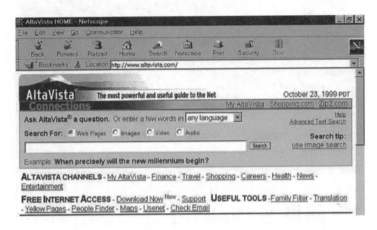

隨著WWW（全球資訊網）的出現，人們開始在網站上創作各種
類型的信息，例如圖文、音視頻等。

但當時有能力創作或有精力創作的大部分都是傳統行業的報社、新
聞媒體等機構。這段期間誕生了很多大家熟知的公司，例如Google、
Yahoo、搜狐、新浪，他們通過聚合各種網頁的海量信息構成了門戶網
站，吸引用戶點擊觀看，以此插入廣告通過流量變現。就好比你看電視，
只能看別人想展現給我們的內容，而我們沒有辦法左右電視臺播放的內
容。

Web1.0公司代表例如：網景通訊（Netscape Communications）

N Netscape

網景通訊，舊稱網景通訊公司（Netscape Communications Corporation）
，通常簡稱為網景（Netscape），是一家已倒閉的美國電腦服務公司，

以其開發的同名網頁瀏覽器而聞名，當時其總部設在加利福尼亞州的山景城。

Netscape網頁瀏覽器曾一度佔據市場主導地位，但之後在第一次瀏覽器大戰當中輸給了Internet Explorer，其市佔率從1990年代中期的90%跌落至2006年底的不到1%。Netscape發明了JavaScript，這是網頁的客戶端指令碼中使用最廣泛的語言。該公司還開發了用於保護線上通訊安全的SSL協定，該協定一度被廣泛使用，直至被TLS協定取代。

Netscape股票從1995年開始進行交易，到1999年被美國線上（AOL）收購，其市值最終到達100億美元。在被AOL收購不久之前，Netscape公開了瀏覽器的程式碼，並建立了Mozilla組織來協調其產品的未來發展。Mozilla組織以Gecko排版引擎為基礎重寫了整個瀏覽器的原始碼，而往後的Netscape版本也都是基於這個被重寫的程式碼。Gecko引擎技術隨後也用於Mozilla基金會的Firefox瀏覽器。

Netscape的瀏覽器開發持續到2007年12月，當時AOL宣布在2008年初將停止支援Netscape瀏覽器。截至2011年，AOL依然持有Netscape這一品牌，以Netscape為名的還包括它的廉價網際網路服務。

網景是第一家嘗試利用全球資訊網的公司。在1994年4月4日成立時的名字為馬賽克通訊公司（Mosaic Communications Corporation），由吉姆‧克拉克邀請馬克‧安德森共同創立。並得到知名風險投資公司凱鵬華盈的投資。該公司的第一個產品是網頁瀏覽器—— Mosaic Netscape 0.9，發行於1994年10月13日。在發布的四個月後，它已經佔據了四分之三的瀏覽器市場份額。由於其優於其他競爭對手，如Mosaic，它在短時間內成為網際網路使用者的主要瀏覽器。為了避免和NCSA的商標擁有權產生問題，這套程式後來改名為

Netscape Navigator，公司也於1994年更名為「網景」。網景第一批員工雖曾在NCSA工作，不過網景領航員沒有使用Mosaic瀏覽器的任何代碼。

1995年8月9日，網景首次公開募股獲得巨大成功。原本股票價值為每股14美元，但股價因一個臨時決定倍增至每股28美元。第一天收市，股價升至每股75美元，幾乎是當時創記錄的「首日獲利」。1995年，該公司的收入每季上升一倍，網景的瀏覽器市場佔有率達到70%。網景的成功使馬克・安德森於1996年成為時代雜誌的封面人物。

網景的一個目標，是為所有作業系統的使用者提供跨平台一致的網際網路使用體驗。網景領航員的使用者介面在多個平台上始終如一。網景更多次嘗試開發一種能夠讓使用者透過瀏覽器來存取和修改他們的檔案的網路應用系統。這引起微軟注意，因為那概念跨越作業系統界線，微軟視為對Microsoft Windows的直接威脅。有人聲稱，數個微軟的執行人員在1995年6月曾參訪網景總部，提議分拆市場，即容許微軟開發Windows瀏覽器，而網景則負責在其他作業系統上開發產品，網景當時拒絕了。不過，微軟否認該指控，因為這違反反壟斷法。

微軟發布Internet Explorer1.0，當時只是Windows 95的Microsoft Plus！附購品。根據前Spyglass開發者Eric Sink的說法：正如大家所相信的，Internet Explorer並沒有基於NCSA Mosaic，而是基於由Spyglass開發的Mosaic版本。微軟很快地推出了數個Internet Explorer的連續版本，這些版本都是捆綁於Windows作業系統，使用者可免費使用（網景領航員當時是收費的）。微軟更以自己公司的其他部門的收入，調配於開發Internet Explorer的資金中。這段時期，被稱之為「瀏覽器大戰」。當時，網景和微軟為了超越彼此，在它們的瀏覽器

增加許多功能（雖然未必能正常運作），「版本號碼」亦增加得很快（雖然未必合邏輯）。當時 Internet Explorer 因為擁有專業人才、資金充足，處於上風。Internet Explorer 到了 3.0 版，在功能上差不多等同於 Netscape Communicator（網景通訊家）；而到 4.0 版，使用者認為 Internet Explorer 運作比較穩定。對於網景的其他產品，微軟亦提供了對應的免費產品，例如：隨 Windows NT 附送的 Internet Information Server 伺服器軟體。

網景無法對抗微軟的「免費程式對上收費程式」策略。同時，網景面對越來越多對其產品程式錯誤的批評。批評者認為，網景過度偏向「增加功能」，忽視運作穩定，特別是在 1997 年第 4 季和 1998 年 1 月的大規模裁員後，大眾對網景的印象漸趨負面。1998 年網景的瀏覽器市場佔有率還超過 50%，但在次年微軟瀏覽器的市佔率就超過了網景。

1998 年 11 月 24 日，美國線上以 42 億美元、免稅換股的方式收購網景。

2000 年 11 月 14 日，美國線上跳過了 Netscape 5，釋出基於 Mozilla 0.6 原始碼的 Netscape 6。失策的是，由於 Mozilla 0.6 穩定性不足，Netscape 6 催化使用者放棄使用網景品牌。直到 2001 年 8 月，基於 Mozilla 0.9.2 的 Netscape 6.1 才比較穩定；一年後，發布基於 Mozilla 1.0 的 Netscape 7。

證實微軟因濫用壟斷能力而敗訴後，美國線上向微軟提出索償訴訟。在 2003 年 5 月，微軟和美國線上達成和解協定，願意賠償網景 7.5 億美元，並同意提供美國線上 7 年無限制的使用和散佈 Internet Explorer 的權利；這被認為是「網景結束的訊號」。

2003 年 7 月 15 日，時代華納（當時稱為美國線上時代華納）解散

了網景，網景大部分的程式員被解僱，網景的標誌亦消失於建築物。

　　網景的品牌繼續被廣泛使用。之後前自家的程式設計師，另外開發和支援網景系列瀏覽器，但在2007年底，美國線上決定停止網景瀏覽器的開發，並於2008年3月1日起停止安全更新和所有的技術支援，並建議使用者轉移使用Firefox瀏覽器。2007年，使用網景瀏覽器的使用者僅佔0.6%。

1-2　今生── Web2.0

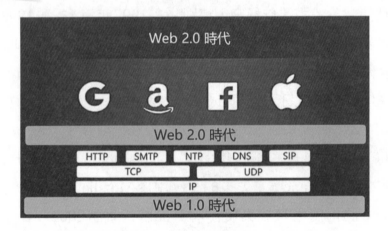

　　Web1.0的開放協議讓今天的網際網路變得可能。但是，對於應用開發者來說，它們並不是一套完整的樂高積木。還有很多部分的協議缺失了，比如數據的存儲協議，基於數據的計算協議等。

　　而Web2.0的科技巨頭更進一步，因為開源很難盈利，所以這些創業公司的商業模式是在這些網際網路的開放協議上構建帶產權的閉源的協議。這些協議就是Web2.0協議，從而建立起了強大的商業模式（這是它們出現的本質原因）。

這其中少數創業公司有一些已經變成了人類歷史上最有價值的公司，你肯定聽過其中一些。然後，也因為這些公司，數十億人幾乎免費地用上了偉大的新科技。

Web2.0協議的出現，引來了一波創新浪潮。隨著越來越多的用戶加入進來，一些新的、有意思的創新模式隨之誕生，此時誕生的產品形態也和Web1.0發生了變化，其誕生的更多是平台型或者雙邊/多變型產品，例如微博、貼吧、Facebook、Twitter等，這些創新的產品都有一個共同點就是允許用戶自主生成內容並發布到平台與其他用戶發生互動，此時屬於信息交互的時代。

Web2.0的平台模式做大、做強的核心是網絡效應。那什麼是網絡效應呢？比如你穿越回唐朝，在皇城周邊找了一塊空地，你在上面蓋了些毛坯房，之後你去附近的街道上發傳單跟大家說都來這裡交易吧，這塊離皇城近，人流量大，還不收你們房租，只需要在你們每筆交易中抽取5%當作物業費就行。

起初有一批外圍的商家在那裡開了一些小分店吸引了一批買家，慢慢地其他賣家因為看到那裡確實有生意，陸陸續續都搬到你的市場裡去了，商家越多，賣的種類多樣化又能為你吸引來更多的買家。你靠著撮合買家賣家促成更多的生意，獲得更多的收益，並因為馬太效應買家賣家越集中，你這塊市場的價值就越大。對應到我們的現實生活中就是蝦皮、露天、酷澎、淘寶這些我們每天都在用的平台系統。

但是因為網絡效應／馬太效應，慢慢的市場上每個垂直領域中都只剩極少數的平台存在，其他小平台最終都因為沒有用戶，競爭不過而折戟沉沙，逐漸展露出這樣的現況。

Web2.0的弊端1平台背後都由公司運營

公司的使命是讓股東利益最大化，產品上線給用戶免費甚至補貼給用戶用，讓用戶逐漸離不開這個產品。比如說滴滴，起初價格補貼讓用戶都選擇用這個平台叫車，又給一些有車的用戶提供另外一種兼職模式，平台內部逐漸地讓供給方和需求方都離不開滴滴，外部市場上通過瘋狂的價格補貼搶占市場份額形成寡頭地位。

之後他會在開車/坐車交易的基礎上不斷地把這個交易模型裡的增值部分抽取到手，這在經濟學上叫尋租。（在經濟交易或者生產中的貢獻沒有變，但因為地位特殊，或者有一些特殊的權利，不斷地擴大自己的收益，壓縮其它參與者的收益，就是尋租）

Web2.0的弊端2是不公平

因為平台之所以有現在這麼大的價值和網絡效應，是因為大家都來參與才創造的。平台長大之後，不僅不給大家分錢，還要從大家身上賺更多的錢。那些依賴於平台而生存的某些職業，在平台的利益分配上，沒有定價權。

Web2.0的弊端3是用戶數據隱私問題

談到數據保護和數據隱私，我們不得不提到關於App的使用，幾乎每年都會有關於手機軟體在未經用戶授權的前提下收取用戶隱私，而這都是因為系統本身和軟體之間存在隔閡，從本質上就已經出了問題。

還有現在我們在使用Web2.0的應用時，往往第一件事就是被網站或者網際網路公司要求我們註冊，於是我們的許多個人信息就被收集起

來了。但是，中心化的公司一方面可能會將我們的個人信息和數據透露給其他機構，也可能會被洩漏，即使是最大的應用 Facebook 也經歷過好幾次用戶信息洩漏的事件。

在區塊鏈技術還沒出現之前，網際網路圈就出現了 1.0 版本對 Web3.0 的理解：

隨著人工智慧的逐漸應用，一些新的網際網路商業模式正在興起，比如每當我們在閱讀新聞時，網站的算法會根據我們之前的文章偏好，自動給推薦類似的文章，每次在網上購物，也會推薦更有意購買的物品。

這意味著網站可以通過用戶的行為，開始學習和分析，變得更加智能，所以，一些網際網路從業者便把 Web3.0 定義為「更智能的網際網路」。其主要特徵是，機器能讀懂任何信息，網站根據信息提供智能刪選和提供更好的信息（人工智慧），網際網路無處不在（物聯網）。

但當時對 Web3.0 的理解並不能解決 Web2.0 已出現的問題，直到區塊鏈技術的發展才對 Web3.0 的解讀出現較為完整的解決方案。

1-3 區塊鏈誕生的啟發，造就Web3.0的到來

比特幣用密碼學的一些基礎設施比如數位簽名，Web1.0 的開放協議（TCP，UDP 等），和一個非常聰明的激勵結構來構建了一個集體所有的中立的資料庫，或者叫分布式帳本，用於記錄比特幣的交易/支付數據。分布式資料庫的創新點就是它的安全性是由它的用戶自下而上創建的，而這個用戶可以是任何人，在任何地點，不需要徵得任何人同意就可以參與進來。它的挑戰性就在於，許多參與者是不誠實的，他們

會想在這個系統中找漏洞獲利，比如竄改數據。比特幣的高明之處是它設計了一個激勵體系，讓系統可以自我監管，它不把資料庫放在一個「可信賴」的數據中心，因為這個數據中心的擁有者大概率的結局又會變成Google這種大公司，而是在網絡上每個參與者都持有一份他們自己的拷貝。

那麼比特幣是怎麼設計這個激勵體系的呢？

比特幣是運用工作量證明（POW）：內在邏輯是你必須給這個資料庫貢獻安全性以獲得投票資格和回報。結果是形成了一種優雅的激勵結構，該結構鼓勵網絡中的參與者相互檢查。因此，即使他們彼此不信任，他們也會信任他們一直共同保護的這個資料庫（分布式帳本）。

以太坊則是在比特幣的基礎上又往前走了一大步，它不僅僅是一個分布式資料庫，而是一個分散的、集體所有的世界計算機。以太坊提供虛擬機和構建塊，讓開發者可以使用虛擬機開發應用，在它之上運行的程序一旦部署，反過來也歸集體所有。沒有人類機構控制它們。從某種意義上說，他們是獨立的；一旦寫成，他們就乖乖地按照所寫的去做，不受任何人的權威，區塊鏈技術的發展推動了無信任、去中心化、自治理觀念的成熟。

就比如說你是某創業團隊的一員，你們用技術把市場給建造起來。現在這個市場沒有買家，也沒有賣家，怎麼辦呢？把市場的所有權變成股票。誰到這兒來交易，就發股票，以後這個市場的利潤根據股份來分配，股票就是通證Token。

這些商家一看，在淘寶做生意，只能得到銷售利潤，還得讓平台抽取手續費，在去中心化的電商平台，可能一開始沒什麼人在這裡購買，但是你給我通證了，那看在錢的份上，我過來吧。這個賣家過來了之後

呢，甚至會因為有這個通證的補貼，他願意去以低於市場的價格去提供服務，那麼就吸引買家跟過來，逐漸地網絡效應就建立起來。最終網路起來之後，它不被任何單一的人或者少數人群體控制，是這些利益相關者構成社區來控制這個網絡協議或者叫加密網絡，加密網絡屬於通證的持有者。比如說對整個加密網絡的更新，我們在開發網際網路服務的時候，快速疊代，一週就發布一個新版本，但是記帳規則是寫在區塊鏈上的，是去中心化的，任何人都不能想修改就修改。所以升級要有正統性，要有一種辦法能夠把社區召集起來，讓他們達成共識，然後才升級，否則就又依賴於個人或者團隊。

Gavin Wood博士提出的Web3.0

與中途輟學的V神不同，8歲開始程式設計的Gavin Wood擁有約克大學電腦博士學位以及音樂視覺化博士學位，其掌握英語、義大利語、法語、西班牙語、羅馬尼亞語及邏輯語等6種語言。此外，他曾編寫CD RiplnPleace，並設計了著名桌遊Milton Keynes。

2011年，首次聽說比特幣的Wood，並未對其產生興趣。然而，2013年當他再次審視並研究比特幣協議時，其不僅意識到這項技術將

對社會經濟帶來重要影響，且深深迷戀上了區塊鏈。同年，在朋友的介紹下，他結識了 V 神。

加入以太坊後，Wood 身居幕後，先後設計了 C++ 版以太坊用戶端原型、編寫《以太坊黃皮書》（曾有人指出，「預計全世界能直接看懂這份黃皮書的人加起來不足一百個。」），並為智能合約開發高階語言 Solidity。在這份黃皮書中，Wood 首次提出了 EVM 概念（Ethereum Virtual Machine，即以太坊虛擬機器），業內人士指出，如果沒有 EVM 以及 Solidity，智能合約以及 DApp 根本無從談起，V 神對以太坊的所有構想將難以付諸實踐。可以說，Wood 在「塑造」以太坊的同時，也間接為區塊鏈行業的發展鋪平了路。據稱，幾乎以太坊早期的大部分重要技術決策均由 Wood 定奪，而這也是為何人們稱其為技術方面的「以太坊之父」。

早在 2014 年 4 月，Wood 剛完成《以太坊黃皮書》不久後，其便以一篇題為《我們為什麼需要 Web3.0》的論文闡述了對「Web3.0」的構想。Wood 的「Web3.0」構想，即通過 P2P 協定從軟體層面重塑互聯網。他希望通過該協議打造全新的互聯網架構，以提供去中心化的網路服務。在這一時期，仍為以太坊團隊成員的 Wood 意識到，「漸近成熟」的以太坊架構無法「推倒重建」，無法按其設想的方向發展。因此，在上述種種因素以及希望實現「Web3.0」願景的驅使下，Wood 告別了以太坊，開始邁向新的方向。

2015 年底，脫離以太坊的 Gavin Wood 創立了 Parity Technologies（當時名為 Ethcore）。深詣程式設計技術的 Wood，首先推出了廣為人知的以太坊用戶端 Parity。該應用由 Rust 語言編寫，其性能是 Geth 和 C++ 用戶端的數倍，後期幾乎壟斷以太系錢包市場。此外，Wood 成為

了第一個用Rust編寫以太坊用戶端的程式師。

隨後，Wood開始全身心研究其構想的「Web3.0」概念，並宣布了Polkadot專案。據瞭解，與Cosmos旨在實現鏈上價值的互聯不同，Polkadot不僅致力於實現鏈上價值互聯，還計畫實現鏈上消息的互通。該項目或將解決跨鏈代幣互換問題，打造區塊鏈世界裡的互聯網。

Web3.0是將主權還給人的革命，用戶數據的話語權不再被網際網路巨頭壟斷，這就需要Web3.0全新的示範來顛覆如今的網際網路巨頭壟斷局面，保護每一個網際網路用戶的利益。得益於區塊鏈技術的去中心化存儲、無法竄改、信息加密等特點，再結合我們近期的研究總結，可以大致地將Web3.0貼上以下四個標籤：

★**標籤一**、Web3.0必須是開放的。

★**標籤二**、Web3.0必須是安全的。因為開放，且安全，所以必須用到密碼學技術。

★**標籤三**、Web3.0必定是去中心化的或者叫分布式的。開放協議，必定造就去中心化。

★**標籤四**、Web3.0的平台和應用必定具有原生通證，因為去中心化需要通過通證自動結算各方的利益分配。

Web3.0將會在生產關係上產生巨大的突破，其中去中心化及去信任化的技術，將生產關係帶到一個全新的合作模式，這模式將人類有史以來最大的社會成本「信任成本」完全的剔除，所以在Web3.0的世代將沒有信任問題，也就將人類世界帶到「代碼即法律」的區塊鏈世界。

對服務的提供方來說

平台的代碼（協議）是開放的，不是一家企業獨自掌控平台，而是一個社區擁有這個平台，平台的利潤不再是不透明的，不可預測的，優先流向大股東的（大股東可能為追求更高的巨額利潤來對平台的策略進行修改）。而是按規則的，可計算的，可預測地分配給所有平台中價值的創造者，比如當你在家裡看《平凡的榮耀》的時候，隔壁老王家的某雲礦機正在不斷地為你傳輸下一集的視頻文件；你為了看這部劇向視頻網站支付了15元的會員費，老王的礦機靠著給附近的人傳文件，一天賺了2毛錢。平台的商業模式仍然能容納Web2.0的成熟的商業模式，比如廣告、會員服務、遊戲等，平台可能催生新的商業模式。平台不會像Web2.0一樣，因為其主體公司的倒閉而關閉，一個參與節點的關閉不影響Web3.0平台整體的運行。

比如你發表在Meta上的文章，可能因為Meta的一封「停止服務公告」而遭到刪除。即便是你在雲端音樂上花錢買的版權音樂，也會因為版權到期而從App中刪除，再也聽不到。

 對用戶來說

App的使用體驗與Web2.0仍然類似或一致，用戶對自己貢獻的內容具有所有權，能夠根據對平台的內容貢獻而獲得一定的回報，對自己使用平台服務時產生的隱私數據，能夠比較清楚知道這些數據的用途，並對這些數據具有一定的決策權，可用其產生一定的經濟收益，對平台承諾的對一些私密數據的存儲有信心（因為是密碼學保證且代碼是開源的），用戶能跨平台地擁有一些東西的所有權（這個所有權是密碼學保證的，不是某個機構認證的），這樣在跨平台交互的時候，能認證且自

由轉移這些所有權資產，用戶可以和任意的陌生人在無需信任的基礎上進行任何金融交易，因為區塊鏈和智能合約沒有感情，它對所有人一視同仁，它只認鏈上記載的不可竄改的記錄以及實實在在的數字資產。

比如當你走進銀行的時候，銀行要審查你的資格，查你的資金來源，然後經過漫長的審查後再以你的抵押物給你貸款；而在Web3.0的DeFi（去中心化金融）裡，沒有那麼一個中心化的機構來對比進行審查，無論是你一個被趕出家門的流浪漢，還是一個身穿西裝的華爾街大佬，部署在以太坊區塊鏈上MakerDAO智能合約都將無條件地接收你的數字資產並將穩定幣借給你。

在等待Web3.0真正來到的那天之前，我們不妨大膽暢想一下Web3.0的時代是什麼樣的，那時的數位世界應該會和現實世界一樣重要，所有用戶都能以虛擬化身的樣子隨時進入數位世界，在進入數位世界之前僅僅需要一次關口身份確認，以保證你就是你。進入數位世界後你可以任意穿梭在各類應用中而不需要註冊登錄，應用平台在你未允許的狀態下也不知道你是誰，和現實世界一樣，到達一塊新區域後我們無需向當地政府提交身份信息。

初期你在數位世界甚至不需要工作，因為你在數位世界的任何行為都是對社區的維護，你也會得到相應的收益。你在數位世界的資產可以隨意轉移到任意應用中。

你在數位世界會以匿名身份去參與各種應用，進行線上社交等，就好比你在線下參加一些聚會，也是一來誰也不知道你是誰，除非做自我介紹。你也會在數位世界中進行交易，而這個過程會與現實中類似，你線下支付購買東西的時候，對方也不用知道你是誰，也不用知道你的資產有多少，就可以進行交易。

這樣的匿名能很好地保護我們的隱私，但是匿名也不會是犯罪的溫床。在數位世界中，系統也會對用戶的所有行為進行判斷，比如會有一個類似現實生活中徵信體系的這樣一個存在來綁定虛擬形象，當有人做出一些不好的行為，就會影響信用分數，信用分數過低便會限制他在數位世界的一些行為或禁止使用一些場景，在交易的過程中承擔更多的手續費等。犯罪者也可以通過完成一些補救的任務，比如直接支付一些罰款等方式來恢復信用分數。但是，曾經作惡的記錄不可竄改，隨時可以查看。又或者匿名身份會以去中心化KYC的方式，將數位身份和現實身份對應，防止作惡。

 ## Web3.0的案例：Decentraland

如果您曾經玩過《第二人生》遊戲及交易加密貨幣，您應該會對Decentraland感興趣。它創立於2016年，平台由基本2D設計發展成為龐大的3D世界。

Decentraland的發開人員Estaban Ordano及Ari Meilich所創建的虛擬世界包括了電子房地產、物品及其他可自訂資產，全部都可以使用Decentraland的ERC-20代幣MANA購買。

Decentraland居民可以在某些加密貨幣或法定貨幣交易所購買MANA。ERC-721非同質化代幣代表著Decentraland的獨特資產，包括LAND財產及其他可收藏物品。

Decentraland是一個虛擬世界及社區，由區塊鏈技術推動。用戶可開發及擁有土地、藝術品和非同質化代幣（NFT）。成員亦可參與平台的分佈式自治組織（Decentralized Autonomous Organization，DAO）。

作為DAO，Decentraland賦予其社區成員參與管治項目的權力。Decentraland的原生加密貨幣MANA及遊戲內的所有資產都是在以太坊區塊鏈上運行的。

Decentraland如何運作呢？

Decentraland是一個結合虛擬實境及區塊鏈技術的網上世界。有別於其他網上遊戲，Decentraland用戶可以直接控制網上世界的規則。DAO讓代幣持有人可以直接就遊戲及組織的政策進行投票。這個機制影響著一切，包括允許的項目類型以及DAO的庫房投資。

非同質代幣代表著遊戲中的收藏品，包括衣服，物品和遊戲的虛擬房地產LAND。用戶將這些代幣儲存在他們的加密錢包中，然後將其出售予Decentraland市場的其他用戶。舉例來說，如果您想買一款新面罩，您就需要使用Decentraland的原生加密貨幣MANA來購買。

除了交易物品和財產外，玩家可以利用遊戲、活動和藝術品來佈置他們的個人空間，與其他用戶進行互動。用戶也可以選擇利用LAND賺錢。玩家可以完全自行決定一切。

Decentraland有很多用例，包括廣告和內容策劃。但對於想通過NFT進場的新用戶來說，入場門檻很高。以太坊燃油費讓用戶需要以兩倍的價錢才能買到一些化妝品。而土地價格高達數千美元，要擁有這些土地對部分用戶來說實在是太艱難了。

什麼是LAND和MANA？

MANA是Decentraland的原生加密貨幣。它不但具有數字貨幣的功能，亦能賦予MANA持有人在Decentraland DAO的投票權。

為了參與DAO的管理，用戶將其MANA轉換為封裝MANA（wMANA），並把它們鎖在DAO中。每個wMANA在治理建議中代表一票。您可以在交易所或Decentraland市場上賣出收藏品來獲得MANA。DAO還擁有自己的MANA庫，以資助其決策和營運。

LAND是非同質化代幣，代表社區中玩家擁有的土地。與MANA相似，它也是Decentraland治理協議的一部分，具有投票權。

與MANA的不同之處是，您不需要把LAND鎖在DAO，而且每個LAND代幣可以提供兩千張選票。擁有多個地塊的玩家可以將它們結合在一起，組成一個Estate代幣，其投票權等於其所包含的地塊。

🌐 什麼是Decentraland DAO？

Decentraland最引人入勝的特點之一就是其去中心化特質。如上文提到，玩家社區控制著土地、數字資產及Decentraland的發展。

作為一個分散的自治組織，該項目使用開源代碼來制定其規則。任何持有MANA或擁有LAND的用戶都可以創建方案及對方案進行投票。

Decentraland DAO運行於DAO軟件解決方案Aragon，利用可與以太坊智能合約進行交互的Agent。

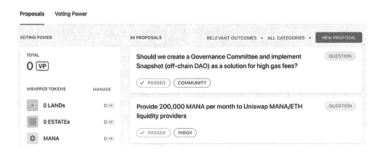

Decentraland 用例

Decentraland開發團隊早從設計平台開始,就一直希望項目能夠在區塊鏈社區上創造新用例。其白皮書概述了五個主要用例:

★ **應用程式:** 用戶可以使用Decentraland的編碼語言創建應用程式和3D場景,從而加強互動性。

★ **內容策劃:** Decentraland的社區已發展成熟,吸引了不少志同道合的支持者,讓有機社區不斷發展。

★ **廣告:** 社區中的玩家流量為廣告品牌帶來商機,例如是購買廣告位置及設置廣告牌。

★ **數字收藏品:** NFT物品在Decentraland市場中收集,創建和交易,為用戶提供所有權。

★ **社交:** 社交媒體平台上的社區甚至是線下群組都可以與朋友以更互動、更有趣的方式聯繫。

與大多數包含區塊鏈經濟的遊戲一樣,也有機會自己賺錢。投機炒作很普遍,某些LAND需求強勁的項目還可以賺大錢。

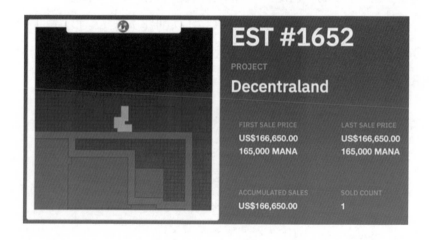

如何儲存 MANA 及 LAND ？

您需要有一個可以結合瀏覽器並能夠與 Decentraland 進行全面互動的加密貨幣電子錢包。開發團隊目前建議用小狐狸錢包（MetaMask）儲存您的 MANA（ERC-20）和 LAND（ERC-721）代幣。

在區塊鏈虛擬實境平台領域中，Decentraland 非常獨特。您可以自由探索，然後再決定是否進入這個世界。其開發團隊始於當初一個小型項目，發展到五年後的今天，它已是眾多加密項目中較為成熟的一個。

1-4　AI時代來的又快又猛：Web4.0彎道超車

Web4.0是網際網路發展的下一個階段，它被認為將融合人工智慧、機器學習和其他先進技術，使網路更加智能化、個性化和互動化，從而革新我們與信息互動的方式。在 Web4.0 的發展中，人工智慧（AI）和機器學習（ML）的持續成長將是其中一個關鍵驅動因素。全球人工智慧市場預計將從 2021 年的 583 億美元成長至到 2026 年的 3096 億美元。Web4.0 被描述為下一代互聯網，將使人工智慧、機器學習等先進技術與網絡緊密融合，為用戶提供更智能、個性化、互動式的網絡體驗，從而改變我們與信息的互動方式。Web4.0 的出現將是網際網路發展的又一個里程碑。

Web1.0是靜態網頁的時代，Web2.0帶來了互動和社交元素，Web3.0強調語義化和智能化，而Web4.0則將進一步推進智能化和個性化的發展。Web4.0被稱為智能網，它將採用數位和實體物件環境的融合，使互聯體驗更加豐富。人與機器將形成共生關係，機器將從人類互

動中學習，並提供幫助決策的洞察力。

Web4.0也被描述為具備自主性、主動性和內容探索系統的時代。它將透過自主學習、協作和內容生成代理來推動自動化和內容探索。此外，Web4.0也將成為推理技術和人工智慧的平台，AI將自動化流程、生成洞察力並支持決策，並利用深度學習模型和自然語言處理。Web4.0將實現硬體、軟體和數據的無縫整合，提供更高效的服務和體驗。這個時代將促進人與機器之間的密切互動，機器將通過學習人類互動來提供洞察力，人機協同將成為Web4.0的特點。雖然Web4.0的未來無法準確預測，但它將帶來網際網路發展的新機遇和挑戰。人工智慧、機器學習、數據整合和人機互動將在Web4.0的時代發揮關鍵作用，它可能將改變我們的日常生活和工作方式。

總結來說，Web4.0將是智能網絡的時代，將引領人類與機器更加密切地合作，提供更個性化、智能化和互動性的網絡體驗。它將成為網際網路發展的新里程碑，並在未來幾年改變我們與信息互動的方式。

OPEN AI 開創 Web4.0 的新世紀

Web4.0是一個新的時代，可以說是由OpenAI開創，預示著未來互聯網的進一步發展和演進。而Web4.0是一個由OpenAI推動和引領的新時代，它標誌著人工智慧和自然語言處理技術的巨大進步，引發了對互聯網的全新認知和使用方式。Web4.0的概念是基於ChatGPT為代表的大模型的問世。ChatGPT首先作為一個簡單的模型，被人們拿來當作玩具，但隨著時間的推移，逐漸演進成為實現與人類經驗交互、自動生成文字資訊的先驅。而GPT-4的發布更是Web4.0的進一步進化，支援文字和圖像的多模態大模型，並且具備理解圖像的能力。在Web4.0

時代，互聯網的使用方式將發生革命性的變化。OpenAI通過開放付費訂閱用戶使用網頁瀏覽＋外掛新功能，使ChatGPT能夠流覽網頁並使用多種協力廠商外掛，將資訊檢索和獲取內容的能力提升到新的高度。這意味著使用者不再需要通過傳統的搜尋引擎來獲取資訊，而是能夠直接通過ChatGPT獲取所需內容，實現了直接提供使用者所需資訊的新模式。

Web4.0還將推動圖書館進入Lib4.0時代。Lib4.0是智慧圖書館、大資料圖書館、增強現實圖書館、上下文感知圖書館、高端（前沿）識別能力圖書館以及創客空間的組合。這些圖書館的概念模型的實現將賦予圖書館員關鍵性和決定性的作用。Web4.0的到來將對互聯網生態產生深遠的影響。相比之前的Web版本，Web4.0標誌著人們不再依賴傳統的搜尋引擎來獲取資訊，而是通過人工智慧模型直接獲取內容，進一步加快了資訊獲取的速度和效率。對於內容創作者來說，意味著面臨了新的挑戰，因為直接獲取內容可能會減少他們的點擊率和廣告收入。Web4.0是一個由OpenAI推動的新世紀，它將改變人們對互聯網的使用方式，提高資訊獲取的效率，並推動各行各業的進步與創新。這是一個引人矚目的時代，將在技術和人機交互方面帶來許多新的可能性和機遇。

Web4.0將帶來的應用

Web4.0是互聯網技術的新概念，通常指下一代互聯網技術的發展方向，是Web3.0的進一步延伸和完善。Web4.0旨在提升人機交互的效率和體驗，並利用更加智能和自主的技術來實現更加智慧化和智能化的互聯網應用。它將推動語義網的發展，並可能涉及腦機接口（BCI）、元宇宙、人工智慧、物聯網等技術。

由於Web4.0還在想像階段，以下將針對Web4.0可能帶來的應用進行假設性的描述：

★ **腦機接口（BCI）**：Web4.0可能涉及腦機接口技術，這是一種允許人腦與電子裝置或計算機進行直接交互的技術。這樣的應用將使得人們可以通過思維控制設備，例如控制智能家居、虛擬現實體驗等。

★ **元宇宙**：Web4.0可能進一步推動元宇宙的發展。元宇宙是一個虛擬的、三維的數位世界，允許人們在其中交互、創建和共享數字內容。這將帶來全新的社交、娛樂、教育等應用場景。

★ **人工智慧**：Web4.0將進一步整合人工智慧技術，提供更加智能化和個性化的互聯網應用。這包括智能推薦系統、智能助理、自動化流程等。

★ **物聯網**：Web4.0將與物聯網緊密結合，使得設備和物品之間的連接更加智能和無縫。這將推動智能城市、智能交通、智能健康等領域的發展。

★ **醫療技術**：Web4.0可能在醫療領域帶來巨大影響，例如腦機接口技術的應用可以幫助行動不便的族群恢復部分功能，智能健康監測系統可以提供個性化的醫療服務。

★ **智能網絡**：Web4.0將整合AI和機器學習技術，使網絡具有更高的智

能化水平。它將能夠理解用戶的喜好和需求，提供更加個性化和準確的內容和服務。

★ **自主決策**：Web4.0將支持自主決策和自主學習，使網絡可以根據用戶的反饋和行為不斷優化自身，提供更好的用戶體驗。

★ **延展實境**：Web4.0將開啟延展實境的新時代，通過智能設備和感知技術，將虛擬世界和現實世界融合在一起，為用戶帶來全新的體驗。

★ **安全**：隨著Web4.0的普及，對於數據和隱私的安全需求將更加迫切。因此，Web4.0可能促進更加安全的數位身份驗證技術、加密技術等的發展。

★ **學校和教育**：Web4.0有望在教育領域實現更加智能化的教學和學習方式，例如個性化教育、虛擬教室等。

　　值得注意的是，由於Web4.0目前仍處於發展階段，其中的具體應用和技術細節可能會隨著時間的推移而變化。隨著科技的不斷進步和應用場景的拓展，Web4.0將繼續塑造我們未來的互聯網體驗和生活方式。

 ## OpenAI對Web4.0的應用和影響的可能性

★ **先進的自然語言處理（NLP）**：OpenAI在自然語言處理方面取得了重大進展，例如GPT-3.5、GPT-4等語言模型。這些模型能夠理解和生成接近人類的文本，使得更複雜的聊天機器人、虛擬助手和語言互動在網路上成為可能。

★ **個性化和用戶體驗**：OpenAI的語言模型可以分析用戶行為和偏好，提供個性化的內容和推薦。這種個性化水平能夠增強網站和網路應用的用戶體驗，使其更具吸引力並與個別用戶相關。

★ **智能內容生成**：OpenAI的語言模型可以自動生成內容，例如文章、

博客文章等文本內容。這種功能可能加快網站內容的製作，達到快速更新和維護。

★ **增強搜索引擎**：OpenAI的AI技術可能改進搜索引擎的效率和準確性。Web4.0可能會見證更智能和上下文感知的搜索引擎，更好地理解用戶查詢並提供更相關的結果。

★ **無代碼和低代碼平台**：OpenAI的語言模型可能促進無代碼和低代碼平台的發展，使得開發網路應用對於開發人員和非開發人員都更加簡化。這些平台可能使用AI生成的代碼和組件建議來加快開發過程。

★ **AI驅動的自動化**：OpenAI的技術可以自動執行各種任務，例如數據分析、錯誤檢測和測試，從而提高網路應用開發的效率。

★ **對話界面**：Web4.0可能會出現更先進的對話界面，由OpenAI的語言模型提供動力。這些界面能夠促進更自然和互動性的用戶與網路應用之間的通訊。

需要注意的是，這些是基於OpenAI現有技術和人工智慧領域中的進展的推測性觀點。隨著技術的不斷演進，OpenAI對Web4.0的貢獻可能會採取不同的形式，並帶來各種創新應用。

 未來展望

Web4.0和OpenAI的結合將帶來更加革命性的變革。智能化的網絡將促進更多創新的應用和服務，推動數位經濟的發展。人工智慧將在不同領域發揮更廣泛的作用，從智能城市到智能交通，從智能醫療到智能製造，都將得到顯著的改進和發展。然而，隨著技術的發展，我們也需要關注相應的挑戰和風險。保護數據隱私和安全將變得更加重要，需要建立更加健全的法規和監管機制。

而Web4.0和OpenAI的結合將開啟一個革命性的時代，推動數位經濟的蓬勃發展。智能化的網絡將帶來更多創新的應用和服務，並在各個領域發揮廣泛的作用。這些技術的結合將為人類社會帶來顯著的改進和發展，例如：

★ **智能城市**：Web4.0和OpenAI將賦能智慧城市的發展。智慧城市將依賴於先進的數據收集、處理和分析技術，使城市能夠更高效地運作，提供更便捷的公共服務，並改善市民的生活品質。例如，智慧交通系統可以通過AI算法優化交通流量，減少交通擁堵和排放，提高城市運輸的效率。

★ **智能醫療**：Web4.0和OpenAI將推動醫療領域的革新。智能醫療系統可以通過數據分析和AI預測，提供更準確的診斷和治療方案。這將有助於提高醫療效率，降低醫療成本，並改善患者的治療體驗。例如，AI醫療影像分析可以幫助醫生更快速地檢測疾病，提高診斷的精準度。

★ **智能製造**：Web4.0和OpenAI將推動製造業的轉型升級。智能製造將利用數據分析和自動化技術，實現生產過程的智能化和靈活化。這將提高生產效率，減少資源浪費，並促進製造業的可持續發展。例如，智能機器人可以在製造線上執行複雜任務，從而提高生產線的效率和產品品質。

然而，隨著技術的快速發展，我們也需要關注相應的挑戰和風險。首先，數據隱私和安全將變得更加重要。智能化的網絡需要大量的數據來支持其運作，但這也意味著個人數據將更容易受到侵犯。因此，我們需要建立更加健全的法規和監管機制，確保數據的安全和隱私不受侵

害。其次，人工智慧的應用也可能對就業市場產生影響。隨著智能化技術的普及，部分傳統職位可能會被自動化取代，從而對就業產生一定的影響。為了應對這一挑戰，我們需要採取積極的應對措施，例如提供更多的職業培訓和轉型支持，以幫助人們適應技術變革帶來的挑戰。

　　總的來說，Web4.0和OpenAI的結合將帶來巨大的機遇和挑戰。通過充分利用這些技術的優勢，我們可以推動數位經濟的發展，提高生產效率和生活品質。同時，我們也需要積極應對相應的風險，確保技術的應用能夠實現可持續發展，造福整個社會。

02 ## Web4.0的技術生態

　　當前我們意識到Web2.0的小修小補並不能根除現有網際網路的問題，需要對Web架構進行重新設計，也就是現在極其火熱的Web3.0，一面是問題暴露後的需求推力，一面是大數據、人工智慧、物聯網、區塊鏈等技術的發展提供給人以充足的想像空間。基於Web3.0的訴求，驚喜地發現區塊鏈這樣的新型集成應用能夠消滅當前Web2.0的大部分缺陷，以至於很多人會將Web3.0當成是基於區塊鏈技術的去中心化Web應用。

　　但這樣的定義太過於狹隘，事實上Web3.0的概念版圖極其龐大，它是一種廣義性的架構或者未來網際網路的底層協議，這點美國加州Verses實驗室的兩位科學家加布里埃爾・雷內（Gabriel Rene）和丹・馬普斯（Dan Mapes）給出了一個全新的概念：Spatial Web。

　　這個概念直譯過來就是空間網際網路，Web2.0後期我們幾乎陷入到了僅限於數據、信息的單維度網絡，而Spatial Web更像是集合了價值網絡、信息數據網絡、物理顯示網絡多維度「空間」的網絡。分布式計算、去中心化數據、人工智慧，虛擬實境、物聯網以及基於外界環境的持續邊緣計算等技術的每一次進步都會進一步擴展我們周圍的空間，我們可以從三個層次（交互層、邏輯層、數據層），四項主要技術：空間（擴增實境、虛擬實境和混合實境）、物理（物聯網、可穿戴設備和

機器人）、認知（機器學習、人工智慧）和分布式計算技術（區塊鏈、邊緣計算）去定義這個概念。

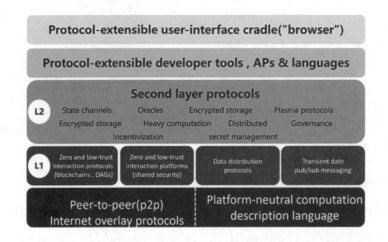

　　雖然說在概念上我們並不能將Web3.0和區塊鏈3.0畫上等號，從Web3基金會發布的Web3技術裡，我們也可以看到區塊鏈只是其中的一個技術插件，但從發展的角度來看，作為「技術骨幹」的區塊鏈，它在現階段的3.0可能就是Web3.0的未來或者一個突破口，來帶動Web3.0的實現。由於Web3.0的核心願景和特徵之一是去中心化、分布式，接下來，將以區塊鏈的角度來解讀區塊鏈是如何推動Web3.0的前進。

👍 2-1 AI 和 Web4.0

　　Web4.0目前還處於想像階段，這些預測可能只是其中一部分可能性：

★ **整合數位與實體物件/環境：** Web4.0的主要目標是整合數位世界和實體物件或環境，使得虛擬與現實更緊密地結合。這將增進人類與機械的互動，使得在虛擬環境中能更自然地與實體物件或環境進行交互。

★ **增強人機交互：** Web4.0將進一步提升人機交互的效率和體驗。可能使用更智能和自主化的技術，使得用戶能更容易地與網路應用進行互動，並實現更個性化和智能化的用戶體驗。

★ **物聯網（IoT）的融合：** Web4.0可能進一步推動物聯網技術的發展和應用。透過物聯網技術，連接更多的智能設備和物件，使得這些物件能夠互相通信和交換數據，實現更智能化的環境和服務。

★ **區塊鏈和加密貨幣：** Web4.0時代可能進一步興起區塊鏈和加密貨幣的應用。這些技術將可能被應用於安全的數字交易、數位身份驗證等方面，提供更安全和可信賴的網路環境。

★ **虛擬世界和元宇宙：** Web4.0有望推動虛擬世界和元宇宙的發展。人們可能能更多地參與和創建虛擬世界，透過虛擬環境與他人互動，並探索虛擬空間中的新機會和體驗。

　　然而科技的進步和應用的拓展，Web4.0的技術生態將不斷豐富和演進。

2-2 區塊鏈和Web3.0

　　基於區塊鏈發展的現狀，我們可以得到以下這樣一個全景關係。

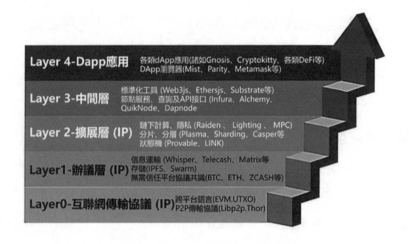

所以現在衍生出一個問題，就是區塊鏈需要如何整合改進和提高網絡呢？

很簡單，只要考慮一件事：分散的應用程式或 DApps。與應用程式不同，區塊鏈平台上的新開發不依賴於單一的中央實體，也不受任何東西或任何人控制，相反地，一種分布式的共識使它們的運作成為可能，從而使它們的服務成為可能。但如果這些分布式程序因為區塊鏈缺乏可伸縮性從而出現堵塞問題。就像著名的「加密貓」事件一樣，或者更嚴重的是，這些應用程式的安全性受到了損害，例如在 EOS 上運行的一些 DApps。那麼 Web3.0 很難在下游需求端完成發展閉環。去中心化的網路必須能夠讓用戶獲得類似於今天網際網路用戶的體驗，而不必擔心他們的數據、內容過濾，甚至更擔心他們的網路速度。為了做到這一點，區塊鏈必須能夠使分散的應用程式足夠高效，這樣普通用戶才更容易接受新的版本。互操作性、速度和安全性將是吸引分散的應用程式市場的關鍵。

2-3 Web3.0底層技術項目

對Web3.0底層技術的探索一直進行著,其中去中心化應用平台主要是為解決DApp運行環境的性能問題。而文件存儲、消息通信、資料庫這三個分類,是為了提供一些常用的底層技術的解決方案,先只列舉其中發展最為成熟、可行性最高的幾個項目來說明。

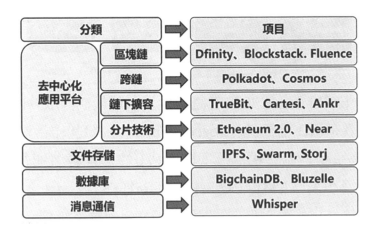

ETH2.0徹底革新的ETH,解決去中心化應用平台性能孱弱和低擴展性問題。毫無疑問,ETH是去中心化應用程式之母,儘管許多人指責該平台沒有足夠的擴展性和性能來滿足需求,但顯然,ETH上DApp的數量是最多的。不僅如此,在後BTC時代引入智能合約和數位應用程式的概念,在新網際網路應用程式的開發中具有足夠的分量,可以被認為是任何時候都要考慮的平台之一。

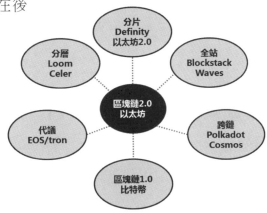

針對性能和擴展性問題，ETH2.0選擇了分片技術作為主要方向，同時核心共識由POW轉向POS，這等於大規模複製了無數個小型的ETH2.0，完全不同於之前的ETH。

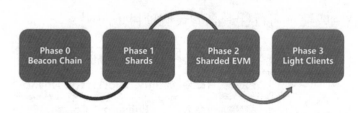

當前，ETH2.0也在2022年將正式進入了最後的啟動階段，處於階段0，也就是引入信標鏈（Beacon Chain），將其作為整個ETH2.0網絡的「命令和控制」中心，同時階段0的信標鏈將運行POS協議Casper，被外界看做ETH2.0邁入POS的新征程。

例如Filecoin去中心化存儲層面的探索，在應用託管、數據存儲將是當前Web3.0發展階段的新基礎。分散存儲背後的基本思想是通過對等點之間的區塊鏈連接共享文件和數據，並完全分散存儲，這打破了目前亞馬遜（Amazon）、微軟（Microsoft）和Google的雲服務模式。最為重要的是Filecoin是基於IPFS協議建立的開放通用的存儲自由市場，這表明去中心化的Web存儲具有真正的競爭力和經濟可行性。

2-4 應用層項目

由於基礎設施靈活性、性能以及擴展性限制，我們還沒有看到哪一款去中心化應用程式受到主流輿論的關注和認可，但DeFi是個例外，

這項應用藉助區塊鏈技術為公眾提供更加低成本和更具有主權性的金融服務。

例如：DeFi即分布式金融，隨著區塊鏈的迅速發展，其應用場景也在不斷地豐富，而金融業是其中最有前景的行業。目前，DeFi主要在ETH網絡生態內較為活躍，經過兩三年的探索發展，衍生出了穩定幣、借貸平台、衍生品、預測市場、保險、支付平台等多種金融創新模式。簡單來說，DeFi就是將傳統金融搬到區塊鏈網絡裡，但相比傳統金融，它通過區塊鏈實現了去中心化，也就是去掉了中間人的角色，從而降低了中間環節帶來的巨額成本。

2-5 可信計算和隱私計算

拿可信計算來講，可信計算（Trusted Computing，簡稱TC）與傳統數據計算的差別就在於「可信」兩字，所謂可信就是指計算機運算的同時進行安全防護，使計算結果與預期一樣，操作或過程在任意的條件下是可預測的，可信計算與傳統數據計算不同的是一種運算和防護並存的主動免疫的新計算模式。這項技術在Web3.0的未來發展中將起到平衡大規模加密數據處理導致計算性能下降和數據非加密處理導致隱私洩

漏兩者之間的矛盾，作為「以人為本」、「數據為王」的Web3.0未來時一定要兼顧性能和隱私數據安全的。而如今，區塊鏈在可信計算這個技術上發揮了自身的價值，即去中心化的反作弊中立環境、不可竄改性等等，讓隱私計算能夠作為一種成熟的底層技術組件納入到Web3.0中。

以醫療區塊鏈項目為例，法律上講，醫院不允許洩漏任何病患者的數據，更不用說在未被授權情況下對外交換或者買賣數據。但是為了醫學研究，肯定是數據多多益善。如何解決這個矛盾呢？這裡就是可信計算的用武之地。通過多方安全計算技術，可以在互不洩漏可識別數據內容的前提下，進行數據統計、分類分析等計算工作。

例如Phala：Phala是波卡隱私計算基礎設施，同時也是波卡上的隱私計算平行鏈。項目的主要目標是創造真正能夠快速商用的機密數據計算協議，彌補傳統網際網路數據隱私保護產品的不足。當時項目方發現Web3.0生態的智能合約，雖然可以實現去信任化，但付出的代價就是所有數據必須公開透明，這顯然是一個很大的障礙，很多應用沒辦法「去中心化」。在這裡區塊鏈＋可信計算（隱私計算）所要做到就是「一組互不信任的參與方之間在保護隱私信息以及沒有可信第三方的前提下的協同計算問題」。通常用密碼學＋分布式系統的方法來解決，這是比較理想的方法。另外一個就是在硬體內植入一個可信的第三方來營造可信執行環境。

另外像涉及重要金融及客戶隱私數據的企業也在積極擁抱這項技術。例如中國的微眾銀行的場景式隱私保護高效技術解決方案WeDPR，除了常規的金融產品外，還可用於隱匿支付、匿名投票、匿名競拍和選擇性披露等場景，做到讓數據隱私回歸。

和當今網際網路一樣，Web3.0本身就是一個極為龐大的體系，發

展需要經歷漫長的時間，但其最為令人稱奇的是，整個體系的發展幾乎不需要任何集中協調，照樣可以組合起來，開發完全是去中心化的，完全不需要有一個高層組織或者人員去決定整個生態系統的走向和整體架構，這可能就是新興技術行業的一種魅力，或者可以說從某種程度上印證了區塊鏈在去中心化協同方面的巨大優勢。

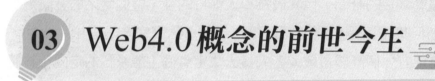

03 Web4.0概念的前世今生

👍 3-1 Web4.0的概念

　　Web4.0的概念誕生似乎沒有明確的日期或特定事件來源，而是一個持續演進的過程。但早期Web4.0概念歐盟委員會曾提出過，歐盟委員會通過了一項關於Web4.0和虛擬世界的新戰略，旨在引導下一次技術轉型，並確保為歐盟公民、企業和公共管理部門提供開放、安全、值得信賴、公平和包容的數位環境。歐盟提出Web4.0概念的目的是為了指引未來的網路發展方向，同時強調虛擬世界的概念以及數位和現實世界的整合。這個新的概念將進一步發展虛擬現實、擴增現實、物聯網、可信區塊鏈交易等先進技術，並運用人工智慧和環境智能來提供更智能化的用戶體驗。

　　而實際上Web4.0是Web技術演進的一部分，它是網際網路的下一個階段。目前還停留在發想階段，而Web4.0的概念建立在AI智能技術、多個模型、技術和社交關係之上，不同文獻中對於Web4.0的定義可能有所不同。然而，要注意的是，Web4.0的概念可能還處於發展和探索的階段，不同的資料來源提供了不同的視角和定義。對於Web4.0的完整誕生過程和確定性日期，目前的資料來源並未提供明確的信息。目前AI浪潮來得又快又猛，Web4.0似乎很適合搭上這波浪潮順勢發展，待

更多的AI運用及工具開發後，Web4.0的應用和產業落地想必會快速的激增。

3-2　Web3.0概念出現的原因

　　人們對於下一代互聯網的期待是Web3.0實現信息交互過程中的「可信」與「沉浸」。

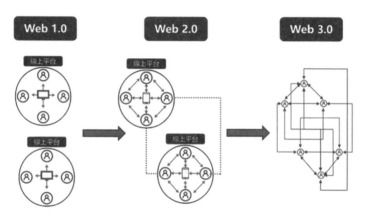

Web1.0到Web2.0

　　解決了使用者與使用者之間的資訊互動、提升資訊的傳遞效率，互聯網平台是真實物理世界的工具，為物理世界所服務，可以被看作「生產力工具」。

Web2.0到Web3.0

　　解決用戶與用戶之間資訊「可信」，互聯網平台試圖模擬真實物理世界，甚至於超越真實物理世界給人類帶來的感官體驗。

3-3 Web3.0概念可選擇的技術基礎

「信任」的核心：如何杜絕「欺騙」別人，區塊鏈技術成為當下可行的選擇，當下Web2.0，從技術角度，無法找到絕對保證「信息無洩漏、更改」的「中心化」平台；與「機器語義認知為標準」的中心及完全去除中介化的「腦機接口」相比，區塊鏈技術在當下更具有可行性。

而解決「信任危機」的可能方式如下：

 方式一、以機器認知為中心，通過機器理解人類語義來解決資訊溝通間的信任危機

2000年12月18日，互聯網創始人英國科學家Tim Berners-Lee提出語義網的定義，「語義網是一個網，它包含了文檔或文檔的一部分，描述了事物間的明顯關係，且包含語義資訊，以利於機器的自動處理。」語義網的出發點是通過本體來描述語義資訊，達到語義級的共用，是網路服務智慧化、自動化。

結論：現階段人工智慧對於人類語義的認知水準有限。

 方式二、以「腦機介面」顛覆性地解決人與客觀世界之間通信仲介問題

首篇腦機介面的研究論文發表於1973年，根據第一次BCI國際會議的官方定義：腦－電腦介面（Brain–computer interface，BCI或稱Brain–machine interface，BMI）是一種不依賴於正常的由周邊神經和肌肉組成的輸出通路的通訊系統。

結論：「腦機介面」的最終實現仍需生物學級電腦相關學科技術累積，距商業化應用仍有距離。

方式三、基於區塊鏈分散式存儲技術構建的資訊交互系統，通過「去中心化」解決中心可能帶來的通信問題

2014年，以太網聯合創始人、Polkadot創始人Gavin Wood，在博客《Insights into a Modern World》中首次明確提出Web3.0：資訊將由使用者自己發布、保管、不可追溯且永遠不會洩露，用戶的任何行為將不需要任何中間機構來幫助傳遞，使用者不再需要在不同中心化平台創建多重身份，而是有一個去中心化的通用數位身份體系。未來用戶將擁有自己的「金鑰記憶體」，過去由這些服務站點掌握的資料將通過分散式應用技術由用戶自己掌握。

結論：區塊鏈技術的商業化大規模實現，從成本上具備可行性。

👍 3-4 Web3.0概念終端的技術基礎

Web3.0概念下的終端型態會以「沉浸」為核心，如何盡力「欺騙」自己，智慧穿戴及XR終端可提供更多的感官體驗，當下Web2.0，智慧手機是核心的通訊工具；但是以目前的形態很難完成對於「沉浸感」的需求，智慧穿戴設備及XR終端在沉浸感上可以提供更多的感官體驗，成為目前實現Web3.0概念的可行思路。

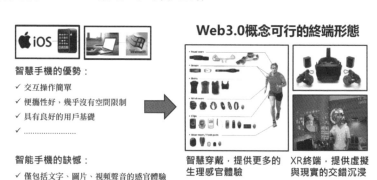

智慧手機的優勢：
- ✓ 交互操作簡單
- ✓ 便攜性好，幾乎沒有空間限制
- ✓ 具有良好的用戶基礎
- ✓ ....

智能手機的缺憾：
- ✓ 僅包括文字、圖片、視頻聲音的感官體驗

Web3.0概念可行的終端形態

智慧穿戴，提供更多的生理感官體驗

XR終端，提供虛擬與現實的交錯沉浸

👍 3-5 Web3.0概念的核心特點

　　基於區塊鏈分散式技術，Web3.0用戶權利提升，用戶責任增大，實現更大程度上的用戶「權責對等」。

★使用者間的資訊交互種類及內容更多，同時交易過的痕跡將被保留。

★用戶對平台擁有更高的許可權，同時承擔整個平台的被信任程度。

★使用者資料資產的權利逐步得到保障，同時承擔資料資產的價格變化。

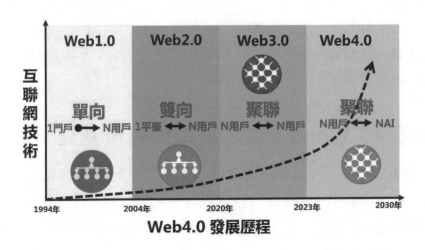

Web4.0 發展歷程

👍 3-6 Web3.0 與 Web2.0 的區別

　　核心區別是區塊鏈技術帶來的N中心效應，用戶對ID、內容、資料擁有自主權，Web3.0的出現打破了Web2.0時代互聯網生態的諸多邊界，從互聯網的定位、中心模式、內容傳輸形態、ID數位身份管理模式、使用者角色定位、數據形態等方面進行了全面重塑。

互聯網時代	Web1.0	Web2.0	Web3.0
定位	✓ 門戶互聯網	✓ 平台互聯網	✓ 用戶互聯網
中心	✓ 1個中心：網站	✓ 1個中心：平台	✓ N個中心：用戶
內容傳輸	✓ 單向訊息輸出	✓ 雙向訊息交互	✓ 訊息聚聯與價值共用
ID模式	✓ 無數字身份	✓ 基於平台帳戶的數字身份	✓ 用戶自主的數字身份
用戶角色	✓ 內容消費者	✓ 內容生產者	✓ 內容擁有者
數據型態	✓ 無個人數據概念	✓ 個人數據缺乏自主 ✓ 演算法被平臺控制	✓ 數據用戶自主 ✓ 演算法用戶自主

 ## 3-7 Web3.0概念的核心特徵

Web3.0是一個用戶共建、隱私保護、平台開放的生態體系。用戶具有擁有權，具參與項目治理的權利，從而實現了價值生成和價值確權，實現用戶自主價值創造、價值確權、價值交換三位一體，使現實世界與虛擬世界雙向滲透。

Web1.0

★ **使用者只能單方面接收訊息：**使用者無法上傳要表達的訊息，只能單方面瀏覽平台上的網頁，需要任何的溝通得靠其他的通訊工具。

★ **只有單純的內容呈現：**如同我們早期在觀看電視頻道一樣，只能單方面接收平台給我們的資訊，也無從判斷資訊的正確性。

★ **平台與用戶間毫無信任：**對用戶而言，平台只是一個瀏覽工具，平台提供的所有資訊都是由中心化的機構提供，其中缺乏了信任的機制，例如現在Google對店家的評分機制，就是一個非常好的信任架構。

Web2.0

★ **使用者自主生產內容所產生收益由平台分配：**例如像Mate（臉書）
上的所有文章、照片都不是Mate所生產的，但是所有的利益都被平
台拿走，還有IG、YouTube等等的媒體平台都是如此，大多平台都
是將所得的利益獨拿，只有少數的平台會將所獲取的利益分給內容
生產者。

★ **使用者資訊集中存儲在互聯網巨頭的服務上，有洩漏風險：**Web2.0
採用的是中心化系統，用戶的所有資料都儲存在中心化的伺服器上，
一旦駭客入侵就可以獲取所有的用戶資料，並且中心化最大的問題
在於互聯網的巨頭如果有一天停止服務，則所有用戶的寶貴資料將
毀之一旦。

★ **各平台之間存在競爭關係，搶奪使用者及資訊是關鍵，平台之間不
互聯互通：**因為中心化的關係，各個大平台各自獨立彼此資訊不互
相共享，所以用戶就必須重複註冊許多平台，平台之前因資源沒有
共享，造成各自的平台猶如一座座孤島，平台相互之間不能進行平
台優化，用戶也無法將某一平台經營的優勢轉移至其他平台。

★ **虛擬空間融入現實世界：**Web2.0後期已經有虛實共存的技術，但是
其沉浸感體驗差，價值轉移系統尚未完成，導致要進行價值交易時
碰到許多阻礙，加上必須倚靠穿戴繁瑣的系統與設備，整體的體驗
感不佳，在未來進入Web3.0時這些都是必須解決的問題。

Web3.0

★ **用戶創造價值，且對價值享有更高許可權：** Web3.0將從專業化階段由創意力強、技術領先的PGC（Professionally-generated Content，專業生產內容）主導；逐步走向工業化階段，隨著工具與仲介軟體逐步擴充、AI技術應用趨近成熟，創作成本將顯著降低；最終必將走至全民創作階段，也就是UGC（User Generated Content，用戶生產內容）與PGC之間技術鴻溝逐步填平，將會有大量UGC湧入並且對價值享有更高許可及分配權。

★ **使用者隱私及其產生資料將通過區塊鏈技術以及密碼學技術得到充分保護：** 區塊鏈的特性就是集體維護、公開匿名等特性，所以使用者產生的資料會被受到區塊鏈技術嚴格的保護，而不是由中心化的系統保護，絕大部分的資料洩漏原因，都是由中心化人為的關係造成的資料外洩，極少部分才是系統本身的問題，所以Web3.0採用區塊鏈去中心化的系統，將會大大提升資料洩漏的可能性，也就是避免掉人為的疏失這一大部分，剩下系統的部分也會大幅度地提升其安全性，因為區塊鏈的技術自誕生以來還未被攻破過，區塊鏈技術可以說是世界上最安全的系統之一。

創作者生態演進

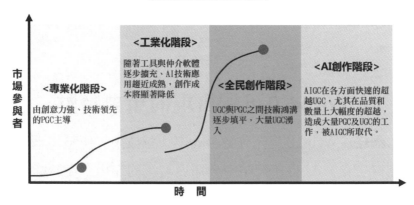

04 Web4.0將會是互聯網的下一站

伴隨著底層技術的發展突破以及用戶需求的升級，互聯網的本質也在發生著演進。為了解決原始Web網路無法支援普通人進行資訊交流和分享的難題，一個「可讀」的Web1.0時代伴隨著網際網路的發明而到來，各類搜尋引擎和入口網站將資訊大量搬上網，普通用戶也能輕鬆訪問搜尋各類資源。為了解決Web1.0下使用者無法主動創建內容，不享有網路發言權的難題，一個「可讀＋可寫」的Web2.0時代伴隨著智慧手機的普及、社交網路的興起和雲計算的發展而到來，所有用戶都可以在社交媒體分享自己的所思所想並和他人交流，互聯網世界的話語權從商業巨頭轉移到每一位電腦終端使用者手中。而現在，在經歷了Web1.0和Web2.0時代後，互聯網正在進行一場Web3.0革命。而Web4.0將會是互聯網的下一站，它代表著網絡的第四個演進階段，將帶來更加革命性的變革和創新。Web4.0是在Web3.0的基礎上進一步發展和完善的，讓網絡更智能化，促進更多創新的應用和服務，推動數位經濟的發展。

4-1 Web4.0可能實現的重要特點

★ **智能化網絡**：Web4.0將充分融合人工智慧技術，使整個網絡更加智能化和自主化。AI將在網絡中發揮更廣泛的作用，從智能助手到智

能決策和推薦系統，提供更智能、個性化的用戶體驗。

★ **跨平台整合**：Web4.0將實現更好的跨平台整合和互聯互通。不同應用和服務將能夠更加順暢地在不同設備和平台之間切換和共享數據，實現真正的無縫體驗。

★ **元宇宙的發展**：Web4.0將加速元宇宙的發展，打造更加豐富和多樣化的虛擬世界。人們可以通過虛擬現實技術在元宇宙中進行各種活動，如社交、教育、工作等，擁有更加豐富的虛擬體驗。

★ **數據隱私保護**：Web4.0將更加重視數據隱私保護，建立更加健全的法規和監管機制。用戶的數據將得到更好的保護，並有更大的控制權來管理自己的數據。

★ **智能城市和物聯網**：Web4.0將推動智能城市和物聯網的發展，實現城市和物品之間的智能連接和互動。這將帶來更高效的城市管理和生活方式，提升人們的生活品質。

★ **數位經濟的推進**：Web4.0將推動數位經濟的發展，加速數位化轉型，促進互聯網產業的創新和發展。數位經濟將成為推動經濟成長的新引擎。

　　Web4.0將是互聯網的下一站，它將進一步推動互聯網技術的發展，帶來更多新的應用場景和商業模式，讓人們在網絡世界中獲得更多的樂趣和便利。隨著Web4.0的到來，我們可以期待互聯網的未來將更加精彩和多元。

👍 4-2 Web3.0概念被提出

　　Web3.0是用戶擁有、用戶控制的互聯網。以太坊聯合創始人加文

‧伍德（Gavin Wood）最初提出了Web3.0的概念，並將其描述為「一組保障人們在低壁壘市場中為自己行動」的相容協議，認為其是「可執行的大憲章——個人反對暴力權威的自由的基礎」；而知名區塊鏈研究機構Messari及區塊鏈技術公司，則分別將其定義為「可讀＋可寫＋擁有的互聯網」、「用戶可以擁有產權的互聯網」。目前，關於Web3.0的定義眾說紛紜，無法得到一致的結論，但都指向同一關鍵字：用戶擁有和控制。

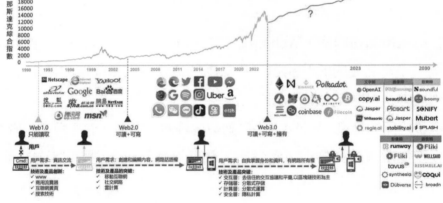

Web3.0基礎設施已有多鏈並存初步形成，基礎設施也初具完善形態，而區塊鏈通過解決底層價值分配問題，貫徹Web3.0去中心化的核心理念。Web3.0基於一套開放的協議，打破Web2.0平台壟斷，解決平台價值分配問題。而區塊鏈作為底層價值分配系統，通過建立共識協定、開放原始程式碼，以保證價值分配的可靠執行。區塊鏈作為安全性和去中心化水準都較高的網路，通過共用帳本儲存資料、交換價值並上鏈記錄交易活動，所以不受任何中心化實體控制，為Web3.0提供安全、

方便、孰悉的執行層，讓使用者可以在其中創建、發行並交易加密資產，並且開發可程式設計的智能合約。

　　未來Web4.0基礎設施將在網路軟硬體方面迎來重大的變革和創新。Web4.0將是一個更智能、更靈活、更高效的網絡生態系統，將帶來以下幾個方面的改進：

★ **網絡速度和頻寬：** Web4.0基礎設施將實現更高速的網絡連接和更寬廣的頻寬，這將大大提升網絡的傳輸效率和性能。未來的網絡將支持更多的數據流量和連接設備，使得網絡使用更加順暢，並能夠應對大量設備的同時連接。

★ **5G和6G技術：** Web4.0將充分採用5G和6G技術，這將使得行動網路速度更快，延遲更低，並且更適合大規模物聯網應用。5G和6G將提供更高的頻寬和更大的容量，從而支持更多智能設備和物聯網設備的同時連接，以實現更多智能化的應用和服務。

★ **分散式網絡：** Web4.0將推動分散式網絡的發展，這意味著數據和應用將不再集中存儲在中心化的伺服器上，而是分散存儲在各個節點上。這將提高數據的安全性和可靠性，同時也能夠更高效地處理數據和應用。區塊鏈技術可能在分散式網絡中發揮重要作用，確保數據的完整性和安全性。

★ **AI和自動化：** Web4.0將充分應用人工智慧和自動化技術，使得網絡和應用更智能化和自主化。AI將能夠自動處理大量的數據，從中學習和優化，提供更加個性化和精準的服務。自動化技術將幫助管理和維護網絡設備，從而提高網絡運營的效率和穩定性。

★ **邊緣運算：** Web4.0將大力發展邊緣運算技術，這意味著數據的處理將更多地在接近用戶的設備和節點上進行，而不是在遠程的伺服器

上處理。這將減少數據傳輸的延遲和成本，提高數據處理的效率和隱私保護。

　　總體來說 Web4.0 基礎設施將以更智能、更高效、更靈活的方式來支持未來數位經濟和智能化應用的發展。這些技術的變革將為人類社會帶來巨大的機遇和挑戰，同時也需要我們不斷努力來應對相應的挑戰，確保技術的應用能夠實現可持續發展，造福整個社會。

4-3　區塊鏈賦能 Web

　　自比特幣問世以來，區塊鏈技術與應用加速演進，如今已步入區塊鏈 3.0 時代。比特幣是區塊鏈的起源，見證了整個去中心化概念的反覆運算，是區塊鏈 1.0 時代的代表；以太坊引領區塊鏈 2.0 時代，通過智能合約將承載的應用場景從加密貨幣延伸到加密資產，建立起繁榮的應

用生態系統；新一代平台型區塊鏈的湧現開啟了區塊鏈3.0時代，以技術落地為方向、以去中心化應用為核心，解決真實世界、數權世界之間資產權益映射和價值轉移問題。

區塊鏈1.0：比特幣可以說是區塊鏈的起源，點燃Web3.0星星之火，比特幣是全世界第一個加密貨幣，也是區塊鏈的起源。比特幣是一種以去中心化為核心，採用點對點網路與共識，開放原始程式碼，以區塊鏈作為底層技術的加密貨幣，比特幣網路上線代表著區塊鏈應用的落地。由於總量固定且開採效率低下帶來的稀缺性特徵，比特幣逐漸成為一種另類的價值存儲資產。2020年底，多國開啟流動性釋放周期，比特幣價格由1萬美元飆升至超過6萬近7萬美元。2022年底，美聯儲進入加息周期，資金流出虛擬資產，比特幣價格也回落到2萬美元附近，成交金額相比2021年初降幅明顯。2024年3月8日比特幣突破7萬美元大關至70,085.85美元的史上新高，並有機會挑戰15萬美金。

區塊鏈2.0：以太坊引入智能合約，成為孕育DApp的搖籃，搭建Web3.0生態雛形。比特幣的主要目的是作為傳統貨幣的替代品，因此是一種交換媒介和價值儲存手段。不同於比特幣，以太坊是基於智能合約以及去中心化技術的應用開發平台，支援開發人員使用指令碼語言運行分散式應用程式，成為DApp的搖籃。自以太坊誕生以來，各類DApp百花齊放，以太坊生態蓬勃發展，以金融類DApp占比高，娛樂類DApp逐漸豐富，根據Etherscan資料，以太坊位址總數從2019年初的5400多萬個大幅上升至接近2億個，日均鏈上交易次數高達百萬規模。過去幾年，以太坊的去中心化程度和安全性受到開發者青睞，金融、交易所、錢包、NFT交易平台等安全需求高的應用佔據大半壁江山。以太坊創始人Vitalik Buterin曾在2022年5月20日舉行的ETH上

海會議上表示，以太坊生態過於專注金融類應用，需要開發更多其他領域的應用。隨著DApp的觸角深入社會生活的各個角落，遊戲等娛樂類DApp在以太坊生態中的占比顯著提升。

4-4 以太坊1.0困境：可擴展性低，生態逐漸擁擠

區塊鏈「不可能三角」理論（Abadi and Brunnermeier，2018），區塊鏈無法同時滿足去中心化、安全性、可擴展性三個性質。如果要同時滿足去中心化和安全性，則需要大量節點參與共識，佔用大量存儲空間且降低交易速度，由此帶來可擴展性受限的問題。以太坊的願景是優先保證去中心化和安全性，逐步提升可擴展性。因此，相比其他公鏈，以太坊可擴展性較低，運行效率急待提高。同時，作為最受歡迎的公鏈，以太坊聚集了大量DApp，自2020年以來，以太坊生態逐漸擁擠，Gas費大幅上升，維持生態的成本進一步上漲。

4-5 以太坊困境破解

　　鏈上鏈下擴容並駕齊驅Layer2、側鏈、其他公鏈豐富鏈下擴容方案。為了提升可擴展性，以太坊通過鏈上與鏈下兩條路徑積極進行擴容。鏈上擴容通常被稱為Layer1，通過直接修改區塊鏈規則來加快資料處理速度，擴充區塊鏈容量。比如以太坊2.0通過將共識機制由PoW轉向PoS、分片鏈等方式來解決可擴展性問題。而鏈下擴容則不改變區塊鏈基礎規則，轉而通過架設外部通道，實現資訊的傳播與擴展，從而達到擴容效果。其中，Layer2解決方案的安全性直接建立在主網，主要包括狀態通道、Plasma、Rollups、validiums等。其他解決方案包括各種形式的新鏈，其安全性獨立於主網，如側鏈等。

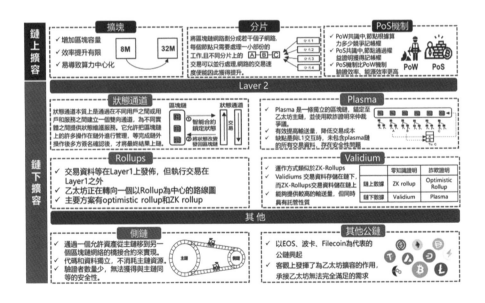

4-6 區塊鏈3.0：多鏈並存生態初步形成，書寫Web3.0未來版圖

　　自2017年起，區塊鏈發展進入以技術落地為方向、以去中心化應用為核心的3.0階段。大量以EOS、波卡、Filecoin為代表的區塊鏈3.0平台和專案湧現，承接以太坊溢出需求。在未來，所有的區塊鏈系統能通過某一標準化跨鏈協定連結起來，那時眾多的區塊鏈系統就能協同工作，為更多服務提供支撐。

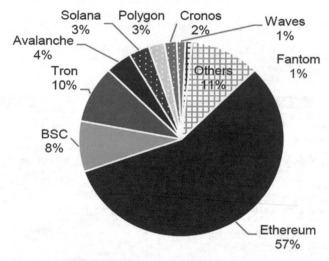

2022/07/15公鏈總鎖倉規模占比

05 NFT、GameFi與X-to-Earn 創新浪潮迭起

　　因Web4.0目前僅在應用面發想階段，而Web3.0則是在繼承和改造Web2.0部分已有成功商業模式的同時，催生出全新的市場和相關商業模式。一方面，Web2.0缺失的金融服務功能，將以去中心化金融DeFi的形式興起，通過組合不同形式基礎合約產品加速金融創新，無門檻、無摩擦地為用戶提供前所未有的金融服務。另一方面，遊戲、社交、內容創作與分發作為Web2.0時代最主要的應用範例，仍將在Web3.0世界承載起流量入口和體驗場景的重要功能，但通過與NFT和代幣激勵機制相結合，將具備全新金融屬性，從GameFi的Play-to-Earn，到創作者經濟的Create-to-Earn，再到SocialFi的Share-to-Earn，Web3.0的X-to-Earn模式將實現消費體驗可變現。

　　目前Web3.0仍處於「頭部應用引領，小眾用戶參與」的早期階段DeFi、NFT、GameFi、SocialFi賽道Top 150 DApp的30天使用者數和交易數呈現冪次分佈特徵，頭部效應顯著。根據QuestMobile資料，2022年6月，互聯網Top 150 App 30天活躍用戶數高達230億。相比而言，DApp 30天用戶數處於百萬級別，交易數處於千萬級別，尚未累積廣泛的用戶群體。未來，從後端層出不窮的基礎設施產品創新，到前端加速發展的應用服務生態，「一波未平、一波又起」的Web3.0浪潮將為每一位用戶帶來更好體驗，創造更多價值。

5-1　去中心化金融DeFi：繁榮與風險並存

DeFi（Decentralized Finance），即傳統金融服務的去中心化版本，它通過部署在以太坊等開放區塊鏈上的智能合約，替代銀行、經紀公司等傳統金融中必要的中間商，為用戶提供分散式、點對點的金融服務。通過使用透明、自動執行的代碼取代封閉式中間商，並由分散式利益相關者社區管理產品運營，DeFi能夠提供更平等的參與機會和更高的參與收益。

如果說Token承載了Web3.0世界的價值，那麼DeFi就為Web3.0世界的價值注入了流動性，通過為各類代幣及NFT資產的交易、流通創造條件，實現價值的高效率交換和轉移。

DeFi已發展出繁榮的生態系統

模組化可組合性（互通性）是DeFi區別於傳統金融的重要特性。傳統金融體系因其高進入門檻和高成本的特性，各類產品和服務無法實現靈活組合。而DeFi建立在開放、無許可的區塊鏈生態系統上，它允許DeFi開發人員在沒有任何特殊許可權的條件下，將生態內的各種組件（智能合約）串聯起來構成滿足任何特定要求的全新金融用例。因此，金融創新的速度大大加快，各類串聯起來的DeFi樂高（Money LEGOs）提高了資本效率，並展示出強大的網路效應。

借助智能合約和模組化可組合性，DeFi已經發展出繁榮的生態系統，而比特幣一定程度上可視作第一個DeFi應用程式，它允許直接的點對點的交易，而無需經過任何仲介機構。建立在比特幣去中心化、去中間化、抗審查、開放性和稀缺性等規則之上，智能合約為數位貨幣引

入可編程性。通過將代碼邏輯編譯到支付中，智能合約將比特幣的價值控制和安全性與傳統金融機構提供的服務相結合，由此用戶可以使用加密貨幣完成電子轉帳之外的事情，如借貸、安排付款、投資基金等。從比特幣開始，借助智能合約和模組化可組合特性，DeFi已經發展出包括穩定幣、交易所、借貸、衍生品投資、保險、資產管理等多種傳統金融服務形式，它們將在DeFi世界中更高效地為用戶提供價值。

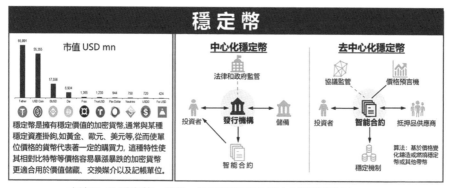

主流DeFi 穩定幣：定義、應用範例及與傳統金融模型對比

注: 市值、鎖倉規模資料日期為2022年7月15日
資料來源: Coinmarketcap.com

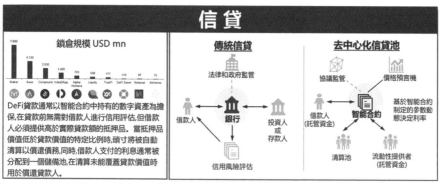

主流DeFi 信貸：定義、應用範例及與傳統金融模型對比

注: 市值、鎖倉規模資料日期為2022年7月15日
資料來源: Coinmarketcap.com

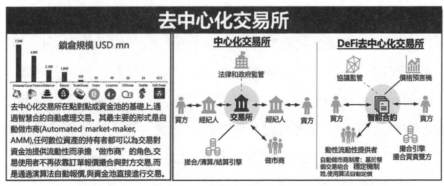

主流DeFi 去中心化交易所：定義、應用範例及與傳統金融模型對比

注：市值、鎖倉規模資料日期為2022年7月15日
資料來源：Coinmarketcap.com

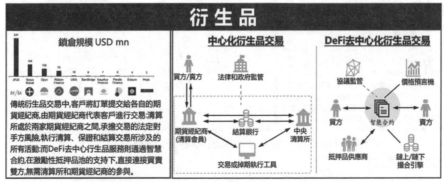

主流DeFi 衍生品：定義、應用範例及與傳統金融模型對比

注：市值、鎖倉規模資料日期為2022年7月15日
資料來源：Coinmarketcap.com

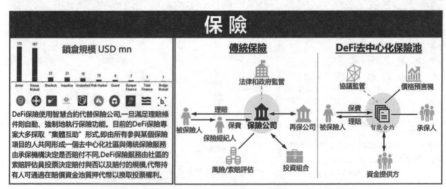

主流DeFi 保險：定義、應用範例及與傳統金融模型對比

注：市值、鎖倉規模資料日期為2022年7月15日
資料來源：Coinmarketcap.com

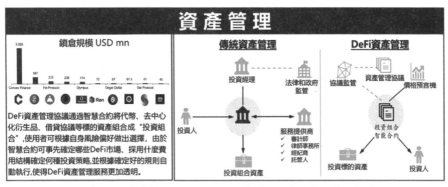

主流DeFi資產管理：定義、應用範例及與傳統金融模型對比

注：市值、鎖倉規模資料日期為2022年7月15日
資料來源：Coinmarketcap.com

　　伴隨著底層設施和上層應用的不斷發展和完善，DeFi市場從2020年開始進入飛速成長期。根據DeFi Pulse資料，鎖定在DeFi服務上的數字資產價值（即TVL，Total Value Locked，是衡量一個DeFi應用程式或智能合約的使用和流動性的指標）從2019年底的不足10億美元，成長到2020年底的150多億美元，到2021年12月峰值已超過1,800億美元，雖然目前有所回落，但仍保持在580億美元的水準。目前，主流DeFi專案搭建在以太坊生態，在推動以太坊生態繁榮的同時也帶來了擁堵、Gas費升高等問題。同時，其他公鏈生態也湧現出一批亮眼的DeFi項目。

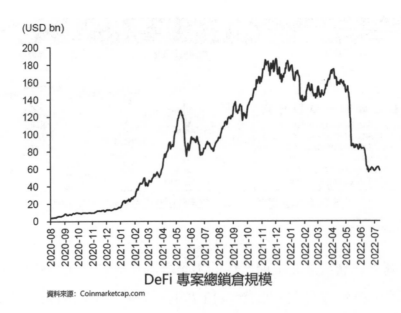

(USD bn)

DeFi 專案總鎖倉規模

資料來源: Coinmarketcap.com

5-2 USDT 在穩定幣中獨領風騷

　　穩定幣是針對一個目標價格維持穩定價值的加密資產。在高度投機的市場和極端的價格變化中，穩定幣幫助投資者錨定鏈下資產。穩定幣可以分為以法幣為抵押的法幣儲備支援型穩定幣、主要以加密貨幣作為抵押的風險資產超額抵押型穩定幣和無抵押的演算法穩定型穩定幣。穩定幣市值從2020年初約百億美元，飛速成長至2022年4月峰值接近2,000億美元，但近期市值有所回落。截至2022年7月15日，市值達到1,530億美元。主流穩定幣包括USDT、USDC、BUSD、DAI等。USDT是由Tether Limited發行的加密貨幣，與法定貨幣美元1：1掛鉤，是首個廣為流行的法幣儲備支持型穩定幣。截至2024年3月5日，USDT市值在穩定幣總體市值中占比最高，約為70%。

法幣儲備支持型	用戶以法幣1:1的比例向穩定幣發行商兌換穩定幣，穩定幣發行商開通銀行帳戶，依靠中心化託管機構託管使用者法幣池，結構可以看做數位銀行存款	USDT USDC TrueUSD BUSD
風險資產超額抵押型	通過超額抵押風險資產發行，大多1:1錨定美元。目前用於抵押的風險資產多為加密資產	Dai BitUSD
算法穩定性	沒有抵押資產作為價值支撐，是以智慧合約作為核心建構的穩定幣系統	UST FRAX

 DeFi具有高風險性、高脆弱性的特徵

穩定幣不再穩定，UST市值大幅下跌後，如多米諾骨牌接連倒塌。自今年美聯儲進入加息周期，加密資產應聲而跌。自2022年5月UST、Luna大幅下跌後，一系列連鎖反應引發加密市場震盪。DeFi借貸巨頭Celsius發生流動性危機，USDT發行商Tether飽受質疑，加密貨幣風投三箭資本也面臨危機時刻。

5-3 明星穩定幣UST遭遇斷崖式下跌

UST幣是Terra公鏈上發行的演算法穩定幣，通過「LUNA-UST雙幣套利機制」維持幣值穩定。UST發行方承諾，恒定1美元LUNA=1個UST，當UST幣的價格大於1美元，用戶可以銷毀價值1美元的LUNA幣，來發行1枚UST幣，反之亦然。Anchor的大規模提款和UST的大量拋售打破了表面穩定，將UST和Luna拖入下行螺旋。Anchor是Terra推出的承諾約20%年化收益率的去中心化金融協議，當Anchor無法維持高利率而下調收益率後，市場對UST信心下降。

Anchor存款的大額提取和UST被大量拋售向市場釋放了非常消極的信號,投資者對於UST的信心迅速崩塌,導致UST和Luna進入下行螺旋。2022年5月8日開始,Luna幣斷崖式下跌,高峰時期400億市值遭遇史詩級歸零。

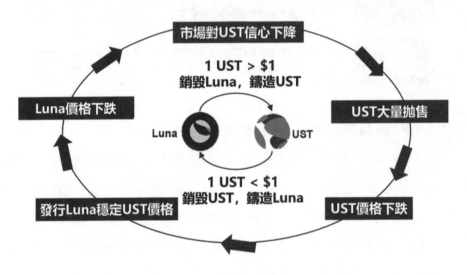

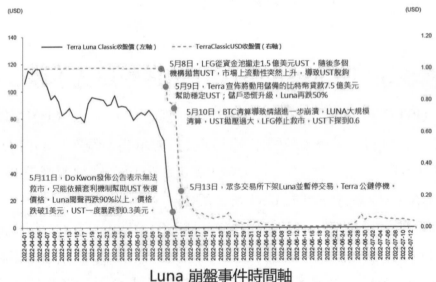

Luna 崩盤事件時間軸

Celsius崩盤誘發市場對其股東Tether Limited的擔憂

擠兌潮加速流動性枯竭，Celsius遭遇崩盤。Celsius是DeFi借貸領域的領導者，根據Duneanalytics，2021年1月Celsius活躍用戶數高達400萬。2022年5月初，UST大幅下跌大批資金撤離Celsius，儲戶擠兌加劇。然而，Celsius的流動性管理無法滿足兌付需求。根據Coin News，Celsius持有的73%的ETH鎖定在stETH或ETH2中，只有27%的ET具備流動性。於是在2022年6月，Celsius宣布暫停提款，CEL代幣一小時內大幅下70%。Celsius崩盤後，市場關注Celsius股東、穩定幣龍頭USDT發行商Tether是否會發生流動性危機。在UST跳水之後，Tether經歷了大約百億美元的規模贖回，市場普遍認為一旦Tether在後續行情中無法穩住局面，加密世界將經歷震盪。

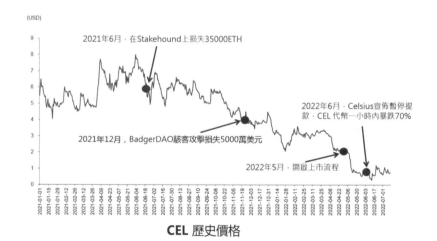

CEL 歷史價格

三箭資本面臨危機時刻

三箭資本（3AC）是世界上較大的以加密貨幣為重點的風險投資公司之一。在經歷了近期的市場下跌後，3AC陷入困境。根據Fortune，7月8日提交的法庭檔稱，三箭資本（3AC）聯合創始人下落不明。

3AC陷入危機的主要原因是長期進行抵押借貸/無抵押信用借貸，在加密領域建立了高額槓桿。根據Bloomberg，3AC不僅在Anchor賺取收益（基於TerraUSD的借貸協議，提供20%利率，使用者需要將加密貨幣換成UST或LUNA），還在2022年2月份投資了2億美元Luna。在Luna崩盤之後，這部分投資目前幾乎歸零。3AC還在Lido Finance平台上投資了Ether，試圖從質押中產生收益，隨著ETH與stETH脫錨，3AC不得不以大幅質押折扣率平倉。

5-4 建立加密資產審慎監管框架

　　近期加密貨幣市場的風暴引起了各國家和地區監管機構的注意，美國、新加坡、韓國等正在呼籲建立新的監管框架。中國對於加密貨幣持謹慎態度，監管嚴格。目前，中國對於加密貨幣的發行及交易均為禁止，對於NFT等數位藏品允許進行一次性交易，禁止類金融、類證券化的交易模式。從安全性角度考慮，一方面加密數字資產具有去中心化、匿名性和跨國性等特徵，給反洗錢、反恐怖主義融資等帶來了挑戰；另一方面資料洩露和資料濫用問題頻傳，資料安全問題尚待解決。

　　接下來，我們來看各國家是如何警惕加密貨幣風險：

國家：美國

　　美國財政部長Janet Yellen在2022年5月10日的聽證會上表示與穩定幣相關的風險正在迅速成長，並敦促建立穩定幣監管的新框架。

　　美國紐約州金融服務局（DFS）在2022年6月8日發布了美元支援的穩定幣的監管指南，對穩定幣的備付和可贖回性、準備金要求和獨立

審計這幾個方面進行了規定。

 ## 國家：新加坡

新加坡副總理Heng Swee Keat在Asia Tech x Singapore（ATxSG）峰會上發言時警告散戶投資者不要投資加密貨幣。他提出了加密貨幣Terra（LUNA）和演算法穩定幣Terra USD（UST）的崩潰來支持他的論點。

 ## 國家：韓國

由於Terra崩盤引起市場動盪，韓國擬成立數字資產委員會，以防止類似事件的發生。這個名為「數字資產委員會」的機構將最早在本月（即2022年6月）啟動，預計在統一企劃財政部、金融服務委員會、科學和資訊通信技術部、個人資訊保護委員會等部門的支持下成立。

 ## 國家：中國

▶ **2017.9.4發布《關於防範代幣發行融資風險的公告》**

負責部門：人民銀行、網信辦等七部門。

內容：各類代幣發行融資活動應當立即停止；任何所謂的代幣融資交易平台不得從事法定貨幣與代幣、「虛擬貨幣」相互之間的兌換業務等。

▶ **2021.5.18發布《關於防範虛擬貨幣交易炒作風險的公告》**

負責部門：中國互聯網金融協會、中國銀行業協會、中國支付清算協會負責

內容：會員機構不得開展虛擬貨幣交易兌換以及其他相關金融業

務，堅決抵制虛擬貨幣相關非法金融活動，不為虛擬貨幣交易提供帳戶和支付結算、宣傳展示等服務等。

▶ **2021.5.21召開第五十一次會議，稱要打擊比特幣挖礦和交易行為**

負責部門：國務院金融穩定發展委員會

內容：打擊比特幣挖礦和交易行為，堅決防範個體風險向社會領域傳遞。

▶ **2021.9.15發布《關於進一步防範和處置虛擬貨幣交易炒作風險的通知》**

負責部門：人民銀行、網信辦等十部門

內容：虛擬貨幣不具有與法定貨幣等同的法律地位，虛擬貨幣相關業務活動屬於非法金融活動。建立健全應對虛擬貨幣交易炒作風險的工作機制，加強虛擬貨幣交易炒作風險監測預警。

▶ **2021.9.24發布《國家發展改革委等部門關於整治虛擬貨幣「挖礦」活動的通知》**

負責部門：國家發展改革委等11部門

內容：全面梳理排查虛擬貨幣「挖礦」專案，嚴禁新增項目投資建設，加快存量項目有序退出。

▶ **2022.1.10發布《國家發展改革委關於修改<產業結構調整指導目錄（2019年本）>的決定》**

負責部門：國家發展改革委

內容：修訂後的《產業結構調整指導目錄（2019年本）》將「虛擬貨幣『挖礦』活動」補入「落後生產工藝裝備」大類下。

06 Web3.0與NFT

　　創作者經濟與NFT是開啟資產數位化浪潮。NFT旨在實現資產所有權認證和去中心化交易,在Web2.0的內容分發體系下,平台控制、大V導向、盜版侵權,使普通創作者難以實現可觀收益。頭部內容平台壟斷著幾乎所有的網路流量,創作者依賴平台來分發作品,就必須相應讓渡潛在的商業化收益甚至是作品版權。在平台掌握流量分配權的前提下,具備病毒式傳播能力的內容將獲得更多推薦權重,強者恆強的馬太效應越發突顯。Alpha Data數據顯示,Spotify上90%的串流媒體版權費流入了排名前1.4%的音樂人手中;排名前1%的主播獲得了Twitch全部主播一半以上的收入分成。另一方面,由於數位內容所有權確權成本高而侵權成本低,創作者作品很容易被非法複製和分發,根據統計,2020年圖文內容傳播量中有99.3%為違規轉載。凡此種種,阻礙了Web2.0時代創作者活力的迸發。

音樂人因不滿Spotify的收益分配政策而舉行街頭抗議遊行

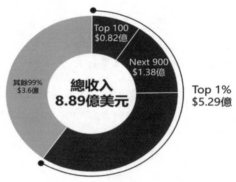

排名前1%的Twitch 主播獲得了一半以上的收入分成

6-1 去中心化內容創作平台興起

通過NFT為作品引入稀缺性和可追溯性。NFT即Non-Fungible Token（非同質化代幣），是基於區塊鏈技術的一種資產數位化方式。針對數位化資產易被侵權的痛點，NFT旨在從技術上保證數位商品的真實性、所有權和可轉讓性。Web3.0內容創作平台允許作者將作品代幣化為NFT，創建有關作品所有權和來源的可驗證鏈上記錄，將作品轉化為稀缺性數位藏品，通過平台拍賣獲得收益。在Catalog等音樂NFT平台上，NFT平均拍賣價高達4,000美元。此外，Mirror、Foundation等Web3.0內容創作平台還提供收益分流能力，這意味著所有的內容貢獻者都能從作品的創作和傳播中獲益。

NFT在2021年飛速成長，目前熱度逐漸回落，NBA Top Shot出圈是本輪牛市的導火線，基礎設施和內容生態逐漸完善是NFT在2021年大火的必要條件。2012年，Colored Coin橫空出世，讓更多人瞭解到區塊鏈應用於NFT的可能性。2017年，CryptoKitties的火熱讓NFT第一次進入大眾視野。2021年初，FLOW公鏈第一款NFT應用NBA Top Shot引爆市場後，Everydays：The First 5000 Days、

BoredApe Yacht Club 和 CryptoPunks 等專案陸續推出，交易火爆。根據 Nonfungible，2021年全年，NFT 市場創造了價值 194 億美元的交易金額。雖然 NFT 在 2021 年才突然爆火，但以太坊 ERC-721 與 ERC1155 標準的推出和完善、OpenSea、Rarible 等交易平台的出現、Solana、Flow、BSC 等公鏈的發展等為牛市奠定了基礎。

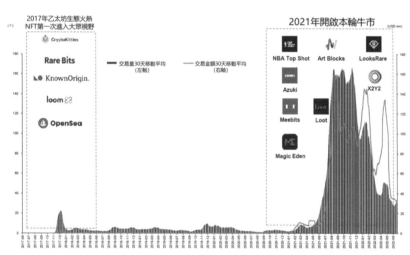

NFT 在 2021 年飛速成長，目前熱度逐漸回落

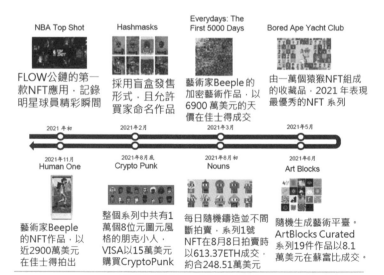

2021 年 Top NFT 項目

高潮過後，NFT投資回歸理性。2021年下半年，Gartner發布2021年新興技術炒作周期報告，認為NFT處於「期望膨脹期」。根據DAppRadar資料，2021年NFT交易量高達230億美元。根據Dune analytics，NFT交易量、買家賣家數量、交易數量在2022年初達到高峰後，逐漸回歸理性。按交易量統計，OpenSea、LooksRare、Larva Labs等平台佔據大部分市場占有率。

👍 6-2　OpenSea：本輪NFT行情的引領者

OpenSea是首家且全球最大NFT交易平台。受到熱門NFT系列CryptoKitties的啟發，軟件工程師Alex Atallah和Devin Finzer於2017年創立了OpenSea。OpenSea提供點對點交易市場，提供NFT鑄造發行、交易等功能。買賣雙方之間沒有仲介，交易通過自動執行智能合約來進行。OpenSea具備以下優勢：

1. 無可比擬的交易廣度。作為全球最大NFT交易平台，資產多樣齊全。
2. 抽傭低。OpenSea抽取2.5%的交易手續費。
3. 創作者可以免Gas費鑄造，成功出售後才收取Gas費。
4. 無用戶門檻和發行限制。

根據Dune analytics資料，截至2022年7月11日，按交易量，OpenSea佔據約63%的市場份額。

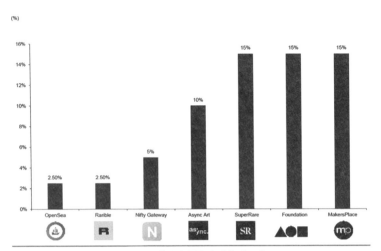

NFT 交易平臺傭金率

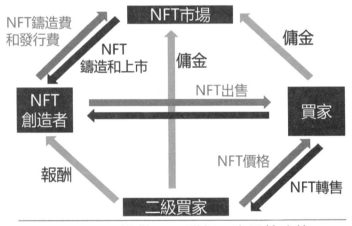

OpenSea 提供NFT 發行、交易等功能

6-3　中國目前對NFT的態度

　　弱化金融屬性，重視數位藏品價值，不同於其他國家的NFT投資熱潮，中國剝離NFT的代幣屬性，強調其在資產數位化方面的作用，稱為「數位藏品」。不同於基於公鏈的NFT，中國數位藏品主要依託聯

盟鏈發行，合規要求更高。為防範概念炒作，中國數位藏品尚沒有嚴格意義上的二次交易，且只能以法幣購買。

目前，中國監管層面對NFT投資保持謹慎態度。NFT的法律性質、交易方式、監督主體、監督方式等尚未明確，並且存在炒作、洗錢和金融產品化等風險，國家層面對於NFT投資態度謹慎，警惕金融的龐氏騙局。2022年4月13日，中國的多部門聯合發布《關於防範NFT相關金融風險的倡議》要求各會員單位堅決遏制NFT金融化證券化傾向，禁止通過NFT變相發行交易金融產品，抵制NFT投機炒作行為，不直接或間接投資NFT。

	NFT	數位藏品
區塊鏈	公鏈為主	聯盟鏈為主
內容	個人原創內容	互聯網、金融企業為主
二級市場	開放二次交易	沒有嚴格意義上的二次交易
交易媒介	可用虛擬貨幣和法幣	法幣

NFT與中國數位藏品的區別

👍 6-4 中國關於數位藏品的監管

監管一：

　　時間：2022年05月

　　政策文件：《關於推進實施國家文化數位化戰略的意見》

　　發布機構：中共中央辦公廳、國務院辦公廳

　　內容要點：夯實文化數位化基礎設施、探索數位化轉型升級的有效途徑、發展數位化文化消費新場景、加快文化產業數位化布局等

監管二：

　　時間：2022年04月

政策文件：《關於防範NFT相關金融風險的倡議》

發布機構：中國互聯網金融協會等三部門

內容要點：防範金融風險，遏制NFT金融化證券化傾向；不直接或間接投資NFT，不為投資NFT提供融資支援

監管三：

時間：2021年11月

政策文件：《數字文創行業自律公約》

發布機構：國家版權交易中心聯盟牽頭

內容要點：防範投機炒作和金融化風險，抵制通過份額拆分、標準化合約交易等方式變相發行金融產品

👍 6-5 中國特有的非同質化權益（NFR）

NFT是文化藝術數位化的表現形式，是加密數字技術的產物，是時代發展的必然趨勢，而其持續火爆，有其內在原因。由於藝術品、收藏品等資產流動性低，會遇到有價無市的情形，需要資金的時候，只好以遠低於市值的價錢出售，對收藏者、藝術工作者都是一個困擾，而NFT可以解決這一問題，讓數位版本的藝術品可以更容易交易，數位化可以增加流動性，而流動性增加交易量和市值。從正向意義上看，NFT可以看作是對文藝產業的數位化手段，無論是繪畫、音樂、遊戲還是小說都可以進行數位化，而且數位化後的產品可以一年365天，一週7天，一天24小時不受時間限制的進行交易，大大增加了藝術品的流動性和產業價值，可以盤活整個藝術品和收藏品市場，隨之帶來新型商業模式，導致市場活躍。

　　但NFT卻存在幾個主要問題，本書主要著重在與中國相關的問題，包括技術問題和法律問題。

★ **問題一、**中國NFT違反了中國現有法律和監管要求。

★ **問題二、**NFT本質上還是「數字代幣」，與比特幣、以太坊同類，使用類似機制，中國境內是禁止虛擬貨幣交易。

★ **問題三、**中國已經對於代幣發行融資、流通、買賣、兌換、交易炒作，及與之相關的非法發行證券、非法集資、非法發售代幣票券等非法金融活動明令禁止，使用數字代幣的NFT交易也會在中國被禁止，中國如果使用NFT協議會有巨大監管問題以及金融風險。

★ **問題四、**現在大部分NFT協議都運行在以太坊系統，由於中國文藝術產業（約古中國GDP總數4%）規模巨大，如果文化藝術產業使用以太坊和其數字代幣（以太幣）來進行NFT，會有巨大風險。

★ **問題五、**使用NFT協議等會有的匯兌問題，NFT使用規避中國外匯監管的以太坊系統，以太坊網絡原來就是一個跨境支付系統，這類行為將導致中國藝術品數位化後在國外換現。

★ **問題六、**國人可以將藝術品或是其他資產鑄造成為NFT，經過NFT協議，將資金從國內轉到國外，事實上是以虛擬技術掏空實體經濟。

★ **問題七、**NFT缺乏法律保障，沒有完善的認證機制。NFT使用以太坊系統來認證，而中國居民不能使用以太坊系統，因此中國NFT投資者權益不能得到保障，NFT市場沒有規範的監管機制。通過自主交易哄抬價格，特別是在分佈式交易平

台，交易風險非常大。

★ **問題八、**NFT不能獨立於以太坊存在。數字代幣如比特幣和以太幣
的價值都存在於區塊鏈網絡之上，不是存在錢包內，如果
系統消失或是關閉，對應的以太幣就失去價值。同樣如果
以太坊網絡關閉，NFT價值就消失，另外遺失NFT私鑰，
資產也同時遺失。

基於以上總總問題，所以中國需要合規的創新發展路徑，NFR應
運而生。NFT在中國不能發展，並不代表藝術品等領域的數位化發
展在中國無路可走，在這裡，中國創新性地提出非同質化權益（Non-
fungible Rights，NFR）在中國發展的模式和路徑。

由此，探索數位權益確權、存儲、轉移、流通的合規手段，與
NFT比較之下，NFR的模式提供了一種新的可能性。NFR是一種數字
資產或具有獨特資產所有權的數字代表，NFR使用區塊鏈技術、以計
算機代碼為基礎創建，記錄基礎物理或數字資產的數位所有權，並構成
一個獨特的真實性證書。因為每一個NFR包含的數據使其與其他NFR
不同，所以它是非同質化、獨一無二的資產。

NFR記錄在區塊鏈帳本上，區塊鏈是不可更改的數字帳簿，用於
記錄計算機代碼「區塊」中的交易，這些區塊有時間戳並連接在一起，
證明資產的來源、所有權和真實性；區塊鏈還具有分佈式功能，記錄數
字資產的交易歷史，使記錄的數字資產不被盜用、修改或刪除。

NFR由「智能合約」形式的代碼組成，可以為交易設定自動執行
的條件，直接控制交易在某些條件和條款下在各方之間執行。理論上，
任何獨一無二的資產，包括無形資產和有形資產，都可以作為NFR的
基礎資產。尤其為藝術作品、表演權、品牌或其他有價值的財產創造了

新的分銷、授權、商業化管道。

　　NFR解決了NFT存在的幾乎所有問題，具備以下重要特性：

★ **特性一：** 不使用任何數字代幣或是他們的協議。比如比特幣、以太坊或是任何數字代幣，或是他們的協議。由於沒有使用數字代幣及其協議，NFR不存在與之相關的違反中國法律的問題。

★ **特性二：** 不使用任何公鏈系統，只能使用實名可信有隱私保護的互聯網網絡，互聯網可加強隱私保護，而現在國外所有公鏈系統交易都是公開交易信息。

★ **特性三：** 是新一代可以監管的區塊鏈系統，例如自帶合規和監管系統的區塊鏈系統。確保NFR交易沒有規避外匯監管的問題，由於沒有數字代幣參與，不可能以數字代幣的形式將資產轉移到國外。

★ **特性四：** 完善實名認證機制，符合相關法律法規。

★ **特性五：** 支持文化藝術產業數字化，由於數位化帶來的價值實現和流動性增加，文藝產業收入以及相應國家稅收實現成長。

★ **特性六：** 所有NFR產品交由第三方評估、測試、認證，交易公平公開。

　　數字確權世界會出現走出兩個不同路徑：NFT和NFR。兩個路徑的底層技術基礎和架構上會有重大分歧，包括系統架構、網絡基礎設施、帳本系統、認證機制都不同。

6-6 連接元宇宙

　　臉書在2021年宣布公司將從社交網絡公司轉型成為元宇宙公司，

再度震撼世界。前一次震撼世界是2019年6月18日，當天臉書發布穩定幣白皮書。而這次臉書是有備而來，其在2014年已經收購一家元宇宙公司，最近又收購了多家相關公司。這是人類歷史上一個融合科技、文化、金融、治理的重要里程碑，充分將虛擬環境和實體環境緊密結合。NFT將成為臉書元宇宙的重要科技。與之相對的，中國的NFR屬於本土發展起來的現代數字科技，可以在中國版的元宇宙中實現快速發展。由於NFR符合中國法律，而且即使在虛擬環境下，虛擬人物、虛擬資產在元宇宙環境中都和物理人物、物理資產實現綁定，這奠定了NFR的合法性基礎，也為未來數位化的產業發展和數字生態建設打開了巨大的想像空間，甚至國家的法律都可以在此實現數位化，進而藉NFR映射到虛擬的元宇宙環境中，開展監管治理。

 NFR參與系統包括

1）客戶身份證認證中心系統
2）數位藝術品發行單位
3）數位藝術品認證中心
4）數位藝術交易所
5）相關區塊鏈系統。

交易所可以是電商，或是線下實體商店，或是兩個都是，不同於NFT，NFR沒有任何數字代幣，沒有支付系統，因此沒有地下外匯通道。

 系統特性總結

★ 使用多鏈系統，不同鏈維持不同數據，並且和自律組織或是監管單

101

位連接。

★ 使用互聯網，數據加密再分片，大大增強破解難度。

★ 使用區塊鏈數據庫的雙鎖定的協議，數據加密存在兩個以上的區塊鏈系統內，保障數據不能被竄改。

★ 採用數位憑證模型，而不是數字貨幣模型，物理資產仍然留在物理空間，但是數位憑證存在互聯網系統上。數位憑證包含擁有者的數位身份證，數位憑證被他人取去，買賣有困難，即使成交，智能合約會自動轉帳給資產合法擁有者。

07 Web3.0與GameFi

7-1 去中心化遊戲GameFi

　　GameFi（Game Finance）是運行在區塊鏈上的去中心化遊戲，可以理解為Game、DeFi和NFT的組合產物。GameFi將DeFi的規則遊戲化，通過區塊鏈系統把遊戲中的道具及衍生品NFT化，使玩家可以在去中心化的遊戲中完全擁有這些資產的所有權，並可以合法地、受保護地自由交易，玩家既是參與者，也是擁有者。現階段主流GameFi項目包括以賺取經濟收益為出發點推動玩家參與的P2E遊戲（Play-to-Earn，邊玩邊賺）；將傳統遊戲、傳統模型通過資產上鏈實現區塊鏈改造的鏈改遊戲；直接在區塊鏈上進行開發的高可玩性3A大作；以及包含創造型NFT，如提供土地和地圖編輯器等支援使用者創建內容的遊戲或IP。

在DeFi應用和NFT的支援下，GameFi迎來飛速成長期。2017年以Cryptokitties為首的第一批區塊鏈遊戲，將區塊鏈的「交易屬性」和「資產唯一所有權證明」與遊戲玩法相結合，吸引了最初的GameFi創業者和玩家；2021年NFT的流行以及DeFi應用的進一步成熟，為GameFi完成初步用戶教育工作。根據DAppRadar，1Q22全球加密遊戲開發商融資金額達25億美元，而21年全年為40億美元。同時，更多用戶開始進場體驗，據DAppRadar統計，GameFi在2021年8月超越DeFi成為佔據49%使用量的區塊鏈第一大項目板塊。雖然新項目層出不窮，GameFi頭部效應依然顯著。2022年1月，DeFi Kingdoms、AxieInfinity兩款遊戲交易量占比近半，BSC、Hive、Ethereum等公鏈是GameFi的主戰場。

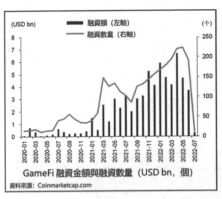

GameFi 融資金額與融資數量（USD bn，個）
資料來源：Coinmarketcap.com

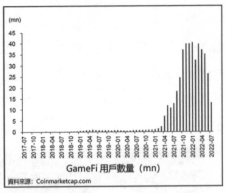

GameFi 用戶數量（mn）
資料來源：Coinmarketcap.com

遊戲是進入元宇宙最佳的賽道，也是最先行的入口，自新冠肺炎爆發以來，大多數的活動都轉變線上模式，2021年後數位世界已經變得越來越流行，全球投資者開始將資金投入到虛擬資產中，包括虛擬土地、獨特的數位藝術作品等。在2020年的過程中，世界上已經出現了許多買家對虛擬土地的大量投資，他們渴望增加他們的數字財產。隨著

虛擬世界的不斷發展，以及人們對虛擬土地的需求不斷增加，很多新的項目開始集中力量開發屬於自己的虛擬實境世界。加之近期NFT概念的火熱，區塊鏈遊戲受到越來越多的關注。原因在於NFT的價值主要來源於遊戲本身的價值，它依賴於遊戲自身設計以及參與人數和參與深度等。也就是說，NFT的價值來源於遊戲互動的價值，參與遊戲的人越多，參與程度越深，遊戲本身價值越大，NFT價值就有可能越大。NFT爆發的基礎源於區塊鏈遊戲的整體發展，而區塊鏈遊戲的整體發展又依賴於充分發揮NFT的特性。

（圖片取自於網路）

　　區塊鏈產業進步飛快，區塊鏈相關的新詞不斷，而最近頻頻冒出的GameFi引起不少人關注，Gamefi和DeFi一樣，是隨著產業的發展造出來的一個詞，由於最近AXIE的遊戲不斷升溫，元宇宙和鏈遊概念爆紅，帶動該詞彙頻頻出現。GameFi並不是一個最新創造的概念，在2019年下半年，MixMarvel戰略長Mary Ma當時在烏鎮峰會的演講中首次提出GameFi，GameFi就是Game Finance，就是遊戲＋金融。簡單來說，GameFi指的是將去中心化金融產品以遊戲的方式呈現，將DeFi的規則遊戲化，將遊戲道具衍生品NFT化。一個最顯著的特點就是用戶的資

產成為了DeFi遊戲中的裝備或工具，反過來，用戶在參與遊戲過程中可以獲得收益或獎勵。

GameFi可以算作DeFi的一個延伸應用，都算是金融的領域，當下最紅的遊戲是AXIE，其中能紅的很大一部分原因是，玩遊戲可以賺錢，即Play-to-Earn（邊玩邊賺），通過早期的投入，然後每天來玩遊戲獲取一定利潤。這和DeFi的流動性挖礦本質上來說沒啥區別。流動性挖礦是提供Token質押來獲得獎勵。而Play-to-Earn類型的遊戲中，則是通過前期購買各種道具，然後每天通過花費一定時間玩遊戲來獲得收益，與流動性挖礦中的APY（Annual percentage yields存款年利率）類似。

目前的GameFi項目種類諸多，但大致可以分為兩種模式，一種是在傳統的流動性挖礦模式基礎上賦予遊戲化的功能，這類遊戲通常需要用戶先質押代幣或項目NFT才能開始遊戲；另一種是直接將整個遊戲過程打造成挖礦的模式，讓用戶沉浸式地玩遊戲，在過程中獲得的遊戲道具或NFT裝備可以出售獲得收益。

👍 7-2 參與 GameFi 的方式

🌐 方式一、參與 GameFi 遊戲

首先，用戶可以去體驗參與這些GameFi項目。這些NFT遊戲在不同的設計機制上能給玩家獲取相應的代幣獎勵、質押獎勵或道具NFT的機會。

方式二、投資GameFi代幣

不同的項目通常會發行自己遊戲中需要使用的代幣，可以根據自己的價值判斷和興趣偏好，選擇部分項目的代幣進行投資。除了區塊鏈遊戲項目本身，還可以關注一些為GameFi服務的機構或團隊，根據其發展規模及前景分銷代幣是否具有投資價值。當下GameFi的火熱，或許是DeFi、NFT產品發展成熟的必然產物，它正在讓下一代加密資產同時融合金融屬性、趣味性且使其變成一種趨勢，為區塊鏈遊戲乃至區塊鏈世界帶來全新的想像空間。

7-3 Play-to-Earn

 Play-to-Earn遊戲#1：Axie Infinity

P2E遊戲是GameFi重要的發展方向之一。玩家在完成遊戲任務、獲得遊戲體驗的同時，還能獲得代幣、NFT道具、持久性數位物品等遊戲資產，並通過出售交易賺取經濟收益，即Play-to-Earn。目前P2E遊戲主要有角色扮演、虛擬空間、養成戰鬥、多人建築等玩法，如養成戰鬥類遊戲《Axie Infinity》，就基於NFT遊戲資產和以太坊區塊鏈，成功構造了「遊戲內對戰獲得SLP、AXS幣（Smooth Love Potion）——使用SLP、AXS幣養育/升級Axie（數字寵物）——出售SLP、AXS幣或Axie或其他裝備來換取收入」閉環經濟系統。

兩種同質化代幣：

SLP

用途：用於支付兩個Axie NFT之間進行繁殖配對的費用（未來將可用於更多場景）；可以在交易所上進行交易，和以太坊幣或者其他的通證進行兌換

獲得方式：官方不直接向玩家售賣SLP，也不會為SLP提供流動性，玩家只能通過在PvP競技場玩遊戲獲得（為抑制SLP價格的持續下跌，官方將在第20賽季刪除每日任務及PvE冒險模式的SLP獎勵）

AXS

用途：可用於培養和繁殖Axie；可以在交易所上進行交易，和以太坊幣或者其他的通證進行兌換；也是一種功能型治理通證，玩家可以質押AXS並參與關鍵的管理投票

獲得方式：戰鬥、質押獎勵、土地採集等等

經濟系統參與者	價值創造價	價值消費
Axies	戰鬥	培育和繁殖
AXS/SLP	治理、價格發現	質押、培育和繁殖
玩家	購買Axies	出售Axies、SLP和AXS
對生態系統而言：	價值流入	價值流出

Play-to-Earn遊戲#2：DeFi Kingdoms

DeFi Kingdoms：DeFi為內核，GameFi為載體。DeFi Kingdoms 是基於Harmony Protocol區塊鏈開發的一款GameFi項目，側重DeFi， 它通過將DeFi產品、規則、使用過程遊戲化，將DeFi要素融合進一 個有趣且具有協同作用的遊戲中，以增加使用者使用產品的樂趣。在 DeFi Kingdoms中，DEX是應用內的商業區，其中有Trader角色負責 交易職能，使用者在商業區內可以兌換Token，也可以交易遊戲內的 NFT。除了Token兌換、交易，玩家也可以成為DEX的流動性提供者 （LP）。

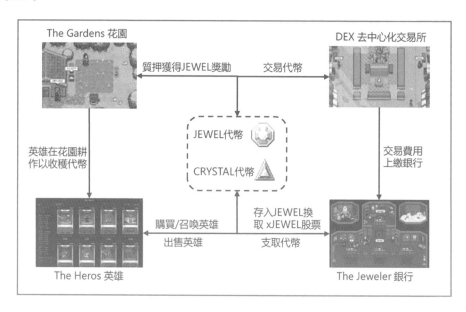

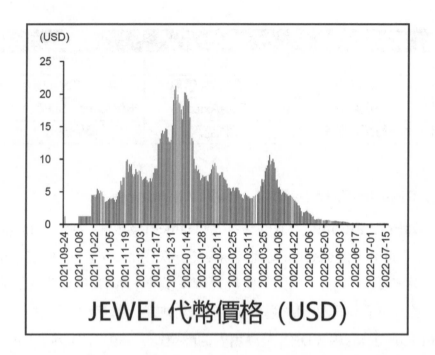

JEWEL 代幣價格（USD）

 ## Move-to-Earn 遊戲#3：StepN

StepN：兼具 GameFi 與 SocialFi 屬性，身陷龐氏爭議。StepN 是由 FindSatoshi Lab 開發的 App，商業模式為「Move-to-Earn」，使用者完成註冊，可以將加密貨幣轉入錢包以購買或租借 NFT 跑鞋，進行戶外跑步、慢跑或步行來賺錢。StepN 自創立以來，其商業模式備受質疑。新玩家賺取的收益來自老玩家在遊戲中投入的成本，一旦下行螺旋到來，項目可能會在擠兌中走向崩潰。針對商業模式可持續的問題，專案方在 2022 年 6 月 8 日對遊戲經濟模型進行了更新：❶增加遊戲代幣使用場景，提高代幣消耗，預防通膨問題；❷StepN 計畫融入更多社交元素，通過「運動＋社交」場景結合，提高項目正外部性；❸推出 NFT 交易市場，作為「以老帶新」模式以外的收入來源。

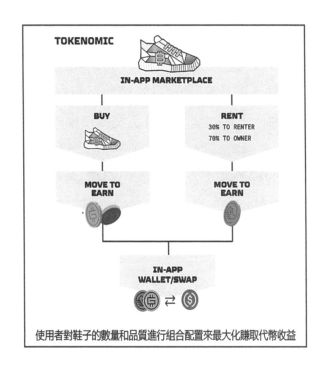

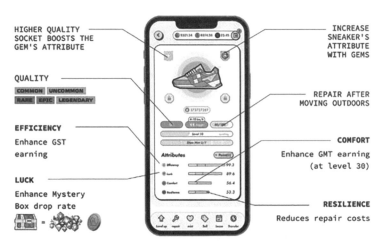

尚未健全的Play-to-Earn鏈遊經濟生態面臨著幾個主要挑戰。首先，目前遊戲內容缺乏多樣性，大多數項目專注於特定類型的遊戲，限制了玩家的選擇和體驗。其次，一些遊戲機制和經濟模型過於複雜，使

新玩家難以理解和參與。再者，高的入門門檻可能使新玩家感到困惑和不公平。此外，經濟收益不均衡和代幣交易成本也影響了玩家的收益和遊戲體驗。最後，缺乏監管和風險可能導致不良行為和欺詐現象的出現，使玩家面臨風險。儘管如此，隨著區塊鏈技術的進步和遊戲開發者的努力，Play-to-Earn 鏈遊經濟生態有望逐步改善和健全，提供更多多樣性的遊戲、公平的經濟模型和更好的用戶體驗。玩家在參與遊戲之前，應理性對待風險和收益，並了解遊戲的規則和潛在挑戰。

P2E 韭菜的告白

2021年12月接連發生兩款鏈遊大作《幣安英雄（BNB Heroes）》、《飛船（CryptoMines）》因為幣價大跌收場事件，讓許多玩家不僅無法繼續玩還賠掉本金，究竟是什麼樣的遊戲經濟生態導致玩家被割韭菜？以下內容為我邀請玩家林柏緯以投入《CryptoMines》鏈遊的親身經歷分享給讀者，期望在進入 GameFi 能避免成為遊戲的祭品，否則得不償失。

林柏緯

國立中山大學亞太經營管理碩士（EMBA）
合法隔套包租公
中國工信部區塊鏈認證
魔法講盟區塊鏈講師認證

　　一切由一場區塊鏈線上分享會開始，因鏈遊趨勢（Play-to-Earn）正在東南亞起風盛行，線上分享了其中一款鏈遊《CryptoMines》飛船，經過講者遊戲的示範，不到幾分鐘420美元入袋，這不花時間又有高報酬的鏈遊，當下即吸引我的目光，會後我花了兩天時間了解這款鏈遊基本面之後，開始投入第一筆資金。

　　首先簡易說明這款遊戲的概念，玩家必須購買遊戲幣（Eternal，簡稱ETL）、幣安幣（BNB），以用來購買飛船、工人、組艦隊、燃料費、及每日挖礦合約，依照飛船與工人的等級組合艦隊計算算力（MP），算力越高選擇獲利高的星球挖礦其獲利的機率越高。白話一點就是投入越多金額，取得高獲利的機會越高，經過我實際投入的反饋，每天有4%~5%的獲利，不僅完勝市面上所有投資商品，最吸引我的地方則是U本位的設計，以USDT穩定幣為計算基準，所以不論ETL幣價漲跌，其成本和獲利是固定的，當幣價跌，投入和取得的

ETL的幣量增加，反之則減少。換言之，在固定的成本與報酬下，玩家只要20~25天即可回收成本。

相信以上簡單敘述您已經發現這款鏈遊的魅力，但我絕非盲目的投入資金，接下來我會分享鏈遊基本面的評估，並說明遊戲項目方在發生巨鯨（大戶）拋售造成散戶玩家恐慌的處理過程，並總結我對鏈遊的觀察。

首先，基本面一定要評估，提供以下面向參考：

1. 市場排名： 2021年9月上市後，僅用2個月用戶成長到市場排名第一、11月全球排名第三的鏈遊，用戶超過102萬。

		CATEGORY	▼ BALANCE	▼ USERS	▼ VOLUME	ACTIVITY
1	Axie Infinity ◆ ETH · RONIN	Games	$5.73B	300.95k +6.93%	$336.83M	
2	DeFi Kingdoms ⊞ HARMONY	Games	$0	17.64k +11.94%	$51.3M	
3	CryptoMines ⬤ BSC	Games	$201.81M	102.4k +36.04%	$25M	
4	Faraland ⬤ BSC	Games	$27.07M	1.56k -6.86%	$14.11M	
5	Illuvium ◆ ETH	Games	$323.4M	1.37k -30.13%	$12.22M	
6	MOBOX: NFT Farmer ⬤ BSC	Games	$107.56M	111.23k +18.08%	$7.99M	
7	BinaryX ⬤ BSC	Games	$6.85M	38.23k +14.27%	$5.52M	
8	ZOO - Crypto World ⬤ BSC	Games	$2.5M	26.05k +28.24%	$4.01M	
9	PetKingdom ⬤ BSC	Games	$1.87M	267 -85.79%	$3.71M	
10	ChainCade ⬤ BSC	Games	$1.87M	6 +100.00%	$3.71M	

資料來源：DAppreader

2. 項目方可靠度： 除白皮書的團隊介紹，其通過幣安BSC公鏈開發，在BSC排名第一，並且獲得BSC的流量、資金扶持。

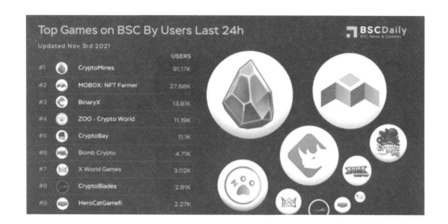

3. **是否有資金挹注：**2021年11月獲得區塊鏈技術開發公司UNCX
   孵化投資4,000萬，大資金的挹注對遊戲發展才有長久助益。

4. **遊戲幣價趨勢：**上線後 ETERNAL 代幣上漲235倍，最高曾到
   800美金，且因為發行量僅500萬個代幣，玩家若正向持續複投，
   價值就很有想像空間。

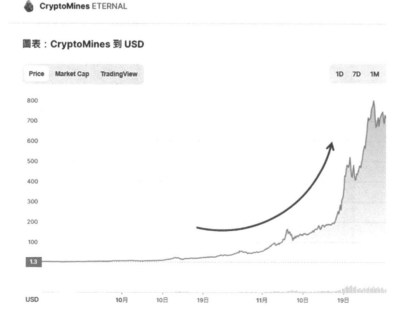

5. **籌碼穩定性**：獎勵池（礦池）、項目方未因幣價大漲拋售，持幣佔91%籌碼相對穩定，獎勵池健康。

資料來源：https://bscscan.com/

6. **檢視白皮書的首次流動資金發行**（Initial Liquidity Offering，ILO）**狀態：**

A. 代幣第三方審計安全漏洞檢查：通過

B. 項目方團隊KYC驗證：通過

C. 遊戲幣鎖定比例：高風險

超過50%比例流通於市場，早期進場會令幣價大幅波動。

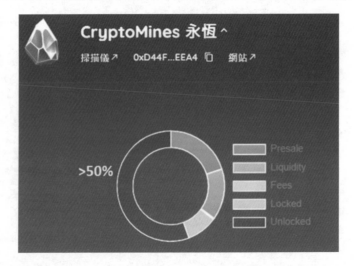

資料來源：https://app.unicrypt.network

7. 用戶的遊戲幣轉帳金額趨勢：未出現明顯轉出金額遠大於轉入金額

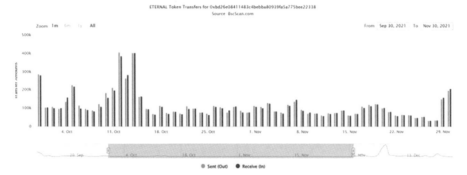

資料來源：https://bscscan.com/

8. 遊戲貨幣發行量：500萬個，數量少意味容易大漲、大跌

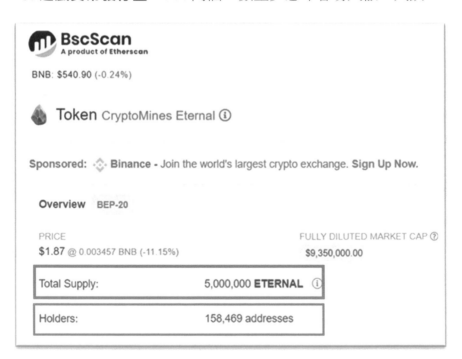

資料來源：https://bscscan.com/

9. 遊戲是否依照白皮書的規畫路徑進行升級開發：皆依照進程完成開發

Phase 1

- Smart Contract build - August 2021 - ✔
- Launch Social Media + Landing Website - August 2021 - ✔
- Audit Contract - August 2021 - ✔
- Private Sale - September 2021 - ✔
- Liquidity on Pancakeswap - September 2021 - ✔
- Game release (Play to Earn and Marketplace) - September 2021 - ✔
- Listing on CoinMarketCap / CoinGecko - September 2021 - ✔
- Expeditions perks - October 2021 - ✔
- Use the claimable $ETERNAL to pay for in-game items (contracts). - October 2021 - ✔
- Influencers Marketing - October 2021 ✔

Phase 2

- Expand developers team - October 2021 ✔
- Fleet deployment - October 2021 ✔
- Public community game (RAIDS) - October 2021 ✔
- Multiple exploration trips - November 2021 ✔

資料來源：官方白皮書 https://docs.cryptomines.app/roadmap/roadmap

　　經過上述評估後，我當下已對這款鏈遊頗具信心，不僅遊戲項目方表現積極外，在籌碼面及市場看好度都有很好的表現。此外，玩家投入、提領的金額都會進到礦池中，只要玩家有持續投幣維持獎勵池健康，我在25天就有機會回本，屆時就可以沒有負擔地享受Play-to-Earn的樂趣了，於是我剛好趁幣價崩跌由700美元回檔到300美元的第一天，看到玩家開始低價拋售艦隊，我覺得那是最好的時機，於是投入第一筆資金，當然我也真的提領出預期的獲利。

崩跌首日許多玩家開始猜測是否項目方要跑路了，而官方迅速的在社群正式發布訊息，釐清ETL幣拋售並非官方所為，並會依照白皮書的規畫路徑發布新功能上線，同時宣告即將線性解鎖的ETL幣約100萬美元會直接投入獎勵池（註：線性解鎖是穩定遊戲幣價的措施，避免項目方初期直接將幣倒入市場），官方表態維護遊戲繼續運作的態度明確，因此當天算是有穩定玩家信心，所以市場開始出現玩家收購低價的艦隊再加碼進場。隨著官方資金挹注，信心加持之下我選擇逐日加倍投資，到第四天時間總投入金額能讓我當日提領出獲利約7~8萬，老實說當下還有種「別人恐懼時我就應該貪婪」的喜悅。

聰明的你此時應該發現我第一天就犯下了典型韭菜的思維了吧？沒錯，分享這篇文章的目的就是要把我真實的過程讓大家知道，而前面的基本面判斷仍然重要不可忽略，只是經過評估還是被割韭菜，更是我們要學習成長之處，參考以下的日線圖，其實崩跌首日正是退場訊號，原因如下：

幣價跌回原點：

不到2%的籌碼來自固定錢包地址，顯示早期進場擁有遊戲幣的大戶已獲利了結，這在前面有提示過，幣量發行太少的缺點就是少數的籌碼就能造成幣價崩跌。

死亡螺旋效應：

還記得我前面覺得這遊戲最吸引我的U本位設計且獎勵池要玩家持續複投才會健康嗎？即使在官方接連三次加碼資金到獎勵池，但伴隨的是巨大賣壓持續探底，已讓玩家失去信心停止對遊戲的複投，因此開始每天挖礦、提出獎勵金、販售ETERNA（簡稱：挖提賣），這樣的現象導致每天在掏空獎勵池，直到歸零，所有玩家血本無歸。

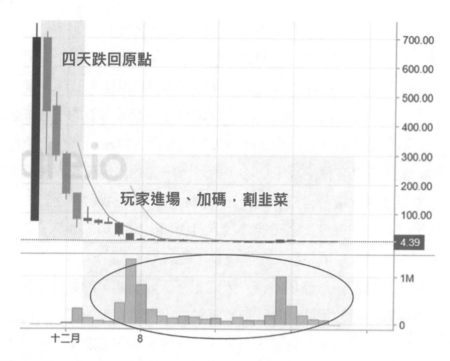

 ETERNAL 日線圖

事實上《CryptoMines》遊戲官方在事件過程中有讓玩家看到試圖挽救的態度，承認是遊戲機制不全導致獎勵池被掏空，且公告將修正經濟模型及增加進階功能後，以CryptoMines Reborn（重生）於2022年第一季重返回歸，而玩家目前的NFT道具如艦隊等也有擬訂折抵方式重新進場，至於玩家是否真的能如願重生？真的就考驗市場對GameFi的信心，我們就拭目以待。

總結：

2021年12月對於有在 GameFi 賺錢的玩家見證了兩個著名鏈遊的殞落，《幣安英雄（BNB Heroes）》的玩家完全沒有反應的時間，可

以說是一夜暴跌後就結束，以及書介紹的《飛船（CryptoMines）》這兩款打著Play-to-Earn模式的遊戲接連發生割韭菜事件，顯示出這類遊戲在經濟模式上有著明顯問題。

筆者已詳細介紹Play-to-Earn的運作模式，簡單說明就是玩家可以在遊戲中獲得的遊戲幣（Token）、道具（NFT）賺取金錢，但鏈遊目前相較於傳統線上遊戲確實在Play的體驗較差，反而著重在Earn的利基吸引想賺錢的玩家投入資金，因此，多久可以回本變成是玩家評估一款Play-to-Earn值不值得投入的主要因素，遊戲演變成不健康的資金盤生態，散戶稍有不慎自然就會淪為祭品。

Play-to-Earn這類遊戲必須持續有新玩家加入，和既有的玩家願意複投，由於遊戲項目方並沒有真正的產出錢來，它們產出虛擬貨幣以及虛擬道具讓玩家交易來換取金錢，也就是說玩家所賺到的錢是其他玩家的投入的金錢，一旦玩家開始拋售遊戲幣和道具時，整個遊戲的經濟就會受到影響，恐慌性的低價拋售一旦發生，遊戲的經濟體系很快就會崩潰。

目前GameFi是剛開始發展的階段，所以不管是遊戲的可玩性以及深度都還有很大成長空間，上述不健康的經濟生態，相信也會因為割韭菜事件讓玩家更懂得選擇遊戲項目，汰弱留強後，相信GameFi就能逐漸朝比較健康的方向發展。

08 去中心化社交SocialFi：下一代社交網路

　　使用區塊鏈技術構建的Web3.0去中心化社交應用能夠實現社交領域的價值最大化和用戶權益保障。利用P2P網路可以構建一個新的社交信任體系，保證用戶言論自由且不受平台影響；基於演算法的代幣獎勵機制能確保用戶通過發帖、互動、排名等方式獲得相對公平的回報，激勵使用者創造高品質的內容並為平台生態治理做出貢獻；加密演算法和隱私計算解決了使用者資訊被竊取、曝光、利用的問題，在更安全的網路環境下，使用者還能使用一個DID身份登錄多個應用，在互聯互通的社交網路生態中享受更多元豐富的社交體驗，並確保自己的帳號系統及其相關聯的所有數字資產、人際關係等不因平台規則的改變而被剝奪。

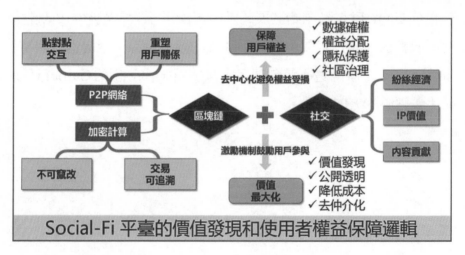

Social-Fi 平臺的價值發現和使用者權益保障邏輯

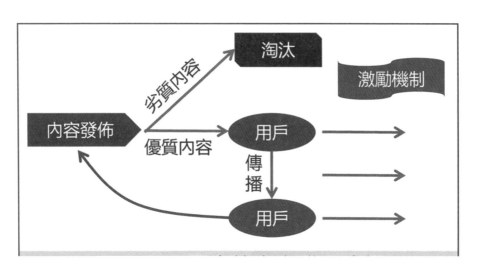

　　Steem是目前速度較快，交易量較大的區塊鏈之一，也是唯一可以大規模處理社交應用程序的區塊鏈，包括Steemit、Dlike、Dtube等社交應用在內的300多個DApp均部署在Steem上。其中，專注於博客內容發布的Steemit是Steem上的第一個線上社區，它類似於Reddit和Medium基於區塊鏈的組合，以「Blog and Get Paid」為口號，通過其原生加密貨幣Steem獎勵使用者在平台上分享和參與內容。其他類似的熱門社交應用還有Web3.0 Facebook：Sapien；Web3.0 Twitter：Peepeth；Web3.0 Youtube：Dtube；Web3.0 Linkedin：Indorse。

Steemit、Sapien和戶Peepeth都是去中心化的臉書類社交平台，用戶可通過分享內容和參與互動（如投票、按讚、評論）而獲得代幣獎勵

Dtube是去中心化視頻社交平臺,用戶可通過IPFS、BTFS、Skynet等主流分散式存儲技術上傳視頻,將視頻發佈在Hive,Steem或Avalon等社交區塊鏈上,並由此獲得代幣獎勵

Indorse是針對專業人士的去中心化社交網路平臺,使用者可在平臺創建個人專業檔案,並通過在平臺分享自身的或認證他人的技能和經驗而獲得代幣獎勵

124

09 Web4.0及Web3.0是否可行

目前對於Web4.0的定義尚未普遍接受,因此尚不清楚它是否可行。而Web4.0將涉及更先進的技術和功能,例如人工智慧、虛擬現實和物聯網。有人則認為,Web4.0的概念過於推測性和過早,尚不具可行性。而Web3.0的去中心化做的到底好不好?技術上還沒有做到去中心化。在理想的區塊鏈生態系統中,服務提供者、DApp和分散式系統將運行自己的節點,以完全點對點和分散式的方式驗證資訊和資料,但事實上,由於部署和維護相關節點的成本非常高昂,大量DApp應用程式正依賴於以Infura、Alchemy為代表的IaaS(Infrastructure as a Service)服務商,通過使用它們提供的區塊鏈和IPFS的API(API即應用程式設計發展介面,是Web2.0的基石,通過它可以將不同的程式軟體連接起來)調用服務,解決資料請求。以熱門錢包應用MetaMask為例,MetaMask並沒有部署節點以直接與以太坊區塊鏈進行資料交互,而是通過調用OpenSea、Etherscan 和Infura的API介面來顯示使用者的NFT、最近的交易和帳戶餘額。

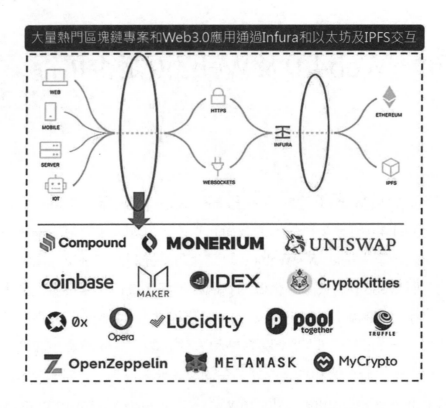

參與者似乎是中心化的。雖然從底層邏輯來看，Web3.0運行在去中心化的P2P網路上，具有固有的去中心化屬性，但在前端，使用者卻仍然需要通過交易所等應用介面及設施實現交互，這些應用介面/設施不僅能夠知道使用者的身份資訊，還掌握著使用者的資產狀況，本身則擁有了類似傳統網路下平台的權力。例如，在最近的俄烏衝突中，烏克蘭數位化轉型部向Coinbase、Binance、Huobi等八家加密貨幣交易所發送信函要求其停止為俄羅斯用戶提供服務；同時，受美國監管部門的制裁要求，MetaMask和OpenSea已紛紛禁止了來自俄羅斯的帳戶，這顯然違背了Web3.0抗審查的基本原則。

區塊鏈項目本身似乎是中心化的。區塊鏈「不可能三角」理論指出，

無論區塊鏈網路採用哪種共識機制，都無法同時兼顧安全、擴容和去中心化。與POS機制和DPOS機制相比，基於工作量的POW機制被認為是目前去中心化程度最高的共識演算法，但也放棄了成本效益，然而，即便是POW機制，也無法實現真正的去中心化。以採用POW機制的比特幣網路為例，美國國民經濟研究局的一項研究顯示：排名前0.1%（大約僅50名）的礦工掌握了超過50%的比特幣挖礦產能；最大的1萬名個人投資者控制著流通中約三分之一的比特幣。這表明，比特幣生態系統仍然由大型且集中的參與者主導，若這些參與者合謀對系統發動51%攻擊，將對其他的用戶產生絕對的權力。

儘管在理想狀態下，Web3.0能夠顛覆平台在網路世界的統治地位，將網路的治理和控制權力下放至用戶，但至少到目前為止，Web3.0還沒有做到真正的去中心化。而另一方面，網路的中心化本身也或許並不是一件絕對的壞事，在很多情況下，中心化作為一種重要的制度安排，能夠有效的解決交易活動中的責任確定問題，從而節約交易成本。從這個角度來看，Web3.0需要做到何種程度的中心化，也是人們需要思索並回答的問題。為了解決這些問題，一些專案正在探尋可能的解決方案，如針對集中式API，API3 DAO提出了一種完全去中心化的區塊鏈原生。相信未來伴隨更多先進的加密認證技術和解決方案出現，一個在適當程度上去中心化的Web3.0世界終將到來。

10 Web3.0離我們還有多遠

　　從用戶數的指標衡量，Web3.0對比1990年代Web1.0的創新萌芽階段。在當前的技術水準和基礎設施條件下，Web3.0還無法承載對用戶和開發者友好的應用程式和服務，整體生態較為貧瘠，大部分現有服務均集中在融資、加密貨幣和NFT交易上，使用者進場主要為投機交易或通過X-to-Earn模式賺取經濟收益，除部分頭部專案外使用者數量較少且忠誠度較差。如果以用戶數作為衡量互聯網示範發展和應用程度的尺規，那麼Web3.0目前的推進狀態，應類似於1990年代Web1.0正在經歷的創新萌芽階段，可以說還處於一個非常早期的階段。

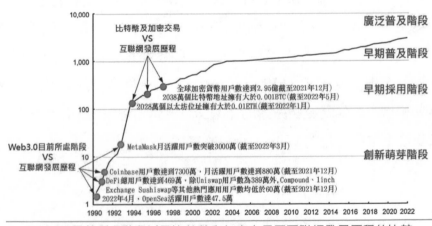

Web3.0目前所處階段以及比特幣和加密交易同互聯網發展歷程的比較

Web3.0發展展望

當前，我們正站在從 0 到 1 的前期。2020 年 DeFi 應用的飛速發展實現了 Web3.0 從 0 到 1 的突破性發展，特別是 Opeasea、Uniswap 等應用的崛起，第一次為 Web3.0 導入了大批量活躍用戶；同時，基礎設施、資料和工具品質的大幅提高，吸引大量優秀創業者和優質資本湧入參與 Web3.0 建設，幫助行業真正開啟嘗試投機之外的實際商業應用。自金融板塊後，泛文娛、NFT 消費品、科技以及商業服務類板塊正在萌芽，儘管受技術研發、人才儲備、資金投入、政策支持、標準建設等多方面因素的制約，當前 Web3.0 的發展速度仍不算理想，但我們也確實已經來到了從 1 到 N 的前夜。

展望未來，隨著基礎設施和工具的持續改善，Web3.0 將借助區塊鏈底層協定創新周期的網路效應實現從一到 N 的成長。未來隨著 Web3.0 技術棧堆進一步成熟，第一批可行的 Web3.0 應用有望在 2025 年實現落地。此後，當這些應用慢慢開始從消費者和企業身上獲得經濟價值，從而產生真實、可持續的現金流，將逐步推動 Web3.0 行業超越現有投機主導的生態，走上真正良性、健康的發展路徑。而隨著區塊鏈底層協定模組化可組合性的發揮，各類應用通過相互調用和嵌套實現快速創新，在網路效應的驅動下，行業將經歷指數級成長，實現從 1 到 N 的跨越式發展，屆時，不可預見的全新創舉或將到來，海量用戶將盡情徜徉在 Web3.0 世界，享受前所未有的服務體驗。

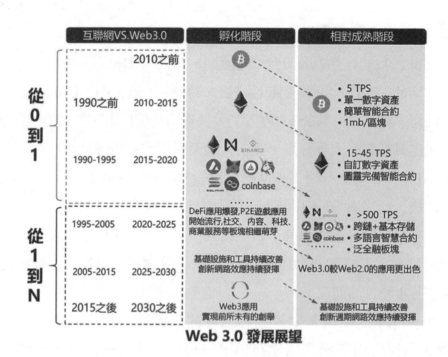

互聯網VS.Web3.0	孵化階段	相對成熟階段

Web 3.0 發展展望

　　儘管Web3.0發展仍在探索中，但Web3.0的基本技術體系和發展方向已初現雛形。據Gartner 2022年7月年發布的技術成熟度曲線分析報告顯示，目前Web3.0技術已經歷了第一波創新高峰期，正在從「創新啟動階段」邁向「創新泡沫階段」，技術體系逐步成型，市場熱度較高，創業投資活躍，後續還將經歷技術弱點暴露的「創新低谷階段」、技術反覆運算完善的「創新爬升階段」和日漸廣泛應用的「生產成熟階段」。其中，非同質化通證（NFT）、分散式身份（DID）、分散式金融（DeFi）、分散式交易所（DEX）等Web3.0核心組件技術正經歷「創新低谷階段」，還需2～5年進行技術更新反覆運算走向成熟。零知識證明（ZKP）、分散式自治組織（DAO）、可監管分散式金融（CeDeFi）、可監管分散式交易所（CeDEX）正經歷「創新啟動階段」，未來有望迎來更多創新。

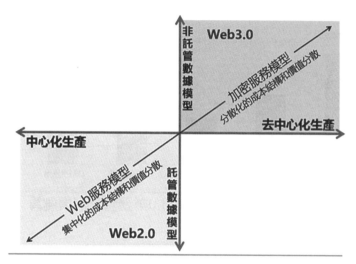

Web 服務模型 VS. 加密服務模型（Web 2.0 VS. Web 3.0）

Web3.0是區塊鏈產業的一次品牌升級

隨著海外區塊鏈產業規模不斷擴大，加密資產商業應用不斷擴展，吸引全球資本、人才和用戶爭相湧入，從而催生大量技術和應用在其生態中野蠻生長，區塊鏈及加密資產產業已成長為一個實際使用、逐漸普及的Web3.0商業生態。

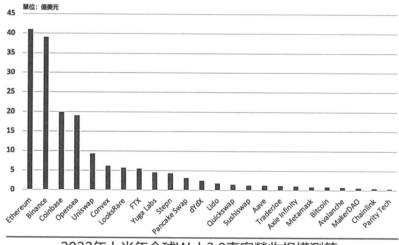

2022年上半年全球Web3.0專案營收規模測算

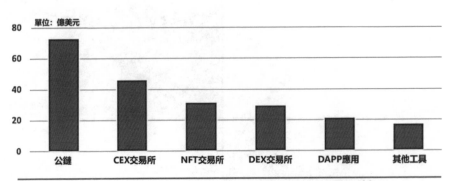

2022年上半年全球Web3.0業務營收規模測算

在基礎設施層，以太坊擁有最龐大的開發者社區和用戶群體。以太坊生態實際月活用戶達3000萬，月活開源專案約達4000個，全職開發者約達1200人。以太坊生態月活開發者人數約達4100人、隨後依次是Polkadot（約1400人）、Cosmos（約990人）、Solana（約860人）、幣安智能鏈（約340人）。在元件層與應用層，以太坊擁有最發達的DApp生態系統。截至2022年8月，海外Web3.0生態穩定運行DApp約達3.1萬個，吸引全球約達9000位月活開發者推動元件層和應用層技術演進，其中約達4300位月活開發者主要負責研發分散式金融相關元件。月活使用者超過10人的Web3.0元件層相關專案達1100個，月活用戶超過100人的Web3.0元件層相關專案達450個。其中，數字資產錢包MetaMask月活用戶峰值達3000萬人、分散式金融（DeFi）月活峰值用戶達400萬，分散式交易平台Uniswap月活使用者峰值達300萬人，區塊鏈遊戲Axie Infinity月活用戶峰值達300萬人、NFT交易平台Opensea月活使用者峰值達87萬人、區塊鏈運動類NFT項目StepN月活用戶峰值達60萬人、分散式數位身份ENS月活使用者峰值達55萬人。

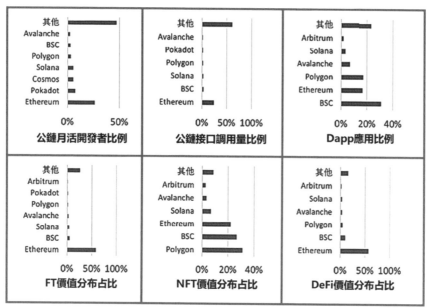

2022年Web3.0生態產業現狀

 各國政府高度關注Web3.0發展

　　各國政府陸續推動發展政策制定和監管制度完善工作。Web3.0的去中心化互聯網形態給各行各業帶來了重大變革，同時衍生出新的組織和產業形態也給監管也帶來了重大挑戰。例如，區塊鏈技術支撐下的匿名性社區，會給網路監管帶來新的挑戰；去中心化金融產品所蘊含的金融風險，也會考驗金融管理部門的監管和防範能力。

　　目前各國監管政策主要關注加密生態系統中的三大風險，

　　一是洗錢和恐怖主義融資風險

　　二是消費者權益保護面臨的風險

　　三是金融穩定方面帶來的潛在風險

　　美日政府已開始對Web3.0進行戰略布局，2022年3月，美國總統拜登簽署行政令，希望通過制定防範風險和引導負責任創新的政策，確保美國在全球數字資產生態中繼續發揮領導作用。隨後美國加快獲得Web3.0生態控制權。

　　2022年8月，加密貨幣混幣器Tornado Cash被美國財政部的下屬機構海外資產控制辦公室（OFAC）列入制裁名單，隨後Coinbase、Circle、Infura、Uniswap、dYdX、AAVE等一系列Web3.0服務相繼對相關鏈上帳戶拒絕提供服務，同時OFAC計畫對以太坊節點服務商開展監管審查，意圖主導海外Web3.0生態。同月，美國眾議院監督和改革委員會經濟和消費者政策小組致函美國各大加密資產交易所，要求提供自2009年以來與加密資產欺詐有關的所有文件。

　　2022年5月，日本首相岸田文雄表示，要從政治角度堅決推動Web3.0以求引領日本經濟成長，其目標是吸引海外資本並培育該領域的科技公司。2022年6月，日本政府批准了《2022年經濟財政運營和改革的基本方針》，意圖利用其在加密資產交易所和文娛領域累積的產業優勢支持Web3.0發展，彌補日本在Web2.0時代的戰略頹勢。

　　歐、韓、新加坡等國政府對Web3.0持開放發展態度。2022年3月，歐盟議會通過《加密資產監管市場提案》，為加密資產的有序發行和交易提供監管制度基礎。法國總統馬克宏接受採訪時表示希望歐洲在Web3.0發展中扮演「主角」。韓國總統尹錫悅在競選時承諾將通過稅收優惠和法律支持，積極促進NFT等數字資產交易市場發展。新加坡副總理公開發言表示要以開放的態度對待Web3.0，同時在政府積極推動下，新加坡成為全球Web3.0企業創新創業的聚集地。2021年，Coinbase、FTX、A16z等歐美頭部區塊鏈公司相繼在新加坡設立研發

中心或總部，吸引全球互聯網從業者落戶新加坡。

 ## Web3.0發展的風險

　　Web3.0發展仍存在不確定性，相關風險不容忽視，一是業界認知不一致。雖然Web3.0已經贏得了不少擁護者，但當前業界對Web3.0認識還遠未統一，各方對其發展前景也存在較大爭議。在有些人眼裡Web3.0是技術體系、是建設者與使用者共創的商業模式，在有些人眼裡是制度、觀念、是自由反覆運算創新的土壤，在有些人眼裡則是金融遊戲，是資本主義在網際空間的終極形態。2021年12月，馬斯克（Elon Musk）就發表推文稱「現階段Web3.0並不真實存在，更像是市場行銷術語」，推特前首席執行官Jack Dorsey也抨擊說「Web3.0只是風投機構賺錢的概念性工具」。

　　二是應用模式尚不成熟。雖然Web3.0代表了一種理想主義的未來網路願景，已經得到業界大眾的充分認可，但現有技術體系構建的Web3.0仍存在信任窪地，其中的數位身份、數字資產、自治組織等關鍵應用目前均處於發展初期，且相關商業模式探索也處於早期實驗階段，未來技術演進路徑還不清晰，是否能夠破解當前技術瓶頸，找到真正有價值的應用場景，還存在較大不確定性。比如，目前大部分數位藏品只是把數位內容標識上鏈，其圖片檔仍是存儲在中心化伺服器或分散式存儲中，能否真正保障應用層、鏈上標識與存儲環境三者的一致性，保障用戶資產的持續性、安全性和可用性仍有待考驗。

　　三是金融風險值得警惕。雖然Web3.0的數字資產具有補充數位經濟活力的潛力，但同時也會對金融穩定造成擾動。數字資產的可程式設計性容易衍生融資、保險、借貸等金融服務，成為不法分子掠奪牟利的

工具。一方面，Web3.0與加密資產深度綁定，市場炒作、盲目投資等亂象頻生，部分風投機構、加密資產參與者、技術創新者等市場主體，積極炒作Web3.0及相關概念吸引投資，存在將NFT或數位藏品進行同質化變種並開展金融炒作的傾向，意圖利用市場熱度誤導公眾熱炒。另一方面，Web3.0的開放生態環境使得應用系統之間彼此深度依賴，其金融開放性、全民性、傳染性容易引起連鎖反應，衍生出金融危機。例如，2022年區塊鏈遊戲Axie Infinity跨鏈橋遭受駭客攻擊、穩定幣Luna脫錨導致韓國20萬人蒙受損失、三箭資本破產清算等事件持續發酵，都昭示著海外Web3.0生態的金融風險隱患不容忽視。

Web4.0的基礎技術

Web4.0是未來互聯網的一個發展趨勢，它將AI（人工智慧）作為主要的基礎設施，實現更加智能、高效、安全和個性化的網絡體驗。這種新一代的網絡基礎設施將進一步推動數位經濟的發展，並在各個領域帶來革命性的變革。Web4.0以AI為核心，將人工智慧融入到網絡的方方面面，實現更高程度的智能化和自主學習，進而提供更智慧、個性化的服務。

Web4.0技術演進路徑如下：

互聯網代	Web1.0	Web2.0	Web3.0	Web4.0
硬體載體	個人電腦	移動智慧終端機	PC+手機+可穿戴設備+……	AR+VR+MR+……
計算	Intel8086晶片、NOR快閃記憶體、NAND快閃記憶體	Intel CPU系列、三星3D NAND Flash	DPU、邊緣計算、分散式運算……	GPU、數據處理、神經網絡計算、機器學習算法、自然語言處理、圖像處理和計算機視覺、強化學習計算、量子計算
儲存	本機存放區	集中式雲存儲	分散式存儲、區塊鏈技術……	分散式存儲、區塊鏈技術……
網路	2G/3G	3G/4G	5G/6G……	5G/6G……
操作系統	Windows98	Windows7、Windows10、Android	新一代作業系統……	RoboSumo OS、TensorFlow、PyTorch
交互技術	HTML	HTML5	人機交互、VR/AR/MR……	NLP、TTS、NLG、語音識別、人機對話介面、手勢識別、姿勢識別、情感分析

而Web3.0技術應用的總體架構可分為基礎設施層、組件層和應用層。基礎設施層好比構築大廈的地基，主要包括區塊鏈、分佈式存儲、算力網絡等，區塊鏈平台負責提供多方共識、難以竄改、留痕追溯的數據治理能力，可由不同類型區塊鏈構成：聯盟鏈由小規模可信主體節點構成，通常有明確的運營主體，可管可控，但用戶範圍與網絡規模較小；公鏈由大規模匿名用戶節點構成，面向全球用戶，沒有上鏈門檻，但監管困難，容易滋生非法融資等非法金融應用。組件層類似於構建屋舍和裝修所需的通用材料，包含基於區塊鏈平台的通證發行和流通、數字資產管理、數位身份、數字錢包、分佈式金融等組件，為數字資產交易、應用生態搭建、數據安全保護、應用互操作提供可訂製的模塊化解決方案，是總體架構的核心部分。應用層相當於大廈中工作生活的各類

場所，構建在分佈式基礎設施和可組合組件之上，為滿足下一代互聯網新需求而不斷豐富的應用生態，一方面至於Web4.0時代的技術與應用架構將在Web3.0之下，增加AI演算相關的架構，如AIGC、神經網路、生成式對抗網路（GAN）、自然語言處理（NLP）等。包括對Web2.0遷移而來的應用進行重構，如數據流通、跨境支付、供應鏈管理、知識產權管理等應用場景，另一方面是伴隨Web3.0新理念而誕生的數字原生應用形態，如金融、社交、協作、遊戲等應用在數字產權回歸的背景下體現出來的新型表達模式。

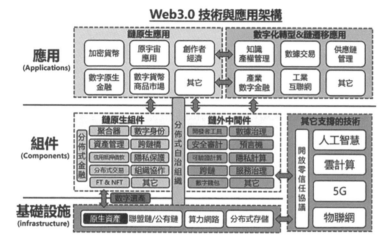

Web3.0不僅是過往技術反覆運算，更是多項科技的集成，互聯網在演進過程中，往往伴隨著存儲、網路、軟體的全方位更新，從Web1.0到Web2.0時代，互聯網技術多以點、線狀態反覆運算，而Web3.0時代則呈現由5G、VR、AR、區塊鏈、雲計算、晶片、邊緣計算等多項科技全方面集成態勢。

至於Web4.0時代的技術與應用架構將在Web3.0之下，增加AI演算相關的架構，如AIGC、神經網路、生成式對抗網路（GAN）、自然語言處理（NLP）等。

01 AI相關軟硬體

1-1 軟體

　　AI相關軟體種類繁多，涵蓋了各種不同用途的應用。以下是一些常見的AI相關軟體：

★ **TensorFlow**：由Google開發的開源深度學習框架，用於構建和訓練神經網絡模型。

★ **PyTorch**：由Facebook開發的開源深度學習框架，也用於構建和訓練神經網絡。

★ **Keras**：高級神經網絡API，可以在TensorFlow、PyTorch等後端運行。

★ **scikit-learn**：用於機器學習的Python庫，提供各種常見的機器學習算法和工具。

★ **OpenCV**：開源計算機視覺庫，用於圖像處理和計算機視覺任務。

★ **Microsoft Cognitive Toolkit (CNTK)**：由微軟開發的深度學習工具包，支持多種應用和平台。

★ **IBM Watson**：IBM開發的AI平台，提供語音識別、自然語言處理、推薦系統等AI服務。

★ **Google Cloud AI**：Google提供的AI平台，包括機器學習、語音識別、圖像處理等服務。

★ **Amazon AI**：亞馬遜提供的AI服務，包括語音識別、對話機器人、影像分析等。

★ **IBM Watson Studio**：IBM的數據科學和機器學習平台，用於開發、訓練和部署AI模型。

★ **H2O.ai**：開源機器學習平台，用於大規模數據分析和機器學習。

★ **NVIDIA CUDA**：用於GPU加速計算的平台，可用於加快深度學習訓練和推論速度。

★ **Apache Mahout**：開源機器學習庫，用於分類、聚類、推薦等任務。

★ **Caffe**：由Berkeley Vision and Learning Center開發的深度學習框架，專注於圖像處理任務。

★ **MXNet**：由亞馬遜開發的開源深度學習框架，支持分佈式訓練和推理。

　　這只是其中一部分AI相關軟體，隨著科技的不斷進步，新的AI軟體和工具也在不斷湧現，以滿足不斷擴大的應用需求。

1-2 硬體

　　在Web4.0時代，隨著AI的廣泛應用和需求增加，相關的硬體技術也在不斷進步和創新。以下是Web4.0時代AI下常見的相關硬體技術：

★ **AI加速器**：專用的硬體加速器，旨在加快AI任務的處理速度。這些加速器可以通過優化計算流程和專用硬體設計，提供更高效的AI運算，包括圖像處理、自然語言處理和深度學習等。

★ **GPU（圖形處理器）**：GPU在深度學習和神經網絡訓練中扮演著重要角色。由於其高度並行處理能力，GPU可以同時處理大量數據，

加快模型訓練的速度。

★ **TPU（張量處理器）**：由Google開發的TPU是專用的AI加速器，特別針對TensorFlow等框架的張量運算進行了優化，提供高效的機器學習和深度學習性能。

★ **FPGA（現場可編程門陣列）**：FPGA是一種可重建的硬體，可以根據特定任務和需求進行重新編程，使其適應不同的AI工作負載，提供高度訂製化的加速。

★ **ASIC（專用集成電路）**：ASIC是為特定任務而設計的硬體，用於高度專用化的AI任務，可以實現更高的效率和性能。

★ **AI伺服器**：專門設計用於運行和處理AI工作負載的伺服器，具有高效的計算和存儲能力，支持大規模的模型訓練和推理。

★ **AI晶片**：集成AI計算單元的微型晶片，通常用於在設備端進行AI推理，例如用於智能手機、物聯網設備和自駕車等。

★ **超級計算機**：在AI研究和模擬中，超級計算機提供龐大的運算能力，使得更複雜的AI模型和演算法可以得以實現。

這些硬體技術的發展使得AI能夠在不同領域和場景中得到更廣泛的應用，從而推動了Web4.0時代AI相關應用的革命性變革。

👍 1-3 系統

Web4.0時代，AI下的相關系統包括各種應用、框架和平台，用於實現人工智慧的開發、部署和應用。以下是一些常見的相關系統：

★ **AI開發框架**：這些框架提供了開發人員構建和訓練AI模型所需的工具和接口。著名的AI開發框架包括TensorFlow、PyTorch、

Keras、Caffe和MXNet等，它們支援深度學習和機器學習模型的構建和訓練。

★ **自然語言處理（NLP）平台：**這些平台專注於處理自然語言數據，包括文本分析、語音識別和情感分析等。一些著名的NLP平台包括OpenAI GPT-3、Google BERT和Microsoft Azure NLP等。

★ **智能視覺平台：**這些平台專注於處理視覺數據，如圖像識別、物體檢測和人臉識別。一些著名的智能視覺平台包括Google Vision API、Amazon Rekognition和Microsoft Azure Vision Services等。

★ **自主駕駛系統：**這些系統專注於實現自動駕駛技術，使車輛能夠在不需要人為干預的情況下行駛。著名的自主駕駛系統包括Waymo、Tesla Autopilot和Uber ATG等。

★ **智能助理：**智能助理是能夠通過語音或文字與用戶進行交互的AI系統，可以回答問題、執行任務和提供個性化建議。著名的智能助理包括Apple Siri、Amazon Alexa和Google Assistant等。

★ **物聯網（IoT）平台：**這些平台專注於連接和管理物聯網設備，並支援AI技術應用於物聯網環境中。著名的IoT平台包括IBM Watson IoT、Microsoft Azure IoT和Google Cloud IoT等。

★ **健康醫療AI系統：**這些系統運用AI技術在醫療領域進行診斷、治療和研究。著名的健康醫療AI系統包括IBM Watson for Health、DeepMind Health和諸多醫學影像分析平台等。

★ **教育AI系統：**這些系統利用AI技術提供教育內容個性化訂製和數據分析，改進學習體驗。著名的教育AI系統包括Coursera、Duolingo和Khan Academy等。

02 什麼是區塊鏈？

探討Web4.0前，筆者想先說明一下Web3.0和區塊鏈之間的關係，有點像進入Web4.0前的導論，有利於你理解後面Web4.0的歷程和特性。

2021年最火的話題之一就是NFT（Non-Fungible Token）非同質化代幣，與之對應的「同質化代幣」例如比特幣、以太幣則具有每一顆都等值的特性，意思就是說，您擁有的一顆比特幣與別人擁有的一顆比特幣具有相同價值。而NFT則藉由區塊鏈的技術，使得每一顆NFT都會擁有一串獨一無二的編號，承載並記錄著無法被竄改的交易歷史記錄，每一筆轉手資訊都會自動寫入區塊鏈上，一旦寫入就無法修改。正是因為NFT在防偽及所有權歸屬上都極表現出極大的優勢，使得它在藝術影音創作、遊戲虛寶、票券……等等許多的領域可以被運用，也開始受到大家的歡迎。

很多人認為NFT是突然出現的，其實不然，NFT誕生於區塊鏈之下的底層技術，也是基於區塊鏈相關的規範，可以說沒有區塊鏈就沒有NFT，接下來將說明NFT與區塊鏈的關係以及NFT的歷程及特性。

2-1 區塊鏈技術

　　區塊鏈在未來十年將是影響創業思維及企業數位轉型的關鍵能力，為什麼區塊鏈是個關鍵的機會？因為區塊鏈有可能對企業交易的方式產生巨大的衝擊與改變，它將成為客戶和各行各業轉型變革的主要核心。

★ 「**分散式帳本**」創造了共享價值體系，在同一網路下的所有參與者同時擁有權限去檢視資訊。

★ 「**不可竄改且安全**」區塊鏈透過有效的密碼機制在保護附加上的帳本資訊，資料一旦加入後是不能更改或刪除。

★ 「**點對點的交易**」去除中心化的驗證，藉由新科技的方式消除第三方機構進行交易驗證及管理改變。

★ 「**互相信任**」採用共識機制，交易的驗證結果會即時的被網路中所有參與者確認後，才會成立交易的真實性。

★ 「**智能合約**」具有運行其他業務邏輯的能力，意味著可以在區塊鏈中嵌入任何可預期行為的協議。

2-2 什麼是區塊鏈？

　　如果你上維基百科去查詢什麼是區塊鏈，你會立刻想放棄瞭解區塊鏈，因為維基百科的解釋是站在技術的角度去解釋，對於完全沒有技術基礎的人就是一場噩夢，維基百科這樣解釋區塊鏈——區塊鏈是藉由密碼學串接並保護內容的串聯文字記錄稱區塊。每一個區塊包含了前一個區塊的加密雜湊、相應時間戳記以及交易資料（通常用默克爾樹（Merkle tree）演算法計算的雜湊值表示），這樣的設計使得區塊內容

具有難以竄改的特性。用區塊鏈技術所串接的分散式帳本能讓兩方有效紀錄交易，且可永久查驗此交易。如果這樣解釋區塊鏈，應該很多人會放棄瞭解區塊鏈吧！

　　區塊鏈看似高端的技術，但筆者卻認為區塊鏈比較偏重於思維的轉變，它就是一個分散式帳本的概念，原本帳本是由一個人負責記帳，現在改成所有參與的全體人一起共同記帳，如此而已，其它的應用都是根據其特性衍生出來的應用而已。至於技術基本上跟網際網路差不了多少。而區塊鏈源自比特幣，不過在這之前，已有多項跨領域技術，皆是構成區塊鏈的關鍵技術；而現在的區塊鏈技術與應用，也已經遠超過比特幣區塊鏈，比特幣是第一個採用區塊鏈技術打造出的P2P電子貨幣系統應用，不過比特幣區塊鏈並非一項全新的技術，而是將跨領域過去數十年所累積的技術基礎結合。要追溯區塊鏈（Blockchain）是怎麼來的，不外乎先想到比特幣（Bitcoin），但位於歐洲的小國「愛沙尼亞」卻是第一個使用區塊鏈技術進行數位化的政府。

　　位於歐洲的小國「愛沙尼亞」旨在成為全世界第一個加密國家（Crypto-Country），正在使用區塊鏈技術進行數位化的政府服務。2014年愛沙尼亞政府推出一個電子居民計畫，期望整個國家的數位化能達到一個新高的水準。根據這些提議，世界各地的任何人都可以向愛沙尼亞在線上申請成為一名該國的虛擬公民。一旦成為數位公民，他／她可以透過網路獲取任何愛沙尼亞以實體經濟所建立的線上平台，以及提供給愛沙尼亞國內居民使用的線上公共服務。

　　但是愛沙尼亞在全國選舉期間，只有實體居民可以透過基於區塊鏈所建立的線上平台進行相關投票。另外，其還推出以區塊鏈為基礎所建立的公共服務，包含：健康醫療服務。現在還正在研究推出以區塊鏈

為基礎的數位貨幣，並發行於該國。除了愛沙尼亞，世界各國也在公共
部門中採用區塊鏈技術。最為積極的歐盟國家競爭對手就是斯洛維尼亞
（Slovenia）。

斯洛維尼亞政府已經宣布，目標就是成為歐盟國家中區塊鏈技術的
領導國家。該政府正在研究區塊鏈技術在公共行政中的潛在應用。

在接下來的幾十年中，帶給我們重大影響的大變革已經來臨了，但
它不是社交媒體例如臉書、instagram 等等，它也不是大數據，也不是
機器人，更不是人工智慧，我們將驚訝地發現，那就是比特幣等虛擬貨
幣所憑藉的底層技術，我們就稱它為「區塊鏈」。

現在雖然沒有很多人知道它，它的名聲也沒有如同以上提到的那幾
種那麼有名氣，但是我相信它是下一個世代的網際網路，而且區塊鏈等
有希望可以為每個企業、社會以及個人帶來很多的好處，當我寄一封電
子郵件或是傳一份影音檔案給你的時候，我實際上寄給你的不是原創的
版本，而是經過不斷的轉貼、轉寄到我手裡我再寄給你，所以那些資訊
只是一份副本而已，這樣也沒有什麼不好，因為把資訊大眾化了，以上
提到的這些或許對你來說都是無關痛癢的事情，但是如果我們談到資產
的時候，比如說金錢或是金融資產的股票、債券、期貨等，又或者是百
貨公司的紅利積點、智能財產權、創作、藝術、投票權以及其他的資產，
若是我寄給你這些的盜版，這就不是一件好事，如果我要寄一萬元的資
產給你，我們就必須依賴一些中間機構（如政府、銀行、信用卡公司等

等）才能將一萬元的資產轉給你，這些中間機構在我們的經濟活動中建立信用關係，和這些中間機構在各種商業行為以及交易的過程當中，扮演很重要的角色，從個人的信用審核到身分辨識，甚至到結算以及交易記錄的保存等等，目前來說這些中間機構表現得都還算不錯，除了手續費和利息稍微高了一些，但是現在以及未來的問題也越來越多了，因為從一開始它們就是中心化的，這也意味著它們很有可能被駭客入侵，而且這種趨勢也越來越多，大家是否還記得台灣的安德魯事件（一銀ATM盜領事件案），類似事件層出不窮，簡直防不勝防，因為傳統的銀行都把資料存放在幾個特定的主機，一旦主機被駭客攻擊成功，就會損失相當慘重。

如果各自保管會比較好嗎？各自保管依然是有風險性的，例如遭遇到天災人禍（被偷、土石流、地震、火災等），你只要無法證明那些有價證券是你的，你將蒙受巨大的損失。

2-3 為什麼區塊鏈是個關鍵的機會？

因為區塊鏈有可能對企業交易的方式產生巨大的衝擊與改變，它將成為客戶和各行各業轉型變革的主要核心，而區塊鏈的效益將在未來十年將是影響企業數位轉型的關鍵能力。

以圍繞區塊鏈本身的特長去發揮，用來解決企業碰到以往用技術、

人力、法律等等都無法解決，或是必須消耗大量資源才能處理的問題，試著從區塊鏈特性中尋找答案，例如：分散式帳本是創造了共享價值體系，在同一網路下的所有參與者同時擁有權限去檢視資訊；不可竄改且安全是區塊鏈透過有效的密碼機制在保護附加上的帳本資訊，資料一旦加入後是不能更改或刪除；點對點的交易是去除中心化的驗證，藉由新科技的方式消除第三方機構進行交易驗證及管理改變；互相信任是採用共識機制，交易的驗證結果會即時地被網路中所有參與者確認後，才會成立交易的真實性；智能合約是具有運行其他業務邏輯的能力，意味著可以在區塊鏈中嵌入金融工具預期行為的協議。

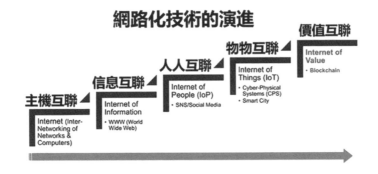

2-4　區塊鏈關鍵原理

　　區塊鏈是基於比特幣的架構所發展出來，此架構即是系統中所有參與的節點共同享有交易的資料庫：

分散式帳本（Distributed Ledger）

　　數位紀錄依照時間先後發生順序記載在帳本中，而在網絡中的每個參與者/節點同時擁有相同的帳本，且都有權限檢視帳本中之信息。

數位簽章加密（Cryptography）

在區塊鏈中的訊息或交易，會經過加密，並經由公鑰與私鑰才能解開，如此才能確保訊息或交易之一致性與安全性。

共識機制（Consensus）

網路中最快取得驗證結果發布給網路其他節點驗證，取得共識後，將區塊內容儲存，以此機制取代第三方機構驗證交易的能力。

智能合約（Smart Contract）

具有運行其他業務邏輯的能力，意味著可以在區塊鏈中嵌入金融工具預期行為的協議。

自從2016年比特幣開始受到世人的重視，區塊鏈技術就快速成長，從各種應用場景，到數以萬計的幣種，以及交易所的普及，在在都顯示區塊鏈時代已經到來，我們可以從以下六大部分來看，區塊鏈的時代已經讓各個產業萬箭齊發。

1. **聯盟的重要性與日俱增：**企業紛紛籌建與加入全球性的聯盟組織，目的是為了要減少開發的成本及縮短區塊鏈應用的時程。
2. **吸引更多創投投資：**創投基金表示對於投資區塊鏈的新創公司感到有興趣，銀行也增加了許多新創及區塊聯盟上的投資。
3. **新的作業模式：**IBM及微軟已經推出區塊鏈即服務（BaaS）的產品，新創公司及銀行也合作開發使用區塊鏈技術於更新的應用服務場景中。
4. **專利申請數增加：**高盛、摩根等銀行都已經申請許多與區塊鏈

及分散式帳簿的專利權,中國仍為區塊鏈專利申請件數第一名。

5. **許多產業開始採用區塊鏈**:區塊鏈的應用除了在金融產業之外, 還包含了通訊、消費零售、醫療、交通與物流等產業中。

6. **強化監理及安全**:美國商品期貨交易委員會正在考量如何監理 區塊鏈,國稅局也正在計畫區塊鏈的相關法制、合規條文。

在跨領域及不同服務場景的應用中,英格蘭銀行首席科學顧問曾 說:「分散式帳本的技術具有潛在的能力來協助政府在稅務、國家政策 福利、發行護照、土地所權登記、監管貨物供應鏈以確保資料保存與服 務的完整性。」在跨領域及不同服務場景的應用大致可分為四個領域:

1. **數字貨幣的領域**:數字貨幣可以立即地與任何人及任何地方 進行交易。如:比特幣、以太幣、瑞波幣、萊特幣、穩定幣 (USDT)。

2. **身份驗證的領域**:一個可靠的身份辨證來源,可以消除與日俱 增身份偽冒的問題。如:AML、KYC、護照與、移民監管、醫 療紀錄。

3. **智能合約的領域**:將傳統的紙本合約內容數位化,並且可以自 動執行合約。如:借貸與放款、所有權的轉移、單一來源與最 新版本。

4. **數字資產的領域**:去除耗時中介機構的角色,可以使得交易的 清算更快且成本更低。如:證券交易、獎勵點、會員積分數位 來源證明。

至於區塊鏈在企業應扮演的角色，我認為區塊鏈為解決企業問題有六個角色：

1. **角色一**、具有多方交易者，可依不同參與者創建交易。
2. **角色二**、減少交易時間，這樣就可降低延誤的問題，以增加公司的效益。
3. **角色三**、多方共享數據，讓每個參與者有權限共同檢視資訊的作業。
4. **角色四**、多方更新資訊，可讓每個參與者有權限共同紀錄及編輯資訊的作業。
5. **角色五**、強化驗證，每個參與者都可信任被驗證過後的資料。
6. **角色六**、降低中介角色，可以排除中介機構的角色，以此降低成本及交易的複雜度。

區塊鏈最初的大量應用就是金融領域了，我們來看看區塊鏈在金融領域是如何的運用呢？

1. **運用一**、數位證券交易，運用在工作量證明及擁有者之交換。
2. **運用二**、跨國換匯，運用在跨國貨幣交換。
3. **運用三**、資料儲存，運用在加密及分散儲存。
4. **運用四**、點對點交易，運用在透過網路其他參與者進行驗證。
5. **運用五**、數位內容，運用在儲存與傳遞。

金融業應用區塊鏈的技術持續在增加：

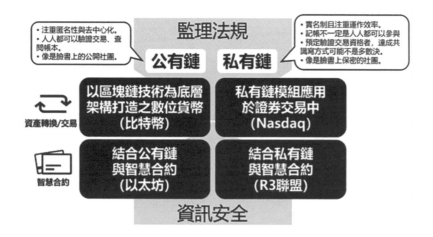

非金融產業運用也非常廣泛，但主要應用區塊鏈於驗證（人、事、物），而金融產業則主要應用於在資產轉換與資料儲存上，非金融產業運用大致為：

1. **運用一**、身份驗證，用來保護客戶的隱私。
2. **運用二**、工作量證明（Proof-of-Work）用來驗證與授權。
3. **運用三**、評論/建議，運用在對於評分、評等及評論的確認。
4. **運用四**、鑽石、黃金等貴重金屬認證。
5. **運用五**、網路基礎建設。

2-5 關於智能合約

　　簡單來說，智能合約就是能夠自動執行合約條款的電腦程式。舉例說明，假設我與老王打賭，賭的是什麼呢？我們打賭明天晚上6點的天氣，我說明天晚上6點「不會下雨」，老王說明天晚上6點「會下雨」，於是我們打賭1,000元。到了隔天晚上6點，我看到地上是濕的，於是我就跟老王說：「嘿嘿！我贏了，1,000元拿來」，老王卻說天上並沒有飄雨所以是沒有下雨，因此老王主張是他獲勝，於是我們兩人爭吵不休，最後老王在不甘心的情況之下認輸妥協了，但是老王遲遲沒有把1,000元給我，跟老王索取1,000元也是拖拖拉拉，這就是一般我們用紙本約定的合約。

　　如果用智能合約來執行這個賭注的話會是這樣執行的，我與老王打賭明天晚上6點會不會下雨，我們以中央氣象局發布的為主，於是我和老王各自拿出1,000元存在銀行作為履約的費用，一切的約定內容全部寫在智能合約上，判斷也由智能合約網路連結到中央氣象局的網站做為判斷，到了隔天晚上6點智能合約會自動執行這一切，結果經由中央氣象局判斷為下雨，智能合約就自動將老王與我各自的1,000元轉到我的帳戶，這一切只要事先約定好，並且把所有的條件寫到智能合約上，在不可更改和公共監督的環境下執行這個合約，就稱為智能合約。裡面提到的公共監督就是運用區塊鏈的技術，運用區塊鏈的技術將你的合約公布讓大家都知道，而智能合約的運用更是未來的趨勢。

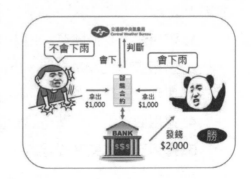

智能合約存儲於區塊鏈

　　把合約放在區塊鏈上的好處，在於合約不會因為受到干預而被任意修改、中斷；而且約定的行為也無需透過人、而是透過電腦自動執行，可以避免各種因人為因素而引發的糾紛，當然也會比人來執行合約內容更有效率。

　　舉例來說，租房的契約就可以訂為「每月5號，從房客的帳戶轉2萬元的租金到房東的帳戶」；如果智能合約可以串接家電設備的話，就可以在合約內加上「一旦遲交房租的話，房內的燈光亮度會自動減半」之類的條文。智能合約中，區塊鏈技術就是負責串連世界各地的電腦，以協助加密、紀錄，並且驗證這份智能合約；藉由區塊鏈技術，來確保這份合約不會被惡意偽造或修改。

　　因此，在保險、樂透彩券、Airbnb租屋領域的不同應用上，都可以用智能合約來撰寫，並在滿足條件之後自動理賠、兌獎，或是開鎖。比起現在的紙本人工作業，智能合約更能避免惡意冒領或理賠糾紛。未來的某一天，這些程式可能取代處理某些特定金融交易的律師和銀行。智能合約的潛能不只是簡單地轉移資金，一輛汽車或者一間房屋的門鎖，都能夠被連接到物聯網上的智能合約而被打開，但是與所有的金融前端技術類似，智能合約的主要問題是：它如何與我們目前的法律系統相協調呢？答案是可以的，因為智能合約賦予物聯網「思考的力量」，雖然智能合約仍然處於初始階段，但是其潛力顯而易見。

　　我們可以試著想像一下，分配你的遺產就像滑動可調滑塊就能決定誰得到多少遺產一樣簡單，如果開發出足夠簡單的使用者互動介面，它就能夠解決許多法律難題，例如更新遺囑，一旦智能合約確認觸發條件，合約就會開始執行。在未來，智能合約將會改變我們的生活，我們

現在所有的合約體系都可能會被打破，相信智能合約在未來可以解決所有的信任問題。

智能合約也可以用在股票交易所，設定觸發機制，達到某個價格就自動執行買賣；也可以用在京東眾籌這樣的平台，合約可以跟蹤募資過程，設定達到眾籌目標自動從投資者帳戶撥款到創業者帳戶，創業者以後的預算、開銷可以被追蹤和審計，從而增加透明度，更好地保障投資者權益。

未來律師的職責可能與現在的職責大不相同，在未來，律師的職責不是裁定個人合約，而是在一個競爭市場上生產智能合約範本。合約的賣點將是它們的品質、訂製性、易用性如何。許多人將會針對不同事項創建合約，並將合約賣給其他人使用。所以，如果你製作了一個非常好的、具有不同功能的權益協議，就可以收費允許別人使用。以智能合約管理遺囑為例，如果你的所有資產都是比特幣，用智能合約管理遺囑的方式就可行。對於實體資產，智能資產也能解決這些問題。在尼克·薩博（Nick Saab）一九九四年的論文中，他預想到了智能資產，寫道：「智能資產可能以將智能合約內置到物理實體的方式，被創造出來。」

智能資產的核心是控制所有權，對於在區塊鏈上註冊的數字資產，能夠透過私密金鑰來隨時使用。這些新理念、新功能結合在一起會怎麼樣呢？以出租房屋為例，我們假設所有的門鎖都是連接網路的。當你為租房進行了一筆比特幣交易時，你和我達成的智能合約將自動為你打開房門。你只需持有存儲在智能手機中的鑰匙就能進入房屋。智能資產的一個典型例子是，當一個人償還完全部的汽車貸款後，智能合約會自動將這輛汽車從財務公司名下轉讓到個人名下（這個過程可能需要多個相關方的智能合約共同執行）。但如果貸款者沒有按時還款，智能合約將

自動收回發動汽車的數位鑰匙。基於區塊鏈的智能資產，讓我們有機會構建一個無需信任的去中心化的資產管理系統。只要物權法能跟上智能資產的發展，透過在資產本身上記錄所有權將極大地簡化資產管理，大幅提高社會效率。現行法律的本質是一種合約，但法律的制定者和合約的起草者們都必須面對一個不容忽視的挑戰：在理想情況下，法律或者合約的內容應該是明確而沒有歧義的，但現行的法律和合約都是由語句構成的，而語句則是出了名的充滿歧義。

因此，一直以來，現行的法律體系都存在著兩個巨大的問題：首先，合約或法律是由充滿歧義的語句定義的；其次，強制執行合約或法律的代價非常大。而智能合約透過程式設計語言，滿足觸發條件即可自動執行，有望解決現行法律體系的這兩大問題。初期，智能合約首先會在涉及虛擬貨幣、網站、軟體、數位內容、雲服務等數字資產的領域生根發芽，因為針對數字資產的「強制執行」非常直接有效。但是，隨著時間的推移，智能合約會逐步滲透到「現實世界」。比如，基於智能合約的某種租賃協議的汽車可以經由某種數位憑證進行發動（而不是傳統的車鑰匙）。而如果這個數位憑證不符合該租賃協議（例如租約到期），汽車就不會發動。智能合約是區塊鏈最重要的特性，也是區塊鏈能夠被稱為顛覆性技術的主要原因，更是各國央行考慮使用區塊鏈技術來發行數字貨幣的重要考量因素，因為這是可編程貨幣和可編程金融的技術基礎。智能合約也許在今後將會讓我們人類社會結構產生重大變化，儘管智能合約還有一些待解決的問題，智能合約可能給金融服務業帶來最具顛覆性的改變。並且幸運的是，該技術已經從理論走進實踐，全球眾多專業人才也在共同努力完善智能合約。

智能合約在公有鏈與私有鏈上的運作方式

 智能合約的原理與效益

　　智能合約是透過將業務邏輯轉換成程式的方式，以實現多方之間合約的自動化執行在人為機制介入有限的情況下，智能合約是以程式驅動且自動進行的機制。該程序經檢查預定義的條件是否已經滿足並且隨後執行嵌入程式的邏輯，且只有在網絡中達成共識的情況下，其結果才會生效。通過區塊鏈實現這一機制，將大大減少了對第三方驗證的依賴並自動執行某些功能，因此能提升流程效率和降低成本。

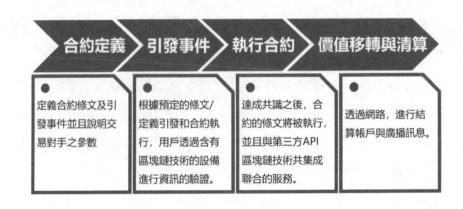

智能合約的效益如下：

★ **自主性**：自主管理且自我執行，智能合約會依照外部的驅動事件自動執行。

★ **內置信任**：智能合約的內容在網路中一旦取得共識可修改時，才能進行調整。

★ **複製與備份**：網路上的每個節點都會同步複製合約，合約是無法刪除的。

★ **執行速度**：智能合約僅需定義合約條件，其他僅靠程式判斷，故在程序執行上的時效是顯著的。

★ **節省成本**：智能合約透過程式來做為清算中間人，所以能降低成本。

★ **消除錯誤**：智能合約可以消除因為人工處理過程中，所可能產生的人為疏失或錯誤。

 應用智能合約於跨國交易

利用智能合約與區塊鏈技術將現有的資訊系統結合，能有效的提升效率與降低成本：

★ 交易中每個階段所產生的資料無法改變。

★ 各節點中所保有的智能合約內容，保持一致且一旦更新，將會同步複製。

★ 能即時的傳送更新的價格。

★ 產品購買和銷售者，可以隨時且直接到區塊鏈平台上實時查看。

★ 產品移動會依照時間序列化來更新與追蹤。

★ 任何時刻都可以知道收益與適用的折扣。

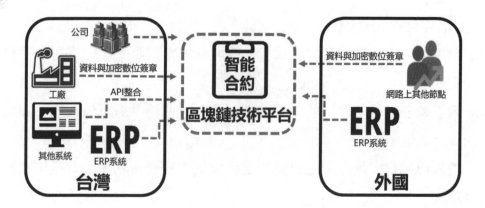

03 區塊鏈演進

3-1 區塊鏈五階段

　　區塊鏈技術隨著比特幣出現後，經歷了四個不同的階段，目前正朝向第五個階段大步邁進：

第一階段 ▶ Blockchain 1.0：加密貨幣

　　比特幣（Bitcoin）開創了一種新的記帳方式，以「分散式帳本」（Distributed Ledger）跳過中介銀行，讓所有參與者的電腦一起記帳，做到去中心化的交易系統。這個交易系統上有兩種人，一是純粹的交易者，一是提供電腦硬體運算能力的礦工。交易者的帳本，需經過礦工運算後加密，經所有區塊鏈上的人確認後上鏈，理論上不可竄改、可追蹤、加密安全。礦工運算加密的行為稱為Hash，因為幫忙運算，礦工可獲得定量比特幣作為酬勞。交易帳本分散在每個人手中，不需中心儲存、認證，所以稱為「去中心化」。無論是個人對個人、銀行對銀行，彼此都能互相轉帳，再也不用透過中介機構，可省下手續費；交易帳本經過加密，分散儲存，比以往更安全、交易紀錄更難被竄改。

第二階段 ▶ Blockchain 2.0：智能資產、智能契約

　　跟比特幣相比，以太坊（Ethereum）是多了「智能合約」的區塊

161

鏈底層技術（利用程序算法替代人執行合約）的概念。智能合約是用程式寫成的合約，不會被竄改，會自動執行，還可搭配金融交易。因此，許多區塊鏈公司透過它來發行自己的代幣。智能合約可用來記錄股權、版權、智能財產權的交易、也有人用它來記錄醫療、證書資訊。因此除了比特幣等虛擬貨幣之外，區塊鏈應用的無限可能性。

例如食品產業的應用，從原料生產、加工、包裝、配送到上架，所有資料都會被寫入區塊鏈資料庫，消費者只要掃讀包裝條碼，就能獲取最完整的食品生產履歷；在旅遊住宿方面，再也不需要透過Airbnb等中介平台，屋主直接在區塊鏈住宿平台上刊登出租訊息，就可以找到房客，並透過智能合約完成租賃手續，不需支付平台任何費用。

往後，歌手不用再透過唱片公司，自己就可以在區塊鏈打造的音樂平台上發行專輯，透過智能合約自動化音樂授權和分潤；聽眾每聽一首歌，就可以直接付款給創作團隊，不需透過Spotify等線上音樂中介平台。

第三階段 ▶ Blockchain 2.5：金融領域應用、資料層

強調代幣跨鏈應用、分散式帳本、資料層區塊鏈，及結合人工智慧等金融應用。區塊鏈2.5跟區塊鏈3.0最大的不同在於，3.0較強調是更複雜的智能契約，以2.5則強調代幣跨鏈應用，如可用於金融領域聯盟制區塊鏈，如運行1：1的美元、日圓、歐元等法幣數位化。

第四階段 ▶ Blockchain 3.0：更複雜的智能契約

更複雜的智能合約，將區塊鏈用於政府、醫療、科學、文化與藝術等領域。由於區塊鏈協議幾乎都是開源的，因此要取得區塊鏈協議的

原始碼不是問題，重點是要找到好的區塊鏈服務供應商，協助導入現有的系統。而銀行或金融機構要先對區塊鏈有一定的了解，才能知道該如何選擇，並應用於適合的業務情境。2015 年金融科技（Fintech）才剛吹進臺灣，沒想到才過幾個月，一股更強勁的區塊鏈技術也開始在臺引爆，全球金融產業可說是展現了前所未有的決心，也讓區塊鏈迅速成為各界切入金融科技的關鍵領域。儘管現在就像是區塊鏈的戰國時代，不過，以臺灣來看，銀行或金融機構要從理解並接受區塊鏈，到找出一套大家都認可的區塊鏈，且真正應用於交易上，恐怕還需要一段時間。

第五階段 ▶ Blockchain 5.0：成為元宇宙重要的加值傳遞支柱

2021 年為元宇宙的元年，元宇宙是虛擬鑲嵌於真實的世界的交互技術、通訊技術、計算能力、核心演算法彼此間補互產生的世界。

在 2019 年末爆發了新冠疫情，一直延燒到 2023 年也已歷經了三個多年頭，在 2021 年我們人類很多的活動因疫情封控都已經線上化，例如購物線上化、社交線上化、上課線上化、娛樂線上化等等。這也直接促成元宇宙世界的提早到來，而元宇宙世界裡最重要的技術之一就是區塊鏈，而區塊鏈其中一個技術應用尤為重要，那就是 NFT 非同質化代幣，所以 2021 年也是 NFT 非同質化代幣爆發的元年，而 NFT 非同質化代幣在元宇宙的世界裡扮演著資產證明的一個角色，可以說沒有 NFT 非同質化代幣就沒有元宇宙。

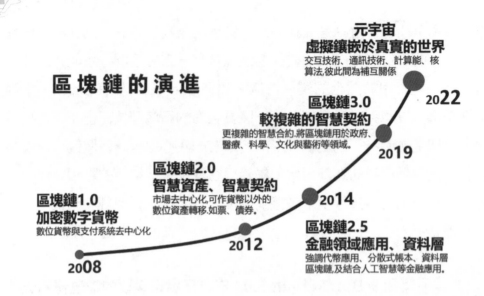

區塊鏈的演進

元宇宙
虛擬鑲嵌於真實的世界
交互技術、通訊技術、計算能、核
算法,彼此間為補互關係

20**22**

區塊鏈3.0
較複雜的智慧契約
更複雜的智慧合約.將區塊鏈用於政府、
醫療、科學、文化與藝術等領域。

2019

區塊鏈2.0
智慧資產、智慧契約
市場去中心化,可作為貨幣以外的
數位資產轉移.如票、債券。

2014

區塊鏈1.0
加密數字貨幣
數位貨幣與支付系統去中心化

2012

區塊鏈2.5
金融領域應用、資料層
強調代幣應用、分散式帳本、資料層
區塊鏈,及結合人工智慧等金融應用。

2008

3-2 技術演進:區塊鏈是怎麼來的

　　1982年拜占庭將軍問題Leslie Lamport等人提出拜占庭將軍問題
(Byzantine Generals Problem),把軍中各地軍隊彼此取得共識、決
定是否出兵的過程,延伸至運算領域,設法建立具容錯性的分散式系
統,即使部分節點失效仍可確保系統正常運行,可讓多個基於零信任基
礎的節點達成共識,並確保資訊傳遞的一致性,而2008年出現的比特
幣區塊鏈便解決了此問題。David Chaum提出密碼學網路支付系統,
David Chaum提出注重隱私安全的密碼學網路支付系統,具有不可追
蹤的特性,成為之後比特幣區塊鏈在隱私安全面的雛形。

　　1985年▶橢圓曲線密碼學Neal Koblitz和Victor Miller分別提出
橢圓曲線密碼學(Elliptic Curve Cryptography,ECC),首次將橢圓
曲線用於密碼學,建立公開金鑰加密的演算法。相較於RSA演算法,
採用ECC的好處在於可用較短的金鑰,達到相同的安全強度。1990年

David Chaum基於先前理論打造出不可追蹤的密碼學網路支付系統，就是後來的eCash，不過eCash並非去中心化系統。Leslie Lamport提出具高容錯的一致性演算法Paxos。

1991年▶使用時間戳確保數位文件安全Stuart Haber與W. Scott Stornetta提出用時間戳確保數位文件安全的協議，此概念之後被比特幣區塊鏈系統所採用。1992年Scott Vanstone等人提出橢圓曲線數位簽章演算法（Elliptic Curve Digital Signature Algorithm，ECDSA）

1997年▶Adam Back發明Hashcash技術Adam Back發明Hashcash（雜湊現金），為一種工作量證明演算法（Proof of Work，POW），此演算法仰賴成本函數的不可逆特性，Topic達到容易被驗證，但很難被破解的特性，最早被應用於阻擋垃圾郵件。Hashcash之後成為比特幣區塊鏈所採用的關鍵技術之一。Adam Back於2002年正式發表Hashcash論文。

1998年▶Wei Dai發表匿名的分散式電子現金系統B-moneyWei Dai發表匿名的分散式電子現金系統B-money，引入工作量證明機制，強調點對點交易和不可竄改特性。不過在B-money中，並未採用Adam Back提出的Hashcash演算法。Wei Dai的許多設計之後被比特幣區塊鏈所採用。Nick Szabo發表Bit GoldNick Szabo發表去中心化的數位貨幣系統Bit Gold，參與者可貢獻運算能力來解出加密謎題。

2005年▶可重複使用的工作量證明機制（RPOW）Hal Finney提出可重複使用的工作量證明機制（Reusable Proofs of Work，RPOW），結合B-money與Adam Back提出的Hashcash演算法來創造密碼學貨幣。

2008年▶比特幣Satoshi Nakamoto（中本聰）發表一篇關於比特幣的論文，描述一個點對點電子現金系統，能在不具信任的基礎之上，建立一套去中心化的電子交易體系。

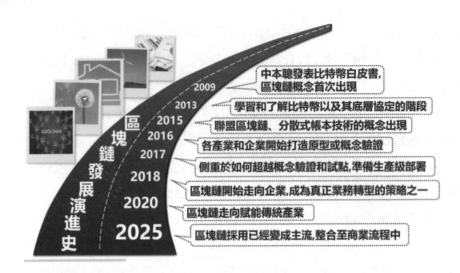

👍 3-3 區塊鏈始於學習

　　全台唯一區塊鏈證照班，台灣唯一在台授課結業經認證後發證照（三張）的單位，不用花錢花時間飛去中國大陸上課，在中國取得一張證照約2萬人民幣（不含機酒），在台唯一對接落地項目，南下東盟、西進大陸都有對接資源，不單單只是考證如此而已，你沒想到的，我們都幫你先做好了！！

為什麼區塊鏈市場人員需要專業認證？

1. 成為區塊鏈領域人才，認證通過者，可從事交易所的經紀人、產品經理、市場領導及區塊鏈項目市場專業人士或區塊鏈初級導師。

2. 快速進入區塊鏈行業，升級成為區塊鏈資產管理師，懂得往區塊鏈投資管理及資產管理。

3. 企業＋區塊鏈，企業家緊跟趨勢風口，區塊鏈賦能傳統企業，為現有的傳統企業在短時間內提高競爭力。區塊鏈相關證照是將未來炙手可熱的，所有的認證證照都有其發展史，例如金融界的「財務規劃師」、房地產業之一的「經紀人執照」、保險業之一的「投資型保單證照」等等……，這些證照一開始的考試取得相對簡單，付出的學費也相對低，等到市場壯大成熟後，那時候再來取得相關證照將會很困難，不論是學費高出許多，更要付出很多的時間去上課研讀考證的資料，一開始就取得是CP值最佳的入手時機。

智慧型立体學習平台已與CBPRO國際區塊鏈專業認證機構合作，一同推動華語區的區塊鏈教育及生態，是唯一台灣上課可以拿到中國政府官方認證證照。台灣第一開放式培訓機構＋中國內地落地區塊鏈公司合作，與中國廣州數字區塊鏈科技有限公司攜手合作，史上培訓結合區塊鏈落地公司，讓學員結訓後立即有落地的區塊鏈項目可以賺錢，要朝區塊鏈講師發展的學員，將提供舞臺讓學員發光發熱，在結合四張證照落地應用的超強優勢。此外區塊鏈課程還擁有終身免費複訓的特色，而終身複訓的優勢如下：

★ 與時俱進掌握最新資訊

區塊鏈是目前最新的趨勢，雖然區塊鏈發展已經十個年頭了，但是

真正的應用是在2017年開始，所以2017年被認定為區塊鏈的元年。區塊鏈的技術、應用是非常快的，要能夠隨時更新區塊鏈的資訊這點是非常重要的，但是如果要靠自身的力量去自學再消化，最後吸收，幾乎是非常困難的一件事情。若是透過「借力」的方式就非常容易，經由上課的方式，借老師的力、借同學間的力、借產業經營的力、借技術人員研發的力，就可以與時俱進掌握最新資訊。

★ 可以認識全亞洲頂尖的人脈

區塊鏈的課程是全亞洲華語地區都會開班授課的，報名的學員只需報名一次後終身可以免費複訓，更可以結交當地對區塊鏈有興趣的人脈或是願意付高額學費來上課的精準人脈，透過上課學習自然形成一個小團體，因為一起上課過，自然有一定的信任度，也是對學習有意願且想要成功的人脈，之後要談對接項目、共同合作、產業交流就容易得多。

★ 有機會投資優質的項目

我們知道ICO的報酬率是很可觀的，少則數十倍，多則上千上萬倍，但是高獲利、高風險，根據統計其倒閉率的風險也是高達93%，其中的7%成功的ICO根據統計其特徵大多都是以誰發行的ICO其成功率最高，也就是說發行團隊有沒有區塊鏈相關的經驗和資源尤為重要。

如果透過培訓可以認識一些想要發展區塊鏈項目的人或團隊，在本質上至少是真正要做區塊鏈的項目，並不是用區塊鏈來圈錢割韭菜，這就避免掉一些靠包裝非常好的圈錢項目，加上通過培訓可以對接到區塊鏈的生態圈，從人才、培訓、市場、技術、行銷等等的資源都有，新的項目要成功的機會自然大許多。所以透過培訓可以有機會接觸好的項目，因為本身也上過課，對項目的判斷也會有自己的意見，再透過一群同學和老師的相互討論就可以一起做大事。

三張區塊鏈認證證照

★ 第一張 中國工業和信息化部發的「區塊鏈應用架構師證書」

工業和信息化部網頁：

http://www.gov.cn/fuwu/bm/gyhxxhb/index.htm

工業和信息化部人才評價系統：https://pj.miitec.cn/index

★ 第二張

「區塊鏈培訓師資證書」

★ 第三張

元宇宙股份有限公司發的
「元宇宙應用架構證書」

取得證照的優勢

很多學員問我說：「老師，區塊鏈證照能做什麼啊？」我認為來上區塊鏈證照班進而取得證照，有六大優勢：

最基本的可以比較好找工作

不論是在台灣的求職網或是在中國的求職網上搜尋區塊鏈相關的工作，你會發現有區塊鏈證照會比沒有區塊鏈的薪水多出很多，但是幫別人打工當一個上班族是拿區塊鏈證照最低、最少的優勢。

我常常舉如果要靠車子來賺錢的例子，你可以開始研究車子的機械構造、電子配線、安全配備、引擎動力、材料科學等等，花了大半輩子的精力、燒了一大把的資金，好不容易將一台車子製造出來可以開始販售，還要靠行銷方案、銷售專家去推廣你的車子，你才有可能開始靠你製造的車子獲利，過程耗時又燒錢。另一個靠車子賺錢的模式就是

Uber，Uber是全世界最大、最賺錢的計程車行，但是卻沒有一台車子是Uber自己的，區塊鏈也是一樣，不要想去開發什麼了不起的技術，那個耗時又花錢，可能還沒研發出來你就因為彈盡援絕而倒閉，而是要懂得借力，借區塊鏈本身的特性去結合一些商業模式或是用區塊鏈去賦能傳統企業，這樣才對。

當初那些幫Uber寫程式開發平台的工程師，這些人也不會因為Uber賺大錢而有所分紅，因為他們是Uber付錢委託的工作人員，所以在區塊鏈的風口下，學到了區塊鏈的技術去幫別人打工是最低的優勢。

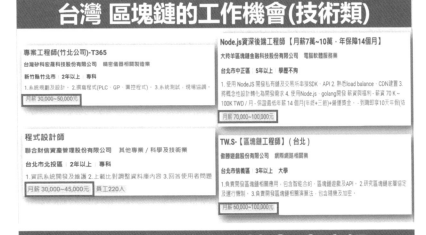

為未來做好準備

　　你是每天都覺得自己在驚喜中醒來呢？還是每天都覺得今天又是老套的生活！如果放大自己的視角來看，在快速的社會與科技變遷下，我們應該時常都會在驚喜之中度過，內心一定常常油然而生現實與理想之間的碰撞，覺得生活好像無法休息地不斷在追著我們跑，剛要適應一件事情，又要適應另一件事情。快速的生活讓我們容易焦慮，但又有機會充滿生命力。世界快速的轉變，我們也勢必要有快速調適的情緒、智慧與能力才能夠追得上。各式各樣的科技發展快速，你是否發現在驚奇之中我們又帶著不安。

　　我們的未來到底還會帶給我們多少驚奇呢？我們要如何為自己準備才能夠為這些驚奇準備好呢？通常我們還是要依賴過往的經驗來為未來做準備。

　　這世界變化很快，隨時都有新的趨勢再發生，每一個人都要隨時做好準備，不斷累積實力，等待機會來臨的那一刻，你就可以全力出擊。那些在風口下錯失機會的人，通常是機會來的太快而措手不及，不是你的能力決定了你的命運，而是你的決定改變了你的命運，你決定了要學習區塊鏈，學習區塊鏈取得了四張證照，區塊鏈風口一旦突然到來，你就可以盡情發揮、全力出擊。

 可以斜槓你的事業

　　「斜槓」這兩個字這一年來非常的夯，但是很多人都誤解了斜槓，斜槓青年」是一個新概念，來源於英文「Slash」，其概念出自《紐約時報》專欄作家麥瑞克・阿爾伯撰寫的書籍《雙重職業》。他說，越來越多的年輕人不再滿足「專一職業」的生活方式，而是選擇能夠擁有多

重職業和身份的多元生活。這些人在自我介紹中會用斜槓來區分，例如，萊尼‧普拉特，他是律師／演員／製片人。於是，「斜槓」便成了他們的代名詞。

在大環境下多重專業的「資源整合」才是最稀缺的能力，它包含著整合自身及外部的資源，這是一般人比較少思考到的事情。很多人常誤解，認為去學多種專長就能創造多重收入，其實那只是專長與收入無關，它沒有經過你內化後的整合。且重點不是你花多少錢、報名了多少課程、考了幾張證照，而是你能透過這些證照跟技能，賺多少錢回來？創業也是一樣的，大多數的老闆在某程度上來說也是斜槓，他們同時具備業務、行銷、產品開發、會計、管理、人資、企業經營、投資、財務管理等等能力，並用於增加收入，把自己時間價值提高只是第一步，真正關鍵還是透過資源整合，讓你能更有系統地去運用資源。

斜槓不只是單純的「出售時間」，千萬別說你成為斜槓的策略是「白天上班、晚上再去打工、半夜鋪馬路」，這是低層次的斜槓，甚至這根本稱不上斜槓。成就斜槓創業，先從你專精的利基開始，不要一心想去學習多樣專長。因為多工往往源自於同一利基，所謂「跨界續值」是也！現今年代的利基和風口趨勢，就是「區塊鏈」。

未來區塊鏈證照不好拿

我之前從事過保險產業，從事保險產業必須要有相關的證照才可以販售相關的保單，簡單來說要有三次的考試，第一張證照是人身保險證照和財產保險證照，第二張則是外幣收付保險證照，最後第三張是投資型保單證照，以上三張證照都考到的話，基本上所有的保單都可以販售了，第一張證照人身和財產保險證照非常容易考到，我記得我只花了兩

個晚上的時間，看看考古題和相關書籍就輕鬆過關。

第二張外幣收付保險證照就難很多，我花了一兩個月時間去準備，總共考了三次才考到，對我來說難度還蠻高的，而第三張投資型保單證照基本上我直接放棄，我不賣投資型保單總可以吧！因為我認識一個保險業務員，他是清大研究所畢業的碩士生，他考投資型證照考了兩次才考到，我得知後當下念頭是「我不考了」，我不賣投資型保單總可以吧！但是有一個做保險的阿姨，今年約莫六十歲，她卻有投資型保單證照，每次都會問我台幣轉美金、美金轉台幣的問題，我就納悶那阿姨這種財經程度怎麼可能有投資型保單證照呢？於是我有次就問她的投資型保單證照怎麼考到的，她跟我說在二十幾年前，公司說有一個投資型保單的培訓要去參加，於是整個通訊處都去了，上了兩天的課程後，第二天下午進行考試，考卷發下來有選擇題、是非題就是沒有申論題，加上不會的脖子拉長些看看隔壁的就考到了投資型保單證照。她描述的考證過程比吃飯容易，其實所有的證照都是一樣的，我有朋友最近才拿到財務理財規劃師的證照，她是足足花了一整年的時間上課讀書學習，也砸了幾十萬元的學費才拿到財務理財規劃師的證照，我相信財務理財規劃師的證照在初期也是不難考取的，學費也不會如此高。

同樣地區塊鏈證照也是相同，目前在台灣還沒有官方發行證照，所以現行可拿的就只有對岸中國官方發的區塊鏈證照，目前世界以區塊鏈專利技術的數量來看，中國是排名第一遠遠狠甩第二名的美國，根據2018年世界區塊鏈專利統計，中國有1001項區塊鏈專利，而美國只僅有138項區塊鏈專利，兩國差了7.2倍的區塊鏈技術專利量，所以中國在區塊鏈領域是獨步全球的，這時候當然拿到中國區塊鏈的認證也是非常值錢的。目前區塊鏈證照非常好取得，只要參加我們兩天的課程訓

練，課程中不缺席、不神遊，大多過關率達90%，剩下沒過的也可以進行補考，幾乎100%過關，但是再過半年一年甚至兩年後就不一定那麼好拿了，因為到時候區塊鏈的應用面以及普遍性高的時候，自然會提高難度及考證費用，據網路上的中國考證價格，一張區塊鏈證書約2萬人民幣，機票和住宿另計，大約要13萬台幣左右才有辦法取得一張區塊鏈證書，在未來因為區塊鏈更多的場景應用下，區塊鏈證書必將水漲船高，到那時候要花大筆的學費和很多的時間都未必考得到，為什麼不記取之前的教訓，趁現在早早就取得區塊鏈認證的證書呢？

可認識全亞洲區塊鏈精準人脈

我上過許多實體和網路行銷的課程，大多的課程提到行銷最重的第一點都是一樣的，就是廣告要下對「受眾」群，人脈也是一樣的，不是認識越多人就越好，而是要認識對你有幫助的精準人脈。那麼精準人脈怎麼尋找呢？透過上課的篩選是一種很好的方式，例如知名大學都會開的一們EMBA的課程。EMBA的全名是 Executive Master of Business Administration（高階管理碩士學位班），主要在培育高階主管的管理能力，因此在報考限制上會有工作經驗門檻的要求，有些需要五到八年的工作經驗，少部分的只要三年的工作經驗即可報考，因應時代變遷，現在有些學校也開放應屆畢業生報考；EMBA主要著重在培育主管管理素養、具有全球化的視野、個案分析與應用等，因此入學方式以書審、口試為主，藉由面試來瞭解該同學是否適合，但報考EMBA的學生多為業界主管，各校基本上都會錄用，避免有遺珠之憾。

我有一個企業老闆的朋友，他就曾上過某知名大學開的EMBA班，我好奇地問他學些什麼，沒想到他只說他是去認識精準人脈的，用來開

拓更深、更廣的生意，至於作業和報告都是請他的助理幫忙處理的。

　　區塊鏈認證班也是一樣的，會來付費上課的學員都是對區塊鏈有興趣的精準人脈，加上智慧立体學習平台將會在兩岸三地及東南亞陸續開班授課，只要報名繳費完成的學員，即可享受終身免費異地複訓的資格，屆時就可以結交各地區塊鏈的高手，對於要發展區塊鏈精準人脈及商機絕對是最好的管道之一。

有機會投資優質項目

　　每開一次區塊鏈認證班都會有來自各個不同產業的學員，每個人上過區塊鏈課程後，因每個人的產業、經驗、背景等等的差異，都會有些區塊鏈應用場景的想法發酵，這時候透過老師評估可行性與否，一旦覺得有可行性的機會，此時再結合班上各個不同的資源對接，這項目成功的機會便大幅度增加，如果從一個想法階段開始就進行投資，那麼一旦這項目成功後的投報率將是很可觀的報酬，例如，我的一個朋友田大超，他就是早期投資一個項目叫做「私家雲」，起初投資成本約十幾萬人民幣，之後一年多這項目很成功，當初的十幾萬的股權已經變成六千多萬到一億五千萬之間了。

　　尤其是區塊鏈項目，2016～2017年的ICO階段，那時候就是割韭菜的豐產期，為什麼一般的投資人很容易淪為小韭菜呢？主要是因為小韭菜們都是一窩蜂地跟投，根本不管項目本身是做什麼的，主要的負責人是誰、項目靠不靠譜等等的問題都沒有釐清，就一股腦地瘋狂搶購一些垃圾幣。如果發行的人是你當初上課的同學，你自然對這個人或是項目的掌握度就很高，成為韭菜的機會就大幅度降低了。

04 區塊鏈與數位經濟

從農工業時代到現代，經濟始終在一個國家扮演非常重要的角色，新經濟將使社會生產力大躍升，經濟高品質發展，數位經濟將邁上經濟強國的新台階。數位新經濟的基石是數位新技術，新一輪技術革命的核心是數位技術革命，通過數位新技術發展新經濟。

4-1 數位經濟的縱向關係

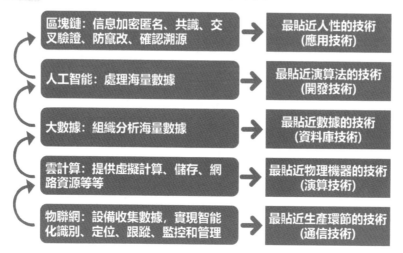

物聯網

物聯網簡單來講就是「物物相連的互聯網」，使用信息傳感物理設備按照約定的協議把任何物品與互聯網連接起來進行信息交換的網絡，

以實現物理生產環境的智能化識別、定位、跟踪、監控和管理。物聯網是未來數位經濟得以發展的最底層信息基礎設施，為數位經濟的發展提供一手的精準、實時的數據，當前物聯網基礎設施並沒有得到大規模部署和應用導致數據的錄入和採集由於人的參與，而出現系統誤差、人為錯誤、低時效等問題，源頭數據的錯誤致使後續計算分析不能實際指導業務開展與生產規劃，缺少了真實數據支撐的數位經濟也成了空中樓閣。

雲計算

本質上是將具備一定規模的物理資源轉化為服務的形式提供給用戶，用戶不需要見到物理機器，自然不需要考慮各種運維的事情，因為雲廠商已經將這一層封裝好了，客戶只需要告訴雲平台是需要一台具體配置的計算機、還是某個開發平台、或者乾脆就是一個具體的應用（如網盤）。雲平台還可以做到各種資源的全面彈性，動態滿足客戶實時變化的需求，比如客戶上午想要一台計算機，下午還想要十台，雲平台通過可計量的虛擬化資源能夠及時滿足用戶所需。

如果用戶通過這種可計量的服務形式使用物理機器，就會越來越關注自身業務本身，因為使用數據化的門檻會越來越低，有了雲計算在底層撐腰，將物理世界的業務轉化到數據的速度會越來越快，以至於必須找到新的技術來組織這些數據。

大數據

大數據，需要應對海量化和快成長的存儲，這要求底層硬體架構和文件系統在性價比上要大大高於傳統技術，能夠彈性擴張存儲容量，

這種情況下出現了數據組織技術。所謂數據組織技術：數據化初級階段數據少，形式單一，所以主要採取集中式結構化存儲，實體關係就成了這一時期的數據組織的關鍵點，包括開發語言的面向對象技術其實也是受到這種數據組織形式影響而產生的。大數據形成的數據組織技術必須能夠有效將沒有價值的數據剔除，同時還要將結構化數據、非結構化數據、業務系統實時採集數據等以分佈式數據庫、關係型數據庫等數據存儲計算技術進行分類存儲與處理，使得數據研發計算與應用能夠真正服務於企業內部決策與生產指導，支撐企業數位化轉型。

人工智慧

組織好數據，接下來就需要深度挖掘數據。就像人類發明語言和文字一樣，最終目的是要幫助人類進行大規模分工協作來完成人類認為有意義的事情的。而面對這樣的海量數據，人類的大腦已經處理不過來了，於是人類將各種意義轉化為算法交給機器，讓機器自行決策，最終給我們提供一個收斂的結果，就有了有效信息。 我們很少關心數據，真正關心的是數據背後的信息。人工智慧幫助人類在海量數據中找到了有用的信息，於是便有了各種意義的存在，為我們在進行數字新經濟建設的過程中指明了出路和方向。

區塊鏈

如何有效地利用信息呢？在區塊鏈技術之前，基本靠人類的各種信念：「我們堅信人是有良知的！」還有一種就是靠強而有力的中心組織保障，但前提是這個組織必須是有良知的。在信息化的進程中，人的信念是不可靠的一環，在面臨因中心化架構帶來各種弊端與問題時，提

179

出了區塊鏈技術，簡單的說就是利用分佈式網絡＋非對稱加密算法將已經形成的信息有效的串聯起來，保證信息是達成人們共識的、還不可修改，人們準備利用區塊鏈技術消除各種不美好的事情，這也是為什麼大家現在都這麼看好區塊鏈的原因，畢竟所有人都嚮往一個理想世界，那裡沒有任何欺騙，而區塊鏈技術指明了一條方向。

　　未來的數位經濟建立在虛擬網絡構建的信息基礎設施之上，誠信在任何時候都是商業得以進行的基礎，區塊鏈構建的誠信網絡使得人們在毫無信任的條件下，開展商業活動、進行價值交換、促進經濟發展。

👍 4-2 橫向關係梳理

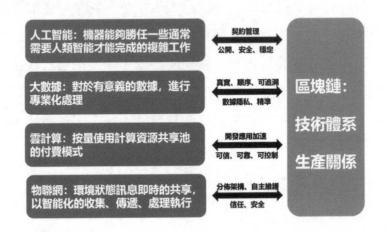

🌐 區塊鏈與物聯網

　　區塊鏈技術可以為物聯網提供點對點直接互聯的方式來傳輸數據，而不是通過中央處理器，這樣分佈式的計算就可以處理數以億計的交易了。同時，還可以充分利用分佈在不同位置的數以億計閒置設備的計算

力、存儲容量和頻寬，用於交易處理，大幅度降低計算和儲存的成本。

另外，區塊鏈技術疊加智能合約可將每個智能設備變成可以自我維護調節的獨立的網絡節點，這些節點可在事先規定或植入的規則基礎上執行與其他節點交換信息或核實身份等功能。這樣無論設備生命周期有多長，物聯網產品都不會過時，節省了大量的設備維護成本。

物聯網安全性的核心缺陷，就是缺乏設備與設備之間相互的信任機制，所有的設備都需要和物聯網中心的數據進行核對，一旦數據庫崩塌，會對整個物聯網造成很大的破壞。而區塊鏈分佈式的網絡結構提供一種機制，使得設備之間保持共識，無需與中心進行驗證，這樣即使一個或多個節點被攻破，整體網絡體系的數據依然是可靠、安全的。未來物聯網不僅僅是將設備連接在一起完成數據的採集，人們更加希望連入物聯網的設備能夠具有一定的智能，在給定的規則邏輯下進行自主協作，完成各種具備商業價值的應用。

區塊鏈與雲計算

從定義上來看，雲計算是按需分配，區塊鏈則構建了一個信任體系，兩者好像並沒有直接關係。但是區塊鏈本身就是一種資源，有按需供給的需求，是雲計算的一個組成部分，雲計算的技術和區塊鏈的技術之間是可以相互融合的。雲計算與區塊鏈技術結合，將加速區塊鏈技術成熟，推動區塊鏈從金融業向更多領域拓展，比如無中心管理、提高可用性、更安全等。

區塊鏈與雲計算兩項技術的結合，從宏觀上來說，一方面，利用雲計算已有的基礎服務設施或根據實際需求做相應改變，實現開發應用流程加速，滿足未來區塊鏈生態系統中初創企業、學術機構、開源機構、

聯盟和金融等機構對區塊鏈應用的需求。另一方面,對於雲計算來說,「可信、可靠、可控制」被認為是雲計算發展必須要翻越的「三座山」,而區塊鏈技術以去中心化、匿名性,以及數據不可竄改為主要特徵,與雲計算長期發展目標不謀而合。

從存儲方面來看,雲計算內的存儲和區塊鏈內的存儲都是由普通存儲介質組成。而區塊鏈裡的存儲是作為鏈裡各節點的存儲空間,區塊鏈裡存儲的價值不在於存儲本身,而在於相互鏈接的不可更改的區塊,是一種特殊的存儲服務。雲計算裡確實也需要這樣的存儲服務。

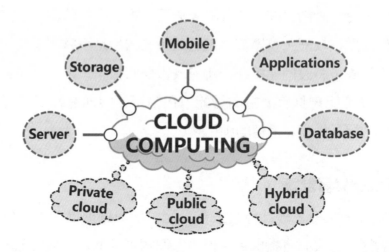

從安全性方面來說,雲計算裡的安全主要是確保應用能夠安全、穩定、可靠的運行。而區塊鏈內的安全是確保每個數據塊不被竄改,數據塊的記錄內容不被沒有私鑰的用戶讀取。利用這一點,如果把雲計算和基於區塊鏈的安全存儲產品結合,就能設計出加密存儲設備。與雲計算技術不同的是,區塊鏈不僅是一種技術,而是一個包含服務、解決方案的產業,技術和商業是區塊鏈發展中不可或缺的兩隻手。

區塊鏈技術和應用的發展需要雲計算、大數據、物聯網等新一代信

息技術作為基礎設施支撐，同時區塊鏈技術和應用發展對推動新一代信息技術產業發展具有重要的促進作用。

 區塊鏈與大數據

　　區塊鏈是底層技術，大數據則是對數據集合及處理方式的稱呼。區塊鏈上的數據是會形成鏈條的，它就有真實、順序、可追溯的特性，相當於已經從大數據中抽取了有用數據並進行了分類整理。所以區塊鏈降低了企業對大數據處理的門檻，而且能夠讓企業提取更多有利數據。

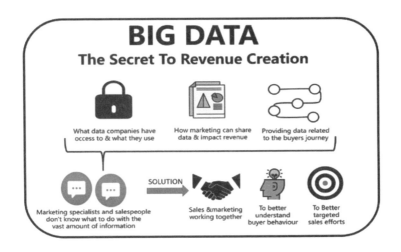

　　另外，大數據中涉及到用戶的隱私數據問題，在區塊鏈技術的加持下也不會出現。用戶完全不用擔心自己的私人信息被偷偷收集，也不用擔心自己的隱私被公之於眾，更不用擔心自己被殺熟。隱私數據使用決定權完全在用戶自己手裡，甚至可能會出現，企業會通過一定的付費手段獲取隱私信息，用戶從中能夠盈利。

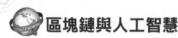

區塊鏈與人工智慧

　　對於任何廣泛接受的技術的進步，沒有比缺乏信任具有更大的威脅，也不排除人工智慧和區塊鏈。為了使機器間的通信更加方便，則需要有一個預期的信任級別。想要在區塊鏈網絡上執行某些交易，信任則是一個必要條件。

　　區塊鏈有助於人工智慧實現契約管理，並提高人工智慧的友好性。例如通過區塊鏈對用戶訪問進行分層註冊，讓使用者共同設定設備的狀態，並根據智能合約做決定，不僅可以防止設備被濫用，還能防止用戶受到傷害，可以更好地實現對設備的共同擁有權和共同使用權。

　　人工智慧與區塊鏈技術結合最大的意義在於，區塊鏈技術能夠為人工智慧提供核心技能——貢獻區塊鏈技術的「鏈」功能，讓人工智慧的每一步「自主」運行和發展都得到記錄和公開，從而促進人工智慧功能的健全和安全、穩定性。數位經濟建設在數字新技術體系上，數位新技術主要包括物聯網、雲計算、大數據、人工智慧、區塊鏈等五大技術。根據數字化生產的要求，物聯網技術為數位傳輸，雲計算技術為數位設備，大數據技術為數位資源，人工智慧技術為數位智能，區塊鏈技術為數位信息，五大數位技術是一個整體，相互融合呈指數級成長，才能推動數位新經濟的高速度高品質發展。

05 聯盟鏈

　　區塊鏈技術經過多年的發展，逐漸形成了兩條路徑：以加密資產為典型應用的非許可鏈（公有鏈）和以可信數字協作為驅動的許可鏈（聯盟鏈）。公有鏈作為區塊鏈的主流形態，其共識協議逐漸由完全去中心化向多中心化發展，相關企業通過牌照準入、實名註冊（Know Your Customer，KYC）等方式積極擁抱監管。聯盟鏈作為中國區塊鏈的主流形態，也由單一業務的獨立運營逐步擴展為由不同業務或者多個節點服務提供方共同對外提供區塊鏈服務，各區塊鏈廠商逐漸推出不同開放程度的開放聯盟鏈形態。與公鏈類似，開放聯盟鏈在底層代碼、鏈上資料、API 介面等方面具備一定程度的開放性，其核心共識節點由多家具有行業公信力的機構參與共建，不同應用可同時接入與運轉，同時仍要保障聯盟鏈的許可准入、安全審計和監管能力。與傳統聯盟鏈相比，開放聯盟鏈不再由單一業務的聯盟方組成，同一條聯盟鏈也不再僅支持單一業務的運轉；開放聯盟鏈將區塊鏈服務與區塊鏈業務分離，即區塊鏈的聯盟方不一定作為區塊鏈服務的使用方，區塊鏈服務的使用方也不一定具有區塊鏈節點。

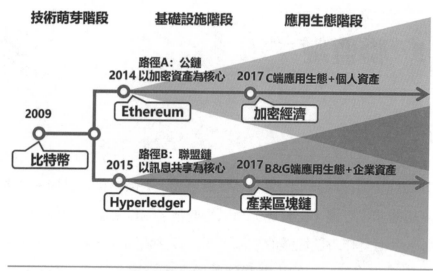

聯盟鏈與公有鏈發展路徑對比

　　構建 Web3.0 生態不一定必須基於公鏈，隨著聯盟鏈開放程度逐漸增強，也會形成有特色的 Web3.0 商業生態。Web3.0 的核心理念並不是技術能力的精尖，而是在理念、制度、產業層面開放程度的轉變。例如，公鏈由於網路開放、資料開放、介面開放等特性，錢包等服務提供者很容易打通所有應用並建立統一入口。然而聯盟連結口很難進一步建立統一入口，各聯盟鏈平台各自為戰仍然是封閉的「圍牆花園」，無法形成統一生態。數位身份、跨鏈、隱私計算等 Web3.0 關鍵技術同樣面臨著「互連互通」的問題。所以，如何在金融穩定、資料安全、內容合規的背景下，逐步對外開放聯盟鏈的各項能力，是現階段構建 Web3.0 生態的主要挑戰。

　　隨著開放聯盟連結入場景增多、規模擴大，各個使用者及業務方的資料在鏈上公開沉澱，不同業務間可實現資料、數位內容、數字資產在鏈上跨平台互通。使用者可授權業務 A 的資料在業務 B 中使用，也可以

整合多個業務的資料資產,統一收攏於一個鏈上區塊鏈帳戶中。最終實現一個使用者的鏈上數位身份即可打通所有鏈上應用,使用者能以統一數位身份自由穿梭在生態內的各個場景中,進一步推動使用者身份、資料、資產真正被使用者所擁有、所支配,打破Web2.0時代應用與應用之間的「價值孤島」,真正意義上形成基於Web3.0時代的價值流通。

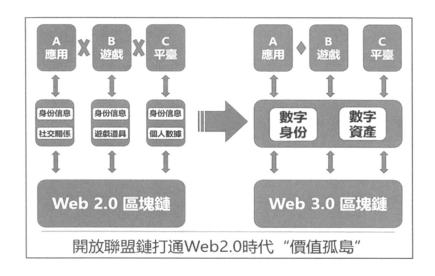

開放聯盟鏈打通Web2.0時代 "價值孤島"

06 區塊鏈分散式存儲

　　數位世界最重要的是什麼？是數據。而龐大的元宇宙內容生態最為緊要也是最為基礎的便是資料的存儲速率、安全性以及成本。基於IPFS的分佈式存儲項目FileCoin的提出，就是為了解決這一問題。IPFS的願景是構建一個全世界的分佈式網絡，用來替代傳統中心化的服務器模式，從而能保障用戶的安全性與隱私性。分佈式存儲未來會有很多盈利點，值得投資人關注。

　　因此，新一代網路通訊協定IPFS星際檔案系統或許是解決該問題的最佳辦法。IPFS星際檔案系統是一種點對點的分散式存儲協定，可以為元宇宙提供高安全性、高傳輸性、低成本的資料存儲服務。從核心意義來說，IPFS星際檔案系統通過統一的、共用的分散式節點存儲傳輸資料，讓各方無需單獨保存。IPFS星際檔案系統可以消除傳統中心化網路通訊協定所帶來的弊端，其對比優勢體現在以下幾個方面：低成本、高效率、永久性、防竄改。

　　新型分散式存儲解決方案在性能、易用性、激勵機制等方面嘗試彌補IPFS缺陷，逐漸代替IPFS存儲方案。Web3.0分散式存儲和Web2.0傳統存儲相比的主要優勢在於資料的可驗證性和可用性，但性能較低，一旦決定資料一經上傳就不可更改，導致程式的反覆運算成本較高，機動性不足。當前公鏈生態的資料存儲的主流解決方案是IPFS/Filecoin、

Arweave和Ceramic Network。Filecoin是在IPFS之上引入的激勵層，激勵使用者參與並保證資料在約定內可靠存儲。Arweave通過對區塊鏈鏈式結構創新實現鏈上資料存儲的降本提效。Ceramic Network提供結構化動態資料存儲方案，並通過W3C DID標準格式管理資料，旨在解決IPFS檔不能即時更新，需要手動保持同步動態，效率低等問題。

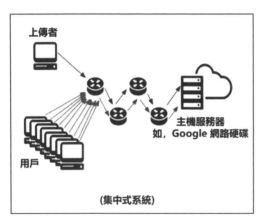

(集中式系統)

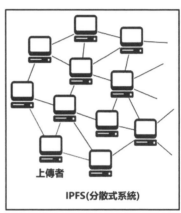

IPFS(分散式系統)

　　區塊鏈分散式存儲是Web3.0關鍵技術，分散式存儲通過分散提升存儲效率，區塊鏈分散式記帳通過共識演算法保證「公正」，傳統的網路存儲系統主要採用集中的存儲伺服器存放所有的資料，分散式存儲及區塊鏈分散式存儲將資料分散存儲在多台獨立的設備上，而區塊鏈的規則採用共識機制，智能合約代碼在網路上的所有（或部分）節點上同時運行，其執行結果通過共識演算法在全網進行驗證，通過這種計算上來保證計算結果的一致性。

　　區塊鏈技術解決平台各自獨大的局面，但仍需要跨鏈技術推動Web3.0快速發展

★ 區塊鏈技術的優勢在於提供了用戶在每個節點的價值，實現了用戶價值的共用。

★ 多鏈將並存很長時間，這時候如果要實現不同區塊鏈生態中的用戶交互，跨鏈技術將發揮重要的作用。

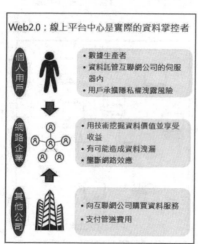

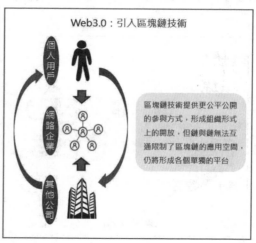

07 數字資產

　　廣義的數字資產是指個人、企業擁有或控制的以電子資料形式存在的資產形式。數字資產不僅包括我們所熟悉的數字智慧財產權如專利等，還包括新興的加密貨幣等虛擬資產，也包括現實世界的實體資產通過數位化技術手段映射到網際空間的數位化資產，比如現實世界中的車產、房產、土地，通過區塊鏈上鏈確權之後，就可以在網際空間進行交易流轉。狹義的數字資產專指登記在分散式帳本上的電腦程式（通證），資產之間的交換實際上是帳本上資產所屬人的變更，通證不僅明確了資產在鏈上的所屬帳戶，同時可以規定資產的使用規則。而目前業界所指的「原生數字資產」或「數字原生資產」（Digital-Native Assets）主要是指在區塊鏈上發行並流轉的數字資產。這類數字資產自誕生之日起，就以純數位化的形式存在於區塊鏈之上。原生數字資產和基於原生數字資產的衍生數字資產都可以被視為是原生數位世界的資產類型。非原生數字資產主要包括「數位化資產」和「資料資產」兩類。

　　數位化資產即非數字資產以數位化形式的呈現。傳統金融體系中的股票、債券、衍生品等不是數位化後的資產，而是資產的數位化表達。數位化資產不光要求資產以數位形式呈現，還需要將資產所包含的資訊、資產的交易模式設計以及如何適應權屬關係的變化考慮在內。非原生數字資產的生成和構建步驟也可以看作是從資產數位化到數字資產化

的過程，資產數位化是企業借助已有資產，對資料資源進行歸納彙集的過程。資料經過記錄、篩選、轉換等步驟，生成可以轉化為資產的結構化資訊資源；數字資產化（或資料資產化）則是將結構化資料與具體應用場景相結合，使資料轉化為能夠創造經濟效益的資產的過程。如果說資產數位化側重資料的累積彙集，那麼數字資產化就是強調資料的價值挖掘。

👍 7-1 數據資產

資料資產是指由組織（政府機構、企業、事業單位等）合法擁有或控制的資料資源，以電子或其他方式記錄，例如文本、圖像、語音、視頻、網頁、資料庫、傳感信號等結構化或非結構化資料，可進行計量或交易，能直接或間接帶來經濟效益和社會效益。資料資產基於互聯網產生的交易資料、行為資料等，正逐步成為新的資產類別。

👍 7-2 數字資產交易市場

數字資產的交易模式主要分為兩種：基於中心化平台的數字資產託管交易和基於區塊鏈的去中心化的數字資產交易。託管交易模式是指數字資產的擁有者將數字資產託管在交易平台，隨後由購買方認購，託管交易模式也被稱為協力廠商交易模式或中心化交易模式。中心化交易模式的優點是效率高，有准入機制，使用者需要經過KYC（Know Your Customer）實名認證，但存在平台操縱市場等風險。基於區塊鏈

的數字資產交易又可分為兩種：一種是利用智能合約實現資產的互換（Swap），另外一種是通過訂單簿（Order Book）實現資產的掛單交易。基於區塊鏈的數字資產交易是一種分散式或多中心化交易模式，這種交易模式所有交易均在鏈上發生，保障了交易的透明性和安全性，但劣勢是交易效率低，且存在監管困難、洗錢等合規風險。

虛擬貨幣交易所包括中心化的交易所（Centralized Exchange，CEX）和去中心化交易所（Decentralized Exchange，DEX）。中心化的交易所比如幣安（Binance）、Coinbase、OKEX等等。2020年隨著去中心化金融（Decentralized Finance，DeFi）的迅猛發展，去中心化交易所也快速崛起，比如Uniswap、Sushiswap、dYdX等等。隨著Web3.0的發展，分散式金融體現出的可組合性正在與Web3.0世界的其他應用場景深度結合，比如社交、遊戲、組織協作等場景，不斷豐富數字資產交易的內涵和外延。

08 資產類型的創新

　　DeFi經過多年的發展，已經發展成為了一個具有完備底層技術支援、中間層服務和各類細分賽道的新金融版圖。從資產類型來看，鏈上數字資產從技術類型看可分為同質化通證（FT）和非同質化通證（NFT）。從產生方式看可分為鏈上原生資產（Native Token）和合約資產（如ERC20 Token）。從資產類型可分為效用通證（Utility Token）和權益通證（Security Token）。從資產屬性上看可分為穩定幣（Stabelcoins）、治理通證（Governance Token）、合成資產（Synthetic Assets）等等。從技術的角度來講，可以將DeFi的上下游相關技術分為：前端用戶層（資產管理聚合器、錢包）、底層網路（公有鏈、側鏈、二層網路）、核心元件層、流動性聚合層等等。其中核心組件層主要包括：穩定幣（Stabelcoins）、分散式交易所（DEX）、借貸（Lending）、保險服務（Insurance）、資產管理服務（Asset Management）和衍生品（Derivatives）等等。由於Web3.0的技術特性，讓DeFi既遵循參考傳統金融的基本原理，又不完全淪為傳統金融在區塊鏈上的映射，DeFi未來將具備服務更多資產和使用者的能力。

　　法幣型的穩定幣是指錨定法幣作為報價單位的加密資產，作為鏈上交易的基礎，隨著DeFi的發展其增速同樣迅猛，目前穩定幣總市值已超過1600億美元。穩定幣發行有諸多類型，目前佔據主要份額的是由

傳統資產抵押發行模式的USDC、USDT等加密資產。此外超額抵押加密資產和演算法穩定也是常見的穩定幣機制。穩定幣在Web3.0中充當了傳統資產進加密市場的價值載體，未來隨著各國央行數位貨幣的逐漸落地，穩定幣市場會產生結構性變化。

　　去中心化借貸是DeFi投資者重要的槓桿工具，交易者可將不願出售的資產作為抵押在借貸平台獲得其他資產的流動性。目前DeFi中的借貸普遍使用超額抵押模式，抵押資產在價格驟降時將面臨清算風險，而由於抵押資產的價格波動性、預言機攻擊等問題，參與借貸的交易者也面臨極高風險。分散式金融衍生品是DeFi亟待發展的重要市場，是映射傳統金融需求最強的領域，期貨、期權、指數及保險等方向正在發展沒有停止。同時，去中心化衍生品也出現了諸多原創的產品方向，如合成資產、質押資產流動化等等。

👍 8-1　交易匹配模式的創新

　　自動做市商模式（Automated Market Maker，AMM）是去中心化交易所的關鍵技術創新之一，為解決傳統交易流動性和公正性問題提供了一個全新視角的解決方案。在傳統交易市場中，流通性和價格通常由做市商來提供。而在AMM中，任何人都可以作為流通性提供者（Liquidity Provider，LP）為交易市場提供流動性，同時商品交易價格由實現AMM模型的智能合約代碼根據市場供需關係變化自動計算生成。從傳統的對手方間點對點（peer-to-peer）撮合，進化出了通過智能合約建立流動性池（Liquidity Pool）。這種機制上的創新極大地適應了鏈上交易的特點，區別於傳統的中心化訂單撮合引擎的技術實

現，效率極高、成本極低地解決了長尾資產流動性不足的問題，極大地促進了鏈上資金整體流動性的效率。這也是Uniswap以極短時間和極低固定成本實現了納斯達克交易所交易量的原因。在分散式交易所中體現為自動做市商機制，在借貸中體現為借貸資金池模式（Collateral Deposit）。

Web3.0的魅力很大程度來自於其開放性，不論從資料的角度還是金融的角度，開放網路為技術創新和金融創新都提供了施展空間。DeFi的各類協定可以根據使用者或開發者的需求疊加使用，這使得DeFi用戶的資產利用效率由於槓桿的增加可以得到更大提升，同時為更多的產品和機制創新提供了多種可能性。目前DeFi各類協議的資金流都具有較強的勾稽關係，鏈上聚合器（Yield Farming Aggregator）這類DeFi專案就是基於可組合性興起的賽道，因其最大程度地提升了資本效率製造了較高的收益率，吸引了大量用戶和資金，目前也是行業中不可或缺的重要元件。

8-2 市場公平機制的創新

服務提供者不基於牌照申請等准入方式，而是基於開原始程式碼和社區共識，這是非常顯著區別於傳統金融的市場管理方式。Web3.0的基礎是資訊透明與開源文化，關鍵專案資訊很大程度上可以實現被動披露，為用戶和投資者參與提供了足夠充分的事實評價基礎。而一個DeFi專案選擇開展某項金融業務或提供某類金融服務並不需要獲取牌照或資質審批，而是通過自身的技術與機制壁壘，及從公開市場獲得用戶的能力。同樣，由於缺少監管強制力，市場也會出現野蠻成長和無序

競爭的狀況，用戶的權益難以獲得有效保障，這對使用者安全使用及鑒別產品都提出了較高要求。

雖然目前 DeFi 已經進入成熟階段，但要成為 Web3.0 生態更為堅實的金融基礎，仍需要在監管合規、風險控制、機制創新和產品完備性等各方向從傳統金融汲取經驗，並在底層性能、實用工具和鏈上安全性等方面持續提升。同時，越來越多的國家正在積極推出國家主權數字貨幣（Central Bank Digital Currency，CBDC），CBDC 將為全球金融系統帶來大量創新機會。Web3.0 如果走向大眾化就必然遵循合規需求，而 CDBC 將充當重要作用，如何讓 Web3.0 生態更好地接軌 CBDC 的體系，已成為目前各國的戰略重點。

👍 8-3 去中心化數位身份

去中心化數位身份是由許多身份屬性，比如使用者的資產、憑證、流覽記錄、交易記錄、行為記錄等鏈上鏈下資料所組成，使用者可以通過自我掌控的私密金鑰進行數位簽章來證明這些數字資產的所有權。目前，去中心化數位身份與資料資產治理逐漸形成兩套標準路徑：W3C DID 和以太坊 NFT。一方面，狹義的 DID 是指由萬維網聯盟 W3C 推進的分散式數位身份標識（Decentralized Identifier，DID）體系，是數位身份的一種表現形式。這種識別字不僅可以用於人，也可以用於萬事萬物，包括一輛車、一台機器，甚至是一種演算法。另一方面，NFT 也可作為數位身份的鏈上表達形式，同時 NFT 也讓數位身份變成了一種「數字資產」。目前公鏈生態以網域名稱系統作為主流數位身份落地應用。例如，以太坊生態的 ENS、Polkadot 生態的 PNS、Nevous

Network 生態的 DAS 等。這些網域名稱系統通過提供全域唯一的、可讀性強、可記憶的功能變數名稱，來方便用戶相互認知以及應用交互，並且為聚合多位址到同一數位身份下給出了可行路徑。ENS 功能變數名稱同樣也是一種分散式身份識別字，只不過 ENS 的識別字是功能變數名稱「xxx.eth」，W3C DID 的識別字是「did:method:xxxxxx」。W3C DID 不一定必須基於區塊鏈，而 ENS 是用鏈上智能合約作為 DID 解析器的一種實現方式。同時 ENS 也是一種 NFT，這就意味著 ENS 可以在諸如 Opensea 的 NFT 交易市場上進行轉售。

目前 Web3.0 生態高度金融化，鏈上通證更多表達的是可轉讓的金融化資產，錢包位址和錢包地址之間的關係並不能代表真實社會中的關係和身份，這會削弱鏈上活動的多樣性和可拓展性。在 Web3.0 世界引入 Web2.0 身份是一種實現路徑。加密資產交易平台對使用者進行實名認證（KYC）；BrightID 通過 Zoom 會議進行身份驗證；Instagram、Twitter 等社交平台支援 NFT 展示功能，允許用戶將 NFT 設置為頭像，將鏈上帳戶與 Web2.0 身份進行綁定，這些舉措都加速了 Web3.0 身份體系與現實世界身份體系的融合。2022 年 5 月，以太坊創始人 Vitalik 提出了靈魂綁定通證（Soulbound Token，SBT）的概念，是一種不可轉讓的代表個人信譽、證書和關係的身份通證，希望能彌補目前公鏈生態的應用缺口，比如聲譽系統、產權證明及拆分、抵禦假身份攻擊、帳戶恢復、篩選人群等場景。由於鏈上原生身份信譽系統的缺失而無法在區塊鏈上進一步拓展應用，比如「傳統」金融生態系統依賴於累積充分的資料和集中的信用評分來衡量借款人的信譽並支援多種形式的無抵押貸款，SBT 則希望通過用戶在鏈上累積的行為資料和社交關係形成的使用者鏈上數位身份來進一步拓展商業應用。W3C DID 的可驗證憑證

（Verifiable Credentials，VC）和SBT分別是構建身份憑證的兩種實現思路，同樣的底層技術邏輯兩套技術標準。W3C DID面向資料模型設計，鏈上SBT面向資料資產設計；W3C DID不需要區塊鏈，而SBT是基於區塊鏈的智能合約通證。

一個完善的Web3.0數位身份應用應至少具備聚合多鏈資訊、自訂展示內容、資料寫入介面、子功能變數名稱管理、信源通道管理等多項功能。

8-4　聚合多鏈信息

由於各區塊鏈生態之間資料不互通，形成了多鏈生態下的一個個「區塊鏈孤島」。若是打通了鏈與鏈之間的資料，能夠讓使用者以一個數位身份綁定多個公鏈生態的多個帳戶，在進行私密金鑰簽名證明其帳戶所有權的前提下，將其在多鏈上所擁有的資料統一聚合在一起。通過數位身份來進行使用者在多鏈中的資產及行為等鏈上資料的確權，從而打通多鏈之間的資料，引爆區塊鏈大數據分析的時代。

8-5　自訂展示內容

數位身份聚合了多鏈資訊與資源，但是作為使用者的展示視窗，有必要提供給使用者自主選擇哪些資訊展示，哪些資訊隱藏。這也可以當作將數位身份本身作為通道來進行管理，防止一些隱私資訊的洩漏。與中心化框架不同，使用者可以將所需資訊呈現給任何實體（網站、應用

程式等）。

8-6　資料寫入介面

　　資料資產可以通過讀取鏈上資訊在數位身份上展示，但數位身份不應止步於此。所謂身份的本意是指出生、地位，各種行為才造就了獨特的身份。因此，數位身份應該有規範化的資料介面，以連結各種資料分析DApp的結果或是硬體採集的資料。比如使用者的交易頻率、社區貢獻行為、參與投票行為、DApp訪問行為等等。也應該相容各監管機構所提供的KYC證明，以方便合規的審查。這種多方資料將造就了一個個形形色色的數字人，是Web3.0及元宇宙的核心。這與現實世界不同，現實世界以人為本體來構建身份，身份會創造數據；在Web3.0中，身份不再以人為本體，而是資料組成了身份。

8-7　子身份的可拓展性

　　無論是個人使用者還是組織機構，都有模組拓展的需求。對於個人而言，將自己不同的行為及技能組合在一起，會形成不同的角色，而在不同場合下展現自己不同的身份，好比社會上的「斜槓青年」；對於自治組織、企業和組織機構而言，需要界定不同產品、部門、職位等。這都要求數位身份可以進行擴展，能夠將不同的子身份從屬於一個數位身份下，滿足不同場合的需求。

8-8 信源通道管理

　　數位身份在 Web3.0 與 Web2.0 最大的區別，就是用戶個人擁有對身份及資料的所有權。以互聯網用戶的角度來看，在社交網路上發表的圖片和文章，是依賴於平台的穩定運行，並且將使用者的資訊存入了這個平台的中心化資料庫內，如果有一天這個平台不再運行，我的記錄、資料就有可能消失。因此在 Web3.0 中，使用者可通過數位身份來對自己所發的資訊（信源）進行統一管理，這些資訊存在於鏈上。某一個社交平台只是用戶所選擇的展示管道（通道），某一管道的關閉並不會導致我的資訊丟失。實現了信源為我所有，通道為我所用。同一資訊我可以選擇多個通道去顯示，但一旦修改信源，所有的通道都會顯示修改後的資訊。

09 鏈外中介軟體

9-1 數位錢包

　　數位錢包是Web3.0世界的入口，而數位身份是面向Web3.0應用服務及使用者展示自身的出口。對於使用者而言，數位錢包是私有的、隱私的，而數位身份是外放的、具象的。數位錢包存放了使用者所有的數字資產，一般情況下，使用者不希望把所有數字資產都展示給外人看，而數位身份是個人願意展示給外人看的資訊，當然，數位身份應用也可以結合隱私增強技術，使不想公開展示的信息「可用不可見」。數位錢包承載了使用者的私密金鑰。在與Web3.0應用交互時，私密金鑰用於證明你擁有區塊鏈上某位址（與對應公開金鑰相關）所記錄的資產，代表了使用者對數位身份和數字資產擁有絕對的數位控制權。數位錢包是協助使用者管理各類數字資產的工具，主要滿足使用者的數字資產使用和存儲功能，是使用者進入Web3.0的入口，公鏈主流錢包包括Metamask、TokenPocket、Gnosis Safe等。

9-2 預言機

　　Web3.0是運行在鏈上獨立的網際空間，鏈外世界的資料無法可信傳遞到區塊鏈上。但在某些智能合約的應用場景中，又需要使用外部世

界的資料，例如某些智能合約需要獲取外部資產的價格作為運行參數。
在這些場景中，就需要用到預言機（Oracle）。預言機是一種單向的數
位代理，可以幫助鏈上智能合約查找和驗證鏈外資料，並將資料清理
並提交給鏈上的智能合約，以便智能合約應用程式可以消費這些資訊。
預言機不僅提供了在鏈上傳輸資料的交付機制，而且還可以作為驗證機
制，以確保資料的完整性和真實性。預言機可以分成中心化預言機和分
散式預言機兩種實現模式。

9-3　中心化預言

　　中心化預言機是指由權威機構負責提供資料的預言機。這些資料來
源通常是一些鏈下世界可靠可信的機構，自身擁有良好信用和聲譽，資
料使用者只需要全權信任機構本身。同時，通過零知識證明、可信執行
環境等真實性證明機制來證明自己運行在可信的執行環境中，提供的資
料是數據源在某個時間點真實的、未被竄改的資料。

9-4　去中心化預言機

　　去中心化預言機是指多節點組成分散式節點網路，一起合作來提供
資料。例如MakerDAO的v2版本的預言機，其節點就包括了dYdX、
0x等機構。同時，參與提供服務的節點在提供資料時通常被要求質押
一部分數字資產，一旦系統發現節點有作惡行為，質押的資產就會被沒
收。例如，Chainlink是多中心的預言機網路，支援資料聚合模式。當

請求鏈外資料時，預言機網路會從多個節點獲取資料來源資料，最後進行加權的平均值運算，上傳到鏈上來保證這個資料是安全可靠的。同時，節點會在智能合約中質押資產，如果出現資料造假，節點會受到懲罰。

👍 9-5 跨鏈

當前的區塊鏈應用和底層技術平台呈現出百花齊放的狀態，但每條鏈大多仍是一個封閉獨立的生態系統。在業務形式日益複雜的商業應用場景下，鏈與鏈之間缺乏統一的互聯互通機制，這極大限制了區塊鏈上數字資產價值的流動性，跨鏈需求由此而來。跨鏈技術本質上是一種將鏈上的資料、或資訊安全可信地轉移到另外一條鏈並在鏈上產生預期效果的一種技術。早期跨鏈技術以 Ripple、BTC Relay、Atomic Swap 為代表實現資產交換，而後跨鏈技術以 Polkadot 和 Cosmos 為代表實現更為通用的資訊交換。Composable Finance 提出了跨鏈發展的四個階段。第一階段是實現基本的鏈間通信和資產轉移；第二階段是用戶能夠以統一入口參與使用不同鏈的應用；第三階段是用戶能夠在多鏈生態開展更複雜的金融應用；第四階段是單個應用將不同功能部署在多條鏈上，每個元件都在最合適的鏈上運行。

跨鏈依據其交換內容的不同可以大體分為數字資產交換和資訊交換。在數字資產交換方面，當前資產交換主要依靠中心化的交易所來完成，由於中心化的交換方式要信賴中間商，既不安全、規則也不透明，業界對於中心化的交易方式不夠信任，引發了跨鏈橋和去中心化交易所的創新如 Multichain、Uniswap、Curve、SushiSwap 等。其中，流

動性置換是跨鏈橋的主要資產跨鏈方式。跨鏈橋在目標鏈上部署源鏈的智能合約，將目標鏈改造為源鏈的側鏈，實現跨鏈雙方的資訊傳遞。專案方會在不同鏈上建立流動性資金池，一方面用戶可以透過資金池直接兌換在另一條鏈上的原生資產。另一方面流動性提供方也可以透過提供流動性資金，來獲得部分跨鏈轉帳的手續費作為收入。根據Dune Analytics資料統計，2022年3月，以太坊跨鏈橋的總鎖定價值（TVL）達到最高峰約250億美元，意味著目前海外Web3.0已經形成了多鏈資產跨鏈互通的生態系統。

　　資訊交換涉及鏈與鏈之間的資料同步和相應的跨鏈調用，實現更為複雜，目前各個區塊鏈應用之間互通壁壘極高，無法有效地進行跨鏈資訊共用。另一方面，區塊鏈技術在單鏈架構下本身存在著性能差、容量不足等問題。單鏈受限於去中心化、可擴展性和安全性的權衡，難以支撐高交易輸送量低延遲的商業場景應用。此外，隨著區塊鏈執行時間的成長，其存儲容量也將逐漸成長，且這種資料成長的速度甚至會超過單鏈存儲介質的容量上限。通過跨鏈技術實現多鏈協作的多層多鏈體系架構是解決區塊鏈性能瓶頸的可取之道。跨鏈技術方案通常要解決以下幾個關鍵技術問題：跨鏈機制、互通性、最終一致性和通用性。

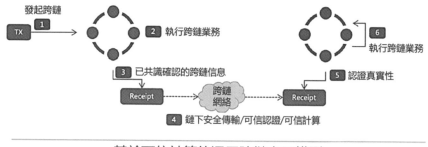

基於可信計算的通用跨鏈交互模型

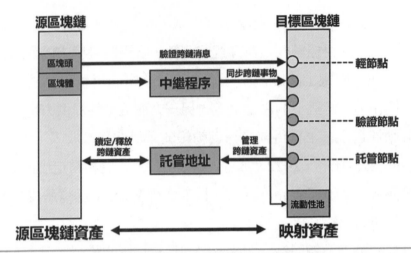

基於跨鏈橋的數字資產雙向跨鏈方法

9-6 跨鏈機制

　　跨鏈機制是指一條區塊鏈上經過共識達成確定性的資訊（包含資訊、資產等寫入帳本的資訊）被另外一條區塊鏈讀取並驗證其完整性的機制，它解決資訊在區塊鏈之間安全可信傳輸的核心問題。兩條區塊鏈之間通常也需要引入協力廠商系統以實現跨鏈交互流程，好比區塊鏈的安全性有共識機制保障，而共識機制需要引入安全假設，跨鏈機制通常也需要引入一定的安全假設，不同級別的安全假設也形成不同跨鏈機制信任模型。目前的跨鏈機制實現按信任模型可以分為半信任（semi-trusted）模型和無信任（trustless）模型兩類實現。半信任模型指通過引入可信協力廠商來執行跨鏈資訊驗證，區塊鏈信任可信協力廠商的驗證結果。該可信協力廠商通常也成為公證人，可以由單個公認人組成，一些方案為了提高安全性，會由多個公證人組成公證人群體。無信任模

型有兩種主要實現，一種是無需引入可信協力廠商的側鏈機制，一種是引入去中心化或去信任的協力廠商。

9-7　互通性

互通性是指跨鏈系統為應用或者智能合約提供的跨鏈交互操作功能，從跨鏈交互操作的物件來分類，可以分為鏈間的資產交換和鏈間的資訊交換兩種，從通用性角度分類，會分為專用交互操作功能和通用交互操作功能。鏈間的資產交換功能指允許資產跨鏈，從一條區塊鏈流動到另外一條區塊鏈上，且保障兩條區塊鏈之間資產守恆。鏈間的資訊交換功能允許區塊鏈上的功能模組（包括智能合約）進行資訊交換，比如智能合約之間的消息傳遞，智能合約之間的跨鏈調用，基於資訊交換，智能合約可以靈活自訂跨鏈邏輯，它是一種通用的互操功能。跨鏈系統的互通性影響該跨鏈系統的使用場景，但通用的跨鏈互通性具有高複雜度實現，會帶來一定的性能問題和安全性問題。比如公鏈場景裡，目前場景以跨鏈資產流通為主，主流且成熟的跨鏈系統以實現專用的跨鏈資產交換為主，以確保能有較高的性能和高安全性，在聯盟鏈場景裡，通常以場景適用性為主要考量點，會開發通用的互通性平台來滿足自訂的跨鏈需求。

9-8　最終一致性

最終一致性是指在鏈間資產交換（或者鏈間資訊交換）時，實現交互操作的多條區塊鏈之間資產（或者狀態）在指定時間視窗內能達到最

終一致性，即不是大家都執行成功，就是都能回到交互操作發起之前的狀態。舉個例子，從事務的角度理解，兩條區塊鏈分別執行先後兩個子事務，第一條區塊鏈的第一個子事務已執行完成，第二條區塊鏈需要按事務定義執行第二個子事務，不存在方法可以阻塞第二條區塊鏈子事務的執行，或者使第二條區塊鏈執行非事務定義的子事務，如果存在這種方法則表示不滿足最終一致性。

鏈間資產交換是指資產在第一條區塊鏈銷毀（或凍結）後，第二條區塊鏈最終能發行對應數量資產，不存在錯誤的狀態如第二條區塊鏈無法發行對應資產，而第一條區塊鏈的資產永遠凍結。通用跨鏈事務，指多個鏈上執行自訂的多個動作，形成一個分散式事務，該事務可以達成最終一致性，也可以回滾到最初狀態。最終一致性影響跨鏈的跨鏈業務安全進而限制跨鏈的使用場景，在最終一致性方面有安全隱患的跨鏈實現，可能會導致雙花等問題使得跨鏈參與方利益得不到保障。一般的跨鏈方案裡都需要圍繞其最終一致性可能存在的問題，就需要設計額外的機制盡可能減少其發生的情況，比如跨鏈資產交換裡，引入懲罰機制使跨鏈流動性提供方沒有動力作惡而盡全力完成跨鏈交易，通用跨鏈事務裡盡可能使用智能合約實現事務管理器，而不是依賴中心化的鏈下跨鏈事務管理器。

9-9 通用性

跨鏈技術方案的通用性一般包括兩個方面：交互操作的通用性和異構鏈支援的通用性。交互操作的通用性指不僅僅只支援跨鏈資產交換的單一場景，還可以擴展更複雜的跨鏈交互操作類型，比如跨鏈資訊交換

的功能之上可以實現跨鏈智能合約通訊，進而可以自訂各種跨鏈事務，異構鏈支援的通用性指跨鏈方案能夠適用於多種不同的區塊鏈協議，實現異構鏈的互通。實現交互操作的通用性的方法一般有兩種思路，第一種是支援通用跨鏈事務，第二種是設計通用跨鏈通訊協定。

通用性會影響跨鏈方案的使用場景，但為了提高通用性，往往會是跨鏈系統實現具有較高複雜度，越通用的方案導致跨鏈協議的複雜度、對異構鏈的適配的複雜度都很高。公鏈目前階段主要應用還是以資產交互為主，故對交互操作的通用性尚未那麼高，聯盟鏈廣泛應用於多種不同的行業，不同行業的業務流程均有較高的差異性，且商業方面會存在多種異構鏈的存在，聯盟鏈的場景裡對兩方面的通用性都有較高的需求。

9-10 安全多方計算

多方安全計算是一種在參與方互不信任且對等的前提下，以多方資料為輸入完成計算目標，保證除計算結果及其可推導出的資訊之外，不會洩漏各方的隱私資料的協定。

9-11 可信執行環境

基於可信執行環境的安全計算是資料計算平台上由軟硬體方法構建的一個安全區域，可保證在安全區域內部載入的代碼和資料的機密性和完整性方面得到保護。

9-12 區塊鏈與隱私計算

　　隱私計算（Privacy-Preserving Computation）一套包含人工智慧、密碼學、資料科學等眾多領域交叉融合的跨學科技術體系，可用於在保證資料提供方不洩露原始資料的前提下，對資料進行分析計算，有效提取資料要素價值為目標的一類資訊技術，保障資料在產生、存儲、計算、應用、銷毀等資料全生命周期的各個環節中「可用不可見」。隱私計算技術非常契合 Web3.0 保護企業和個人資料的隱私安全、構建資料要素市場的社會需求，可以在多主體間進行充分的資料共用與利用，實現資料價值的轉化和釋放，解決 Web2.0 存在的「資料壟斷」、「隱私保護缺失」、「演算法作惡」等問題。

　　隱私保護一直是 Web3.0 的重要方向之一，而隱私計算是保障 Web3.0 場景下用戶隱私的關鍵技術之一。為降低鏈上計算開銷，Web3.0 的構建與維護需要鏈上鏈下協同進行，隱私計算技術保障該模式下「鏈上資料加密存儲，鏈下資料隱私合規」。鏈上鏈下共同構成 Web3.0 的基礎網路。目前，基於可信執行環境的隱私計算技術是構建鏈上鏈下協同計算能力，較為通用的技術方案。通過在 TEE 等可信執行環境中支持在智能合約處理敏感性資料的能力，達到保護資料隱私的同時保證合約執行過程的可靠性（包括合約邏輯、資料的完整性）。

　　通過在區塊鏈中引入用於隱私保護的密碼學演算法，比如同態加密、環簽名、零知識證明等隱私增強技術，可用於解決鏈上資料隱私保護問題。比較常見的方案是在帳戶模型上進行拓展，附加一層隱私交易方案，以此來保護帳戶和交易資訊的隱私。比如對用戶帳戶金額數值進行加法同態加密，除了擁有私密金鑰的可信協力廠商機構外，所有

節點都能驗證交易但卻無法得知具體數值，這將極大保護用戶的帳戶隱私。實現鏈上隱私，即隱藏交易雙方的身份，目前有三種常見方案，以 Monero 和 Zcash 等方案為主的匿名支付網路、以 Tornado Cash 為主的混幣器通過集中匯款來打亂交易雙方的鏈上聯繫、以及以 ZK-EVM、Aleo、Aztec、StarkNet、Polygon Nightfall 為主的零知識證明方案將可交互操作的隱私集成到以太坊的擴容基礎設施中。

10 邊緣計算

　　邊緣計算是解決計算資源彈性分配、優化回應時延等問題，基於區塊鏈技術的邊緣計算資源配置方式正在進一步探索，邊緣計算剛好與雲計算形成互補。邊緣計算是一種分散式運算的架構，將應用程式、數據資料與服務的運算，由網路中心節點，移往網路邏輯上的邊緣節點來處理。邊緣運算將原本完全由中心節點處理大型服務加以分解，切割成更小與更容易管理的部分，分散到邊緣節點去處理。邊緣節點更接近於使用者終端裝置，可以加快資料的處理與傳送速度，減少延遲。在這種架構下，資料的分析與知識的產生，更接近於數據資料的來源，因此更適合處理巨量資料。網絡邊緣的資源主要包括手機，個人電腦等用戶終端，WiFi接入點，蜂窩網絡基站與路由器等基礎設施。邊緣計算就是要將空間距離或網絡距離上與用戶臨近的這些獨立分散的資源統一起來，應用提供計算，存儲和網絡服務。

　　未來我們所展望的元宇宙，必然是一個數據量極大的，需要計算龐大數據並得到即使反饋的場景，這些場景需要邊緣計算所具有的低延時、高效率、更安全的這些特性。

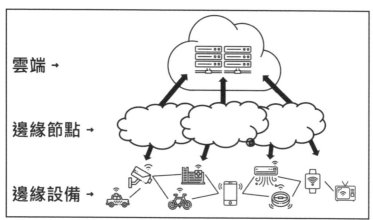

雲端 →

邊緣節點 →

邊緣設備 →

邊緣計算示意圖

11 可驗證計算

　　可驗證計算技術是將計算任務外包給計算方，計算方需要在完成計算邏輯的同時，提供關於計算結果的正確性證明。零知識證明（Zero Knowledge Proof，ZKP）、Pedersen 承諾等技術是較為常見的可驗證計算技術。目前 ZKP 領域仍處於起步階段，行業內主要解決方案包括 Starkware（dYdX、Immutable 採用）、zkSync、ZK Rollup 和 Polygon。可驗證計算可以以二層網路的形式大幅降低鏈上的計算開銷。例如 ZK Rollup 將計算任務、計算相關的全域狀態全部置於鏈下維護。鏈下的計算方收到一批計算任務後，在鏈下完成計算並更新計算任務相關的狀態。鏈下的計算方隨後將一批計算任務打包成一筆上鏈交易，該交易內包含對每筆計算任務的精簡描述，以及鏈下全域狀態的狀態根。計算方還需要生成一個證明以向鏈上的節點證明計算結果的正確性。

　　在隱私計算和可驗證計算技術的幫助下，Web3.0 時代資料會以密文或摘要憑證的形態在區塊鏈上流通。密文資料通常是由明文資料經過同態加密、秘密共用、承諾機制等技術加密後得出，具備一定程度的密態可計算、可排序特性，進一步支援了對密文資料的密態搜索或隱私推薦應用。而融合了差分隱私、機器學習技術的聯邦學習技術，在同態加密等密碼學技術的輔助下，可以支援「原始資料不出域」且演算法模型不暴露，在保護原始資料、演算法模型資料的前提下，對鏈上大數據進行處理分析。

 12 ## 服務治理

　　在服務治理層面，為了提升區塊鏈的易用性，助力企業、獨立開發者更加便捷地開發區塊鏈應用，聯盟鏈和公有鏈分別衍生出以區塊鏈即服務（Blockchain-as-a-Service，BaaS）為主和以軟體即服務（Software-as-a-Service，SaaS）為主兩種服務治理形態。目前，海外公鏈生態SaaS服務包括以Infura、Alchemy、Pocket Network等為代表的協力廠商節點託管服務和以Dune Analytics、Chainalysis、The Graph、Ceramic Network、CyberConnect等為代表資料分析與資料治理服務。例如，協力廠商節點託管服務Alchemy主要是幫助開發者託管公有鏈節點，提供全面的開發人員工具和API服務套件，允許開發者安全地創建、測試和監控他們的分散式應用程式（Decentralized Application，DApp）；鏈上資料搜索服務The Graph幫助使用者構建稱為子圖（Subgraph）的圖譜結構資料，通過對區塊鏈上的資料進行清理加工，將關聯資料同步到圖資料庫中，為使用者提供更快、更方便的鏈上關聯資料和圖資料查詢服務。同時，使用者可以將圖譜資料鑄造成NFT進行售賣；鏈上社交圖譜服務CyberConnect利用Ceramic Network存儲社交關係資料，將區塊鏈作為「資料中台」允許不同社交應用訪問鏈上使用者身份資訊、憑證、行為、社交圖譜等資料，使用者可以帶著自己的身份資訊、社交資訊去使用不同的社交應用。

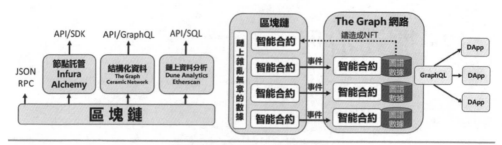

基於區塊鏈的SaaS服務治理

公鏈生態SaaS服務與傳統SaaS服務的主要區別在於兩點。一方面，公鏈SaaS服務普遍引入數字資產作為服務治理工具，允許數字資產持有者參與應用服務的重大決策與專案治理，使用者可以基於擁有數字資產的權重，對應用服務的產品反覆運算、業務規則、未來發展方向等提案進行投票。另一方面，SaaS服務被分散式網路化，任何人都可以下載運行服務的原始程式碼成為網路節點，作為網路的一部分參與到分散式SaaS服務的運營中，作為勞動者、構建者、創造者為網路中的消費者提供服務。

13 鏈上資料分析

　　與Web2.0時代的互聯網相似，以區塊鏈為底層的Web3.0時代，數位化空間的易用性和安全性仍然需要依賴對大量資料的處理與分析，其中就包括了通過鏈上資料判斷安全事件主體的身份及行為。以目前區塊鏈鏈上資料分析的實踐經驗來看，對鏈上位址進行標籤化處理是比較普遍的做法。區塊鏈地址標籤分析在Web3.0安全方面所能發揮到的作用也十分顯著，比如對安全事件所涉及的惡意位址進行資金流向分析，又或者針對某些特定位址資產的異常流動進行預警。

　　目前，在數字資產交易領域，國內外的區塊鏈資料分析已經比較成熟，特別是在數字資產安全事件發生後聯合執法機構的資金追溯以及反洗錢等領域，區塊鏈資料分析發揮了比較大的作用，在Web3.0時代，相關的資料分析經驗也可以順暢遷移。具體來說，區塊鏈位址就如同銀行卡號一樣，是交易過程中最為重要的資訊之一。而與傳統銀行卡號不同的是，任何一個用戶都可以隨意生成「無數」個位址，只要他持有私密金鑰就可以隨意構造並發起一次區塊鏈交易。而這一過程雖然可以通過公開的區塊鏈資料獲取到，但也僅僅只能看到位址之間的交易，無法進一步獲知更多與交易主體相關的資訊。

　　區塊鏈位址的標籤化處理就是為了在一定程度上通過資料體現出的規律和模式，嘗試解決類似交易主體身份無法明確等問題。通過對資料

和內容上鏈前及上鏈後的處理分析，對鏈上公開資料進行標籤化處理，能夠構建基於數字資產的使用者身份畫像。簡單來說，位址標籤就是某些位址所具備的屬性。如果給一個人打標籤的話，可以說這個人高矮胖瘦、愛看書、愛旅遊、脾氣好等，鏈上位址也具有類似的屬性，比如位址的格式、留存的資產、交易記錄、交易時段等，就是位址的屬性標籤。通過位址標籤，可以在某種程度上降低區塊鏈的匿名性，提升對交易特徵的識別度，尤其在「中心化」交易所逐漸實現KYC實名認證，鏈上地址與Web2.0社交應用的實名身份逐漸綁定的今天。區塊鏈位址標籤實際上是一個位址的各類屬性，所以在分類上並沒有一個統一的標準。比如，通過對Silk Road暗網中已添加標籤位址的鏈上交易行為進行追蹤，最終可以看到有部分資金流入了某些「中心化」數字資產交易所的位址。而數字資產交易所因其業務特性，可以在一定程度上完成對涉安全事件交易的定位和流向控制，可以理解為用戶為了得到中心化平台服務提供的「便利」，必須提供一些個人資訊來完成在平台的整個註冊和認證過程。

14 安全審計

　　區塊鏈安全主要包括三個維度，即應用服務的安全性、系統設計的安全性（包括智能合約和共識機制等）和基礎組建的安全性（包括網路通信、資料安全和密碼學）。區塊鏈安全包括項目中所有代碼的安全，如前端代碼安全、智能合約安全等，任何層面的漏洞都可能導致區塊鏈上的用戶資產被盜。儘管重大安全事件在系統的各個層級都有出現，但超過90%的安全事件集中在智能合約和業務領域。智能合約本質上是一個運行在區塊鏈系統上的電腦程式，其獨特的開放性、透明性則需要更高的程式安全性。據區塊鏈安全審計公司CeriK統計，在2022年上半年，海外Web3.0項目因駭客攻擊和漏洞因而損失了超過20億美元，而智能合約方面的漏洞種類最多。目前已有許多針對智能合約安全性漏洞的驗證工具，其驗證方式主要可以分為靜態分析、符號化執行、模糊測試等幾類。而形式化驗證（Formal Verification）是測試系統安全的常見方法，常見的是指用數學辦法去證明系統無程式設計錯誤，為構建正確、可靠的系統提供了系統化手段。國內不少區塊鏈安全公司提供的專業化安全服務，主要集中在錢包安全審計業務、智能合約安全審計業務、安全評測服務以及威脅情報服務等方面。

　　Web3.0對互聯網內容安全與治理提出了新的挑戰。建立在區塊鏈基礎之上的Web3.0去中心化結構，針對內容違規等行為監管缺乏監管

者，網路治理成本顯著提高，如何把政府職能納入Wbe3.0網路將會是一個全新課題。隨著數位藏品的快速發展，越來越多社交文娛類應用開始引入區塊鏈技術來記錄和分發數位內容，為了預防使用者在這些平台上發布或傳播非法內容，網路經營者需要採用技術手段對使用者發布的視頻、音訊、圖片文字等內容進行合法性過濾和審核，確保資訊內容安全。例如，在使用者提交區塊鏈交易上鏈之前，通過交易解析規則對接收到的區塊鏈交易進行解析，並將解析得到的待檢測資料發送至內容安全伺服器，由內容安全伺服器基於內容安全匹配規則對接收待檢測資料進行內容安全檢查，待內容檢查完畢後才能提交交易上鏈。

 **15** 5G

　　為大量設備的同時接入，提供更為流暢的網路頻寬，保證交互的效率，時至今日，隨著通用電腦的小型化和移動化，以及以5G為代表的高速網路技術的成熟，網路已經透過電腦、手機、平板設備和智慧穿戴設備等終端設備徹底融入了人類社會的每個角落，並構建起人類社會全球化時代的重要物質基礎。人們已經可以透過網路來滿足包括工作、社交、娛樂、餐飲、購物、出行等幾乎所有的生存、社交和娛樂需求，同時，人們的大量線上互動又會沉澱大量的原生內容（UGC內容）從而進一步吸引線下活動朝線上轉移。

　　XR設備的應用場景要達到真正的沉浸感，需要更高的解析度和幀率（Frame Per Second; fps。即是指一秒鐘的影片含有多少張靜態圖片，例如60fps即表示一秒鐘內由60張靜態畫面連續播組成），因此需要探索更先進的移動通信技術以及視訊壓縮演算法。5G的高速率、低時延、低能耗、大規模設備連接等特性，能夠支援元宇宙所需要的大量應用創新。

　　目前發展趨勢是基於5G的「殺手級應用」還未出現，因此市場需求度和滲透率還不高。元宇宙有可能以其豐富的內容與強大的社交屬性打開5G的大眾需求缺口，提升5G網路的覆蓋率。

　　與此同時，隨著全世界新冠疫情的肆虐，大量線下活動轉向線上，

221

「飛輪效應」和「網路效應」越加突顯，全世界人類正在加速進入網路化和虛擬化的虛擬相連時代。

　　5G殺手級應用就是元宇宙，隨著網絡數據需要傳輸的內容形式不斷豐富，數據量不斷增加，5G作為一種最新型行動通信網絡，不僅要解決人與人的通信，更要在用戶體驗VR（虛擬實境），AR（擴增實境）等等更加身臨其境的極致沉浸式體驗時，提供穩定的信息傳輸速率。

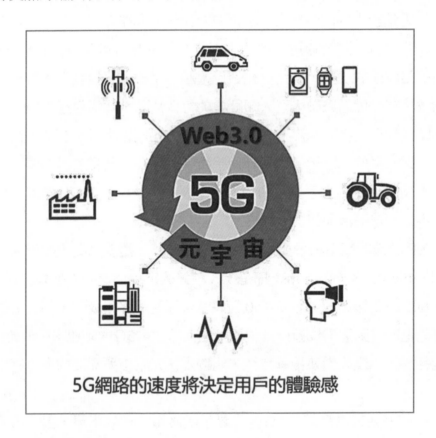

5G網路的速度將決定用戶的體驗感

 16 DeFi

　　數字貨幣的承諾是讓所有人無論他們身在何處，都可以普遍使用於收和付，而去中心化的金融（DeFi）向前邁進了一步。比如，如果有人提供了當今世界上任何人都可以通過智慧手機和網路連接金融服務，如儲蓄、貸款、交易、保險等的全球性開放方案，結局會是什麼樣的呢？

　　而現在可以在以太坊等智能合約區塊鏈上實現。智能合約是在區塊鏈上運行的程序，可以在滿足某些條件時自動執行。這些智能合約使開發人員能夠構建比僅發送和接收加密貨幣更複雜的功能。這些程序就是我們現在所說的去中心化應用程序或 DApps，用戶可以將 DApp 視為基於去中心化技術的應用程式，而不是中心化由單個公司構建的應用程式。

　　儘管其中一些概念聽起來可能是超前想法，但在世界上不同地區的兩個陌生人之間直接協商自動貸款，這一場景許多 DApp 已經投入使用。有 DeFi 的 DApps 允許用戶創建穩定幣，借出資金並從加密貨幣上賺取利息、貸款，將一種資產換成另一種資產，做多或做空資產，以及實施自動化的高級投資策略。

　　這些業務的核心不是由機構和員工來管理，而是由代碼或智能合約來編寫規則，一旦將智能合約部署到區塊鏈，DeFi 的 DApp 便可以運行，而代碼在區塊鏈上是透明的，任何人都可以進行審核，這可以建立與用

戶的另一種信任，因為任何人都有機會了解合約的功能或查找錯誤。所有交易活動也是公開的，任何人都可以查看。雖然這可能會引發隱私問題，但在默認情況下交易都是匿名的，即不直接與用戶的真實身份相關聯。在全世界用戶都可以使用相同的DeFi服務，當然，可能會要遵守當地法規，但從技術上來講，大多數具有互聯網連接的人都可以使用大多數DeFi應用，並且無需許可即可進入使用，「無需許可」即可參與，任何人都可以創建DeFi應用程式，任何人都可以使用它們。與當今的金融不同，有中間人或冗長辦理程序。在DeFi世界裡用戶直接通過其加密貨幣錢包與智能合約進行連接，就可以靈活操作你想要的金融服務。而智能合約就像一個開放的API，任何人都可以為其構建應用程序。

自人類文明誕生以來，金錢和金融就以一種或另一種形式出現。加密貨幣只是最新的數字化身。在未來的幾年中，我們可能會看到我們在今天的法定貨幣系統中使用的每一種金融服務都在為加密生態系統重建，我們已經看到資產發行和交換、借貸、託管和為加密貨幣構建的衍生產品。

第一代DeFi的DApp嚴重依賴抵押品作為保障，也就是說，用戶需要已經擁有加密貨幣並將其提供為抵押品，以便借入更多的加密貨幣。如今，許多DeFi貸款都是超額抵押，這意味著，由於儲備中的資產有足夠的緩衝，這些貸款本來就是安全的，但是DeFi的黑天鵝是智能合約漏洞，如果黑客發現並利用了DApp的開源代碼中的錯誤，那麼數百萬美元可能會立即被盜走。另一個趨勢是更好的用戶體驗，第一代DApp是由區塊鏈同好為區塊鏈使用者建立的。這些DApp在功能上做得很好，但是可用性還是有些不足，DeFi應用程式的最新版本優先考慮設計和易用性，以便向更廣泛的受眾開放金融服務。將來，希望加密

錢包將成為用戶所有數字資產活動的門戶，就像今天的互聯網瀏覽器是用戶訪問權的訊息。想像一下一個儀表板，它不僅可以顯示用戶擁有的資產，還可以顯示在不同的開放式金融協議，如貸款、資產池和保險合約，其中鎖定了多少資產。

在整個DeFi生態系統中，我們還看到了將管理和決策權下放的趨勢，儘管在DeFi中使用了「去中心化」一詞，但如今，許多項目都擁有供開發人員關閉或禁用DApp的功能主鍵。這樣做是為了便於升級，並在出現錯誤代碼的情況下提供緊急切斷閥。但是，隨著代碼經過更多的考驗，大多數人都希望開發人員會放棄這些後門開關，而DeFi社區正在嘗試允許利益相關者對決策進行投票的方法，包括通過使用基於區塊鏈的去中心化式自治組織（DAO）。

開放式金融系統中正在發生一些神奇的事情，如加密技術使金錢在線上就可以輕易使用儲存，而人們在金錢的功能方面看到了巨大的躍進。這是一個難得的機會，可以看到全新的行業從無到有遍地開花。

17 DAO

　　分散式自治組織（Decentralized Autonomous Organization，DAO）是一種建立在區塊鏈上，通過智能合約規則進行決策與行動的新型社會組織形式。DAO允許分散在世界各地的「工作者」在區塊鏈上成立「利益共同體」並在低信任模式下充分參與決策，其主要特點是組織的協作規則由智能合約事前約束，任務分配、薪資發放、組織治理等協作流程公開透明，並由區塊鏈技術保障組織協作規則的分散式自主運行。DAO的數字原生經濟就像股份公司的傳統經濟，但DAO和股份公司在組織架構上差別明顯。DAO打破了傳統組織與市場之間的界限，進一步推動了數位組織形式的創新。股份公司由層級分明和自上而下的股東、管理層、員工組成，公司治理決策、經營收益都遵循多數下層服從少數上層、按組織身份分得收益原則，是全球市場經濟最主要組織形式。而DAO組織由社區管理者、開發者、創作者和財政管理者等角色以分散式的方式組成，通過區塊鏈和數字資產把他們連接起來，重塑了生產者與消費者之間的「支配-依附」關係，消費者隨時可以成為生產者，參與到組織的治理過程中。而DAO要包含幾個要素：

★ 不受中心化當局的影響（去中心化）

★ 獨立於政府或私營部門運作（自治）

★ 是個組織

但現實情況更複雜，今天那些被稱之為「DAO」的實體很少真正符合這些定義。因為真正的去中心化很罕見，畢竟大多數項目在最初需要一定程度的中心化來啟動和運行。問題的關鍵在於「去中心化」、「自治」這些特徵不該被看成二元的。這不是一個「Yes or No」的問題，而是一個程度問題。去中心化和自治是縱軸的兩端，「DAO」可以在這個範圍之間進行定位。

　　當前階段，DAO會以一種數位化的方式去重現和驗證過往人類各式各樣的組織形態，在區塊鏈生態的支持下未來有著旺盛的生命力。DAO組織源於其扁平化管理和高效透明的決策、執行和激勵機制，可以最大發揮成員和組織的積極性，快速推進場景中的價值實現。區塊鏈為組織協作提供了多元參與的平台，開放的組織形態加快了組織創新和資源配置，生產者、參與者、所有者、消費者的身份邊界消失，激勵機制充分調動參與者的資源和積極性，參與者既能夠參與構建項目獲取報酬，也可以獲得組織發展帶來的經濟利益。

　　由於DAO目前仍處在不成熟階段，以下缺點更需要被我們重視。

★ **缺點一**、目前DAO組織的運行規則缺乏法律支撐，有違規或者發生爭議時司法介入的難度較大，特別是在智能合約存在漏洞時DAO將發生嚴重的危機。

★ **缺點二**、因為公信力原因，有號召力的DAO組織對區塊鏈生態較為依賴，當生態發生問題時自然會波及到DAO組織的根本；由於組織協作方式過於分散式，隨著組織的壯大、人員和專案的逐漸增多，出現協作效率低和激勵機制缺乏合理性等問題。

★ **缺點三**、在治理層面，DAO組織通常作為管理組織調節鏈上應用的

227

發展方向和經濟系統，DAO組織參與者以擁有數字資產的權重參與決策，但經濟權重的治理方式將財富作為一種治理權利，資本可以通過「滾雪球式」的手段不斷增加自己的權重，實現了對數位社會公共資源的壟斷，最終服務於集體利益的公共治理將成為資本獲利的手段。

DAO已成為Web3.0的核心組成要素，「公司」的理念看似根深蒂固，其實是個現代化產物，誕生於過去100年的工業化進程，由於社會對勞動力的需求越來越多，工人逐漸被集中在高度中心化的組織裡。公司是人類為了解決合作問題做出的一種新興嘗試。現在，新的變化又在發生，DAO的出現試圖在實現大規模協作的同時，彌補公司的一些缺陷。這種互聯網和加密原生結構旨在分散治理和所有權，讓每個貢獻者都有機會參與決定項目的走向，並真正從組織的成功中獲利。

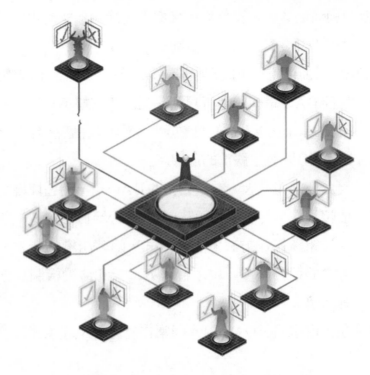

DAO的最迷人之處在於，它使個體真正擁有了「所有權」，原本在公司結構中，它僅被企業主所有。企業主用少量的工資買斷了員工對於自己勞動果實的所有權，這種大範圍的「剝削」使得全球貧富差距越來越大。另外，DAO釋放了個體創造力。在人工智慧和機器人取代人力的背景（和擔憂）下，DAO通過鼓勵個體的積極創造，創造了一種新的獨屬於人類的經濟形態。在過去這段時間，已經有大量形態各異的DAO崛起（涵蓋社交、服務、創作、收藏、開發工具等各種領域，共同管理了數百億美元）吸引了全球的關注、人才和資本投入。如果「公司」改變的是物理層面的聯繫，那麼隨著DAO的發展，它極有可能會滲透到我們現今的數位世界當中，成為新的Web3.0社會的組成部分。

　　去中心化組織的新型商業模式，具體落地仍要考慮現有商業秩序與監管體系，2021年DAO應用和區塊鏈深度綁定，並形成了多個有代表性的專案，這些DAO的「功能」類似公司、社區、基金、資助、創作、收集、媒體、服務等組織。目前，DAO及DAO工具生態仍處於發展早期，主要體現在：❶要真正實現去中心化難度很大，從參與決策者結構上看仍然是中心化的；❷端點漏洞、代碼漏洞等妨礙DAO的發展

DAO由智能合約確認共識和執行

對比	傳統合約	智能合約
格式	特定語言+法律術語	代碼
確認和同意	簽字、蓋章	數位簽章
爭議解決	法官、仲裁員	探索中，EOS設立了仲裁論壇和仲裁小組
效力	法院和仲裁機構	可通過法院或仲裁機構
執行效率	低	高
可依賴可信賴的協力廠商	……	合約約定並自動執行
費用	……	工程建設管理

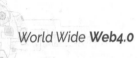

主要DAO的類別

類別	說明
協議DAO	以去中心化為特點，通過構建和執行協議進行運作的公司
社交DAO	以共同的理念為基礎，旨在創建一個強大的社區
投資DAO	類似基金，通過聚集資本和投資者，部署投資計畫
資助DAO	激勵開發預先存在專案之外的專案，旨在構建更廣泛的生態系統
服務DAO	類似「人才聚合器」，將可用於某些專案的人力資本聚集在一起
媒體DAO	協作製作公共內容，包括涵蓋的主題類別以及資源管理等
創作DAO	類似粉絲群體，為支援偶像、創作者或藝術家的組織工作
收集DAO	圍繞某些資產或者收藏品將收藏家聯合起來，常見如數位藏品

18 Web3.0技術架構體系

　　主流網路架構發展路徑明確，區塊鏈技術成為底層核心技術，區塊鏈技術將成為Web3.0時代核心技術：Web3.0技術架構分為基礎層技術、平台層技術、交互層技術。相較於Web2.0時代，Web3.0涉及細分技術類別更多、範圍更廣，區塊鏈技術由於其去中心化的特徵，成為Web3.0核心底層基礎技術。

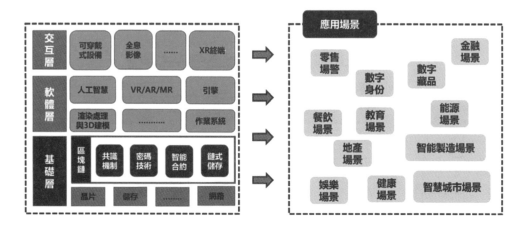

231

19 Web3.0關鍵技術：區塊鏈分散式存儲

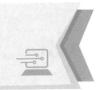

　　分散式存儲通過分散提升存儲效率，區塊鏈分散式記帳通過共識演算法保證「公正」，傳統的網路存儲系統主要採用集中的存儲伺服器存放所有的資料，分散式存儲及區塊鏈分散式存儲將資料分散存儲在多台獨立的設備上，而區塊鏈的規則採用共識機制，智能合約代碼在網路上的所有（或部分）節點上同時運行，其執行結果通過共識演算法在全網進行驗證，通過這種計算來保證計算結果的一致性。

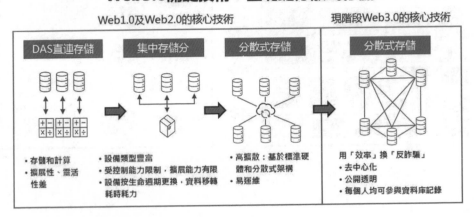

Web3.0關鍵技術：區塊鏈分散式存儲

Web1.0及Web2.0的核心技術　　　　　　　　現階段Web3.0的核心技術

DAS直連存儲	集中存儲分	分散式存儲	分散式存儲
・存儲和計算 ・擴展性、靈活性差	・設備類型豐富 ・受控制能力限制，擴展能力有限 ・設備按生命週期更換，資料移轉耗時耗力	・高擴散：基於標準硬體和分散式架構 ・易運維	用「效率」換「反詐騙」 ・去中心化 ・公開透明 ・每個人均可參與資料庫記錄

　　區塊鏈技術解決平台各自獨大的局面，但仍需要跨鏈技術推動Web3.0快速發展。

★ 區塊鏈技術的優勢在於提供了用戶在每個節點的價值，實現了用戶價值的共用。

★ 多鏈將並存很長時間，這時候如果要實現不同區塊鏈生態中的用戶交互，跨鏈技術將發揮重要的作用。

20 Web3.0概念衍生的場景生態

Web3.0部分生態場景，如泛娛樂領域（包括影視、遊戲、虛擬人等）受益於Web3.0

Web3.0 場景典型生態場景

應用層	虛擬人	數字藏品	遊戲	社交&社區	虛擬活動	數字版權
交互層	移動智慧眼鏡	可穿戴設備	觸感手套	腕帶式AR	操控設備	
基礎層	VR/AR MR/XR	3D建模	引擎	渲染處理	人工智慧	操作系統

基礎層

👍 20-1 Web3.0概念下區塊鏈技術的應用

區塊鏈技術特性適配Web3.0設想，在細分場景不斷落地。

區塊鏈應用模式及剛需場景落地逐漸成熟：當前區塊鏈已經形成了鏈上價值轉移、鏈上協作、鏈上存證三種典型應用模式，在不同行業領域匹配剛需場景，成功實現應用。

20-2 Web3.0 概念下區塊鏈主要應用場景

金融：

在 Web3.0 概念下，區塊鏈技術在金融領域擁有眾多應用場景，這些應用場景通常被歸為「去中心化金融」（DeFi）領域。以下是 Web3.0 概念下區塊鏈在金融主要應用場景的說明：

★ **借貸協議：**DeFi 平台提供了去中心化借貸協議，允許用戶以加密貨幣作為擔保品借出或借入數字資產。這些借貸協議不需要中間機構，由智能合約自動執行，提供更快速、透明和低成本的借貸服務。

★ **去中心化交易所（DEX）：**DEX 是不依賴中央機構的交易平台，用戶可以在這裡交易各種加密貨幣，而無需註冊帳戶或通過中間機構驗證身份。這使得交易更加匿名且安全。

★ **穩定幣：**穩定幣是以特定資產（如美元、黃金等）作為擔保，以確保其價格穩定在固定值附近的加密貨幣。這些穩定幣可以在 DeFi 平台上使用，充當加密世界的數字法幣，實現支付和儲值功能。

★ **流動性挖礦：**流動性挖礦是一種獲取獎勵的機制，用戶將資金提供給 DeFi 平台的流動性池，作為交易的基礎。通過提供流動性，用戶可以獲得相應的獎勵。

★ **數字資產管理：**區塊鏈技術使得資產管理變得更加透明和去中心化。投資者可以使用智能合約來管理和交易其數字資產組合，無需依賴傳統的金融機構。

★ **債券發行與交易：**利用區塊鏈技術，企業和政府可以直接在 DeFi 平台上發行和交易債券，降低發行成本和提高流動性。

★ **支付與轉帳：**加密貨幣的出現使得跨境支付和轉帳更加快速和便捷。在Web3.0時代，人們可以使用加密貨幣進行全球範圍內的即時支付和轉帳。

★ **保險：**區塊鏈技術可用於建立去中心化的保險合約，實現保險索賠的自動執行和賠付，提高保險業務的效率和透明度。

　　Web3.0概念下區塊鏈在金融領域的主要應用場景是建立去中心化金融生態系統，使得金融服務更加開放、透明和高效，同時降低了用戶參與金融活動的門檻。然而，由於DeFi領域仍在快速發展中，用戶應當注意相應的風險，謹慎進行投資和參與。

🌐 農業

　　在Web3.0概念下，區塊鏈技術在農業領域擁有許多應用場景，這些應用場景通常被歸為「農業科技」或「AgriTech」。以下是Web3.0概念下區塊鏈在農業方面的主要應用場景：

★ **溯源與食品安全：**區塊鏈可用於建立去中心化的食品溯源系統，使消費者能夠查看產品的來源、生產過程和運輸路徑。透過這種方式，消費者可以更加信任食品的品質和安全性，同時農業企業可以更有效地回應食品召回等事件。

★ **土地登記與資產管理：**區塊鏈可以用於建立不可竄改的土地登記系統，確保土地所有權的安全和透明。農民可以通過區塊鏈進行土地轉讓和租賃，同時政府機構可以更容易地追蹤土地使用情況。

★ **農業供應鏈管理：**區塊鏈技術可用於改進農業供應鏈的透明度和效率。農民、生產者、加工廠、運輸商和零售商可以在區塊鏈上共享數據，實現更好的供應鏈協作，同時消除信息不對等和欺詐行為。

★ **農業保險：**利用區塊鏈技術，可以建立去中心化的農業保險平台。農民可以根據天氣、災害等因素透過智能合約完成自動索賠，降低保險申請和理賠的成本和時間。

★ **農產品交易與金融服務：**區塊鏈可用於建立農產品交易平台，促進農產品的買賣和流通。同時，農民可以通過區塊鏈獲取更多金融服務，如借貸、投資等，改善農業生產和發展。

★ **精準農業：**區塊鏈與物聯網（IoT）技術相結合，可用於實現精準農業。傳感器收集的數據可以記錄在區塊鏈上，農民可以根據這些數據做出更科學的種植決策，節省資源並提高農業生產效率。

　　Web3.0概念下區塊鏈在農業領域的主要應用場景是改善農業生產和供應鏈管理，提高農產品的品質和安全性，同時促進農業金融和保險服務的發展。這些應用場景有助於推動農業行業向更加智能、高效和可持續的方向發展。

 工業

　　在Web3.0概念下，區塊鏈技術在工業領域也擁有許多應用場景，這些應用場景通常被歸為「工業4.0」或「智能製造」。以下是Web3.0概念下區塊鏈在工業方面的主要應用場景：

★ **供應鏈管理：**區塊鏈可用於建立更加透明和高效的供應鏈管理系統。廠商、供應商、物流公司等各環節可以共享數據，實現實時監控和物流追蹤，降低成本並提高交付效率。

★ **智能合約應用：**區塊鏈的智能合約功能可用於自動執行和管理合約。在工業場景下，智能合約可以用於訂單處理、物流管理、產品品質檢測等多個方面，減少中間環節並提高準確性。

★ **物聯網（IoT）與裝備監測：**將物聯網設備與區塊鏈技術相結合，可以實現裝備的實時監測和數據記錄。工業裝備可以通過嵌入式智能設備上傳數據到區塊鏈，提供更全面的裝備運行信息。

★ **資產追蹤和管理：**區塊鏈可用於資產的追蹤和管理，如原材料、半成品和成品等。這有助於防範資產損失、偽造和盜竊，同時提高資產使用效率。

★ **數據安全和隱私：**區塊鏈的分佈式特性和加密技術使得數據更安全，能夠防止數據的篡改和洩露。在工業領域，數據安全和隱私是非常重要的課題，區塊鏈可以提供可信數據源。

★ **能源管理：**區塊鏈可用於能源管理和能源交易。智能電表和能源生產設備可以通過區塊鏈進行數據交換，實現能源的精準監控和交易，同時鼓勵可再生能源的應用。

　　Web3.0概念下區塊鏈在工業領域的主要應用場景是提升供應鏈管理效率、改善裝備監測和資產管理、保障數據安全與隱私、推進能源管理等方面。這些應用場景有助於推動工業領域的數字化轉型和智能製造的發展，實現更高效、更節能、更具競爭力的工業生產模式。

 醫療

　　在Web3.0概念下，區塊鏈技術在醫療領域擁有許多應用場景，這些應用場景通常被歸為「健康科技」或「醫療數據管理」。以下是Web3.0概念下區塊鏈在醫療主要應用場景的說明：

★ **醫療數據交換和共享：**區塊鏈可以建立一個分散式的醫療數據交換平台，讓患者、醫生和醫療機構能夠安全地共享和存取醫療記錄和數據。這樣可以實現跨機構的數據共享，提高診斷和治療的效率。

★ **醫藥供應鏈管理：**區塊鏈可以用於追蹤和管理醫藥產品的供應鏈。由於區塊鏈的透明性和不可篡改性，可以確保藥品的真實性和品質，同時減少偽造和假冒藥品的風險。

★ **患者數據隱私保護：**區塊鏈的加密技術可以保護患者的敏感數據隱私，患者可以控制自己的數據是否被分享，並授予特定的醫療機構或研究機構訪問權限。

★ **虛擬健康記錄：**區塊鏈可以用於創建虛擬健康記錄，將患者的醫療數據存儲在區塊鏈上。這樣可以讓患者隨時查看自己的健康數據，並與醫生或健康專業人員共享。

★ **醫療研究和創新：**區塊鏈可以用於醫療研究和創新領域。研究人員可以訪問實時的醫療數據，加速研究進程，並開展更多的創新項目。

★ **智能合約在醫療保險中的應用：**智能合約可以用於自動執行和管理醫療保險合約。當特定條件滿足時，智能合約可以自動執行理賠過程，提高理賠效率。

Web3.0概念下區塊鏈在醫療領域的主要應用場景是建立分散式的醫療數據交換平台、保護患者數據隱私、提高藥品供應鏈管理效率、推動醫療研究和創新等。這些應用場景有助於實現更加安全、高效和人性化的醫療服務，同時促進醫療行業的數字化轉型和創新發展。

政府

在Web3.0概念下，區塊鏈技術在政府領域擁有許多應用場景，這些應用場景通常被歸為「智慧政府」或「區塊鏈政務」。以下是Web3.0概念下區塊鏈在政府領域的主要應用場景：

★ **公共數據管理與交換：**政府可以利用區塊鏈技術來建立公共數據庫，

將政府部門收集的數據進行整合和管理。區塊鏈的去中心化特性使得不同政府機構可以共享數據，實現更高效的信息交換和合作。

★ **選舉和投票系統：**區塊鏈可以應用於選舉和投票系統，確保選舉的公平性和透明性。每一筆投票都被記錄在區塊鏈上，不可篡改，從而防止選舉舞弊和操縱。

★ **身份認證與數位身份：**區塊鏈可以用於建立去中心化的身份認證系統，每個公民或居民都可以擁有自己的數位身份。這樣可以減少身份盜竊和詐騙行為，同時方便政府機構進行身份驗證。

★ **土地登記與資產管理：**區塊鏈可以用於土地登記和不動產資產管理，確保土地和資產交易的真實性和可信度。這有助於減少不動產交易中的爭議和糾紛。

★ **政府採購與合約管理：**區塊鏈可以用於政府採購領域，實現透明的招標過程和合約管理。所有的招標信息和合約細節都被記錄在區塊鏈上，公開可查，減少貪污和腐敗風險。

★ **社會救助和福利發放：**區塊鏈可以用於社會救助和福利發放系統，確保資金發放的準確性和公平性。政府可以實時追蹤資金流向，確保福利資源得到有效利用。

Web3.0概念下區塊鏈在政府領域的主要應用場景是建立智慧政府系統，促進公共數據管理與交換，改進選舉和投票系統，實現去中心化的身份認證，提升土地登記與資產管理的效率，實現透明的政府採購與合約管理，並確保社會救助和福利發放的準確和公平。這些應用場景有助於提升政府的服務效能和治理水平，促進政府與市民之間的信任與合作。

司法

在Web3.0概念下,區塊鏈技術在司法領域有許多應用場景,這些應用場景通常被歸為「智慧司法」或「區塊鏈司法」。以下是Web3.0概念下區塊鏈在司法領域的主要應用場景:

★ **電子證據存證:**區塊鏈可以用於電子證據的存證和保全。將證據上鏈存儲,確保其不可篡改和隱私安全,這樣可以有效解決證據真實性和可信度的問題,並促進司法審判的公正性。

★ **智能合約執行:**區塊鏈的智能合約功能可以用於執行合約和判決的自動化。當合約條件達成時,智能合約會自動執行相應的操作,從而減少人為干預和執行成本。

★ **線上仲裁系統:**區塊鏈可以用於建立去中心化的線上仲裁系統,讓不同當事人在區塊鏈上提交證據和論據,由智能合約自動裁決爭議。這樣可以提高仲裁效率和成本效益。

★ **司法數據交換與分享:**不同司法機構可以利用區塊鏈建立共享數據庫,方便司法數據的交換和分享。這樣可以加強司法機構之間的合作,提高信息共享效率。

★ **裁判文書公開透明:**區塊鏈可以用於裁判文書的公開和透明。所有的判決和裁判文書都被記錄在區塊鏈上,任何人都可以查閱,確保司法透明度和公正性。

★ **智慧執法:**區塊鏈技術可以應用於智慧執法系統,例如交通違規自動執法系統。交通違規記錄被上鏈,並由智能合約執行罰款和處罰,減少人為審判和處理時間。

Web3.0概念下區塊鏈在司法領域的主要應用場景是建立智慧司法系統,包括電子證據存證、智能合約執行、線上仲裁系統、司法數據交換與分享、裁判文書公開透明以及智慧執法。這些應用場景有助於提高

司法審判的效率和公正性，促進司法系統的現代化和智慧化。同時，區塊鏈技術的去中心化和安全特性也有助於保障司法信息的安全和隱私。

 數位藏品

數位藏品資產類型不斷豐富中，未來每個用戶都能體驗「收藏」與「創作」。

數位藏品實現了虛擬物品的資產化，從而使得數字資產擁有可交易的實體。目前，數位藏品的價值主要體現在形式方面，但到了Web3.0時代，數位藏品除了能建立獨特標識外，使用者還可以享受到真正的資料所有權，數位藏品的價值將更多體現在身份象徵和資產媒介上。

此外，未來由於個人的內容創作受到更好的保護，越來越多的作品可以看作泛「藝術品」。

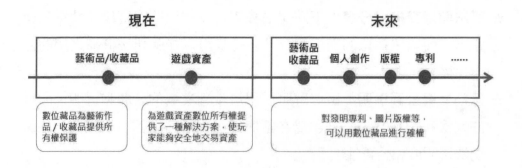

 DeFi去中心化金融

DeFi的願景是將現實的金融體系映射到數位世界，但仍需解決人們對其資產價值的認可DeFi，即去中心化金融（Decentralized Finance），諸如銀行轉帳、保險、證券交易，這些都是中心化實體提

242

供的金融服務，DeFi指不需要通過交易所、金融機構等中間機構實現金融服務。通過智能合約技術，普通使用者之間可以實現直接交易，實現傳統金融機構各種功能，如衍生品、借貸、交易、理財、資產管理等。由於沒有經過中間管理人員，手續費和時間成本被大幅地減少。

然而實體經濟如何通過虛擬的金融體系被所有人認可，仍是DeFi需要在大規模落地下需要考慮的問題。

DeFi項目特點：

★ 代碼開源透明

★ 去中心化運行

★ 去中心化社區自治

DeFi和傳統金融差異

	傳統金融	DeFi
保管	由機構或保管提供商持有資產	直接由用戶在非託管帳戶或智能合約持有有資產
帳戶單位	法幣	由數字資產或穩定幣計價
執行	通過交易所等金融機構	通過智能合約
結算	多為1～5個工作日	僅需幾秒至幾分鐘，取決於區塊鏈
清算	由清算機構促成	由區塊鏈交易促成
治理	由交易所和監管機構具體規定	由協議開發者和使用者治理
可審計性	由協力廠商機構核准	開原始程式碼和公開帳本，可以被任何人審計
抵押	交易可能涉及無抵押，由中間機構承擔風險	通常需要超額抵押

 GameFi 遊戲化金融

GameFi推動了遊戲內虛擬資產的交易及管理體系發展，是遊戲經濟系統的雙刃劍，GameFi即「Game＋DeFi」，指引入了DeFi模式和工具的區塊鏈遊戲。「邊玩邊賺」是遊戲公司將遊戲資源生產權交給玩

家的結果。

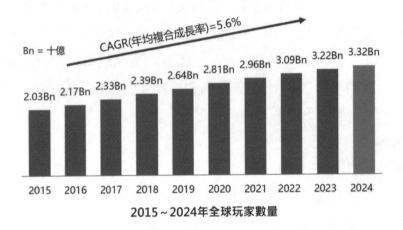

2015~2024年全球玩家數量

　　在傳統遊戲中，遊戲製作團隊掌握遊戲資源，以銷售稀缺資源作為盈利點，而在開放式經濟遊戲中，玩家可以進行部分遊戲資源交易，通過產出資源實現盈利，虛擬遊戲作為互聯網重要的產品，其玩家對於遊戲內經濟系統創新、玩法創新具有極高的包容度及探索度。但是遊戲規則中經濟系統的顛覆是否對於藝術性、故事性及文學性的造成衝擊，是否將所有的遊戲進行「套路化」，依然需要時間檢驗。

去中心化治理將遊戲規則交付玩家

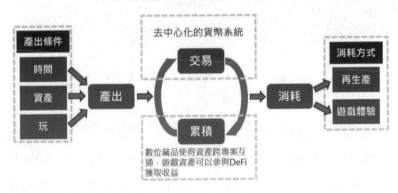

Web3.0的下一步～
元宇宙

　　Web3.0與元宇宙是一體兩面的關係，元宇宙是平行於現實世界的一個虛擬世界，其具備的四個特徵是：沉浸式體驗、數位身份、經濟系統和虛擬社會治理。要實現上述四個特徵，首先要對使用者、用戶行為、經濟等生活所需要素進行虛擬化，並且打造出虛擬世界的基礎設施和規則。

　　而元宇宙（metaverse）本質上是指未來的網際網路，由虛擬實境中的3D空間組成，使用者可以在其中相互交流。這也是Facebook後來更名為「Meta」的原因。一些技術專家希望，Web3.0將孕育出一個使用區塊鏈系統和開放標準構建的元宇宙，並由世界各地的電腦網路而不是少數大公司運行。NFT將促進涉及虛擬實境物品的商業活動，而傳統的守門人將無法決定什麼可以進入或不可以進入元宇宙。Facebook CEO祖克柏似乎在推動這些理想，他在一封公開信中談到，元宇宙將不會「由一家公司創造」，並將建立「一個比今天的平台及其政策所限制的經濟規模更大的創意經濟」。這一切聽起來都很好，儘管考慮到Facebook為保持其在社群媒體領域的主導地位所做的嘗試，它似乎很可能會努力成為一個Web3.0時代的強大的機構。

　　Web3.0的技術特性，為元宇宙生態構建提供更為匹配的環境，Web3.0與元宇宙具有一體兩面的關係，二者具有四種常見狀態：可分離、可交叉、可重合，又可以是層級關係。

元宇宙四大特徵圖

元宇宙需要打通線上線下的次元壁，沉浸式是元宇宙發展過程中的基礎體驗。

使用者在元宇宙有一個數字身份（DID），這一數字身份以區塊鏈底層技術為支撐，實現數位物件全面互聯互通以及隱私身份管理。

| 沉浸式體驗 | 數字身份 |
| 經濟系統 | 虛擬社會治理 |

元宇宙世界有與現實世界相似的經濟系統。

元宇宙世界有社會管理體系。「Code is law」，這是基於區塊鏈的技術特徵所產生的形式。

Web3.0與元宇宙關係圖解

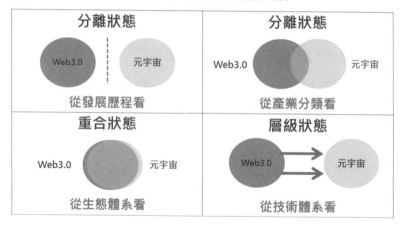

01 元宇宙的由來與現況

一句話就可以解釋元宇宙:「平行於現實世界的虛擬世界」。

「元宇宙」的孕育是吸納了資訊革命(5G/6G)、互聯網革命(Web3.0)、人工智慧革命,以及 VR、AR、MR,特別是遊戲引擎在內的虛擬實境技術革命的成果,向人類展現出構建與傳統物理世界平行的全息數位世界的可能性;引發了資訊科學、量子科學,數學和生命科學的互動,改變科學範式;推動了傳統的哲學、社會學甚至人文科學體系的突破;囊括了所有的數位技術,包括區塊鏈技術成就;豐富了數位經濟轉型模式,融合區塊鏈技術、DeFi、IPFS、NFT 等數位金融成果。

1992 年,美國著名科幻大師尼爾・斯蒂芬森在其小說《雪崩》中這樣描述元宇宙:「戴上耳機和目鏡,找到連接終端,就能夠以虛擬分身的方式進入由電腦模擬、與真實世界平行的虛擬空間」。所以準確地說,元宇宙不是一個新的概念,它更像是一個經典概念的重生,是在延展實境、區塊鏈、雲計算、數字孿生等新技術下的概念具化。

元宇宙雖然備受各方關注和期待,但同樣沒有一個公認的定義。回歸概念本質,可以認為元宇宙是在傳統網絡空間基礎上,伴隨多種數字技術成熟度的提升,構建形成既映射於、又獨立於現實世界的虛擬世界。同時,元宇宙並非一個簡單的虛擬空間,而是把網絡、硬體終端和

用戶囊括進一個永續的、廣覆蓋的虛擬現實系統之中，系統中既有現實世界的數字化複製物，也有虛擬世界的創造物。

當前，關於元宇宙的一切都還在爭論中，從不同視角去分析會得到差異性極大的結論，但元宇宙所具有的基本特徵則已得到業界的普遍認可。

《Second Life》是第一個現象級的虛擬世界，發布於2003年，擁有更強的世界編輯功能與發達的虛擬經濟系統，吸引了大量企業與教育機構。開發團隊稱它不是一個遊戲，「沒有可以製造的衝突，沒有人為設定的目標」，人們可以在其中社交、購物、建造、經商。在Twitter誕生前，BBC、路透社、CNN等報社將《Second Life》作為發布平台，IBM曾在遊戲中購買過地產，建立自己的銷售中心，瑞典等國家在遊戲中建立了自己的大使館，西班牙的政黨在遊戲中進行辯論。

（取自網路）

249

1-1 多位從業者和專家從不同角度對元宇宙的認識和界定

▶ Eric Redmond（Nike 技術創新全球總監）

元宇宙跨越了現實和虛擬實境之間的物理及數字鴻溝。

▶ Dave Baszucki（Roblox CEO）

元宇宙是一個將所有人相互關聯起來的3D虛擬世界，人們在元宇宙擁有自己的數位身份，可以在這個世界裡盡情互動，並創造任何他們想要的東西。

▶ Luke Shabro（未來學家，Mad Scientist Initiative-Army Futures Command 副主任）

一個模糊的、數字混合的現實，具有不可替代和無限的項目和角色，不受傳統物理和限制的約束。

▶ Emma-Jane MacKinnon-Lee（Digitalax CEO 兼創始人）

元宇宙在我們生活的各個方面分層的「完全互動式現實」，它是我們一直夢寐以求的人類之間的結締組織。

註： 結締組織（Connective tissue）遍佈於身體各處，如骨骼、軟骨、韌帶、血液、脂肪等，負責將身體各部分固定一起，形成人體的架構，並運送物質到身體各部分。

▶ Piers Kicks（BITKRAFT Ventures 團隊成員）

一個持久的、即時的數位世界，為個人提供一種代理感、社會存在感和共用空間意識，以及參與具有深遠社會影響的廣泛虛擬經濟的能力。

▶ Elena Piech（AMP Creative 體驗製作人）

元宇宙視為數位世界與物理世界的逐漸融合。一個智慧鏡頭和 BCI 設備使我們能夠被資訊包圍的世界——工作、娛樂、教育等的互動式資訊。這是互聯網的下一次反覆運算，是生命的下一次反覆運算。

BCI設備：人腦機介面（英語：brain-computer interface），是在人或動物腦（或者腦細胞的培養物）與外部裝置間建立的直接連接通路。在單向人機介面的情況下，電腦接受腦傳來的命令，或者傳送訊號到腦，但不能同時傳送和接收訊號。而雙向人機介面允許腦和外部裝置間的雙向資訊交換。

▶ Ryan Gill（Crucible 聯合創始人兼 CEO）

去中心化是關鍵，如果元宇宙將成為我們生活的很大一部分，就像互聯網一樣，那麼它越接近現實，它就會越抽象，通過我們對它的所有相關經驗以及與之相關的經驗來定義。

▶ Neil Redding（雷丁期貨創始人兼 CEO）

元宇宙是一個無限的空間，人類在其中可以通過多感官刺激，做我們在物理空間中所做的一切。當前的技術能夠實現元宇宙這一願景的一小部分，包括 3D 逼真的沉浸式視覺效果、空間化音訊、原始觸覺回饋和語音交互、與位置無關的存在的早期形式等。

▶ Bosco Bellinghausen（Alissia Spaces 創始人）

元宇宙是一座真正的橋樑，它現在是現實和虛擬實境之間的門戶。50 年後它將成為我們通往太空及其他地方的門戶。

▶ Rafael Brown（Symbol Zero CEO）

元宇宙不是被動的、它不是串流媒體視頻、不是聊天，它是一種我

們尚未構建的、具有存在感的、身臨其境的體驗，因此它必須是互動式的、即時呈現的，還須利用尚不存在的技術。但我們不能簡單認為現有技術或面向後的舒適技術可能永遠是元宇宙。它必須是一個面向未來的概念，即我們將創造超越當前存在的東西。

▶ Jason Warnke（埃森哲全球數字體驗主管高級董事總經理）

我們在埃森哲創造了「Nth Floor」這個詞，我們正在為超過530,000名員工建立我們的全球虛擬世界，並且快速成長，可以以全新的方式參與……因為我們從來沒有真正擁有過一個企業園區總部，我們相信我們現在有機會以現實世界中前所未有的方式將我們的員工聚集在一起。

▶ Claire Kimber（Posterscope集團創新總監）

我認為元宇宙是包含所有數字體驗的包羅萬象的空間；由數百萬個數位星系組成的可觀測數位宇宙。

▶ Esther O'CallaghanOBE（聯合創始人Hundo.careers）

我希望它最終會像ReadyPlayerOne中的Oasis一樣；它由更關心社區而不是利潤並將其用於現實和虛擬世界的年輕人所擁有。如果這聽起來太天真和樂觀了——我是，我不後悔！

▶ Karinna Nobbs（TheDematerialised的聯合首席執行官）

我的定義更多的是圍繞其目的和採用的驅動因素，而不是其技術構成。元宇宙是下一個重要的第三空間（由社會學家Ray Oldenburg創造），它不是家（第一），不是工作或學習（第二），而是您可以度過休閒時光的地方。它是社區生活的支柱，也是您結識新老朋友的地方。

▶ 湯姆艾倫（人工智慧雜誌的創始人）

一個呈指數級成長的虛擬世界，人們可以在其中創造自己的世界，以他們認為合適的方式適應來自物理世界的經驗和知識。

▶ **Richard Ward**（麥肯錫全球領先的企業**VR**）

我們已經進入元宇宙，它主要是1D（文本應用程式、會所）、2D（Zoom、Google Sheets等共用生產力應用程式）、2.5D（Fortnite、Virbela等遊戲）、3D（VR/AR）剛剛進入發展階段。

▶ 肯尼斯·梅菲爾德（**XyrisInteractive Design** 首席執行官）

從自閉症成年人的角度來看，我對元宇宙的定義是，它實際上是對我們關於感官輸入、空間定義和資訊訪問點的假設的重新配置。感官飛躍是從我們對物理興趣點、經絡和邊界以及導航的適應，到我們將無意識地識別為「位置」、運動和存在的更複雜的概念。即將到來的Metaverse是由軟體和硬體實現的，但最關鍵的飛躍是我們對作為空間的共用幻覺的信念。與簡單的網頁相比，Metaverse與立體感知、平衡和方向更接近，更接近於我們理解它的方式。我們現在通過電腦和手機與元世界進行交互，但與沉浸在VR中以及通過AR將數位持久化到現實世界相比，這缺乏在數字中訪問的真實性，反之亦然。這些元素的總和以及我們必不可少的參與要大於讓元宇宙在我們的體驗中具有獨特存在感的部分。

▶ 尼爾雷丁（雷丁期貨創始人兼首席執行官）

我聽說人們使用這個術語來包括加密貨幣和語音交互以及各種非沉浸式3D的東西。尼爾·斯蒂芬森（Neal Stephenson）在90年代初寫

《雪崩》時對此有一個相當清晰的想法。然而，由於 Snow Crash 是 30 年前的事，而虛擬實境這個詞更早，我非常支持創建一個新的定義。對我來說，元宇宙是一個有效的無限空間，人類可以在其中做我們在物理空間中所做的一切，但在多感官刺激中。當前的技術（2021 年初）能夠實現元宇宙的這一願景的一小部分——包括 3D 逼真的沉浸式視覺效果、空間化音訊、原始觸覺回饋和語音交互，感覺就像一個開始。

▶ Michael Robbins（Learning Pathmakers 聯合創始人）

技術中有很多詞對我們不利。我們需要未來的新詞和詞典。人工智慧和機器學習兩者都不是。區塊鏈聽起來像是孩子的玩具。元宇宙更糟。只要我們讓技術人員根據科幻小說來命名事物，它們對於社會的大多數人來說仍然是無法訪問和陌生的。當我們將概念神秘化時，它們被視為魔法。由於其他原因，元宇宙這個詞特別有害。在科技將我們拉開的時代，這個詞的字面意思是，未來我們將生活在不同的宇宙中。這是遠遠超出我們當前數字社會的反烏托邦。我們需要一個更好的詞來描述我們的未來，在那裡我們將通過技術可以想像的所有方式：隨著增強現實和虛擬實境，同步，非同步，與數位孿生，甚至在我們的生物生活之後走到一起。

▶ JB Grasset（單色創始人）

我們正在與許多現在對元宇宙非常感興趣的品牌進行交談。如果問題「你見過準備好的玩家一號嗎？」是負面的，我們說想像一個基於遊戲的社交網路。真正的挑戰是回答「你說的遊戲是什麼意思？

▶ 盧卡斯·里佐托（WhereThoughts Go 首席執行官）

一種大規模的錯覺，認為未來出於某種原因應該看起來像 Ready PlayerOne。

▶ 拉斐爾·布朗（SymbolZero 首席執行官）

我認為要記住的重要一點是，元宇宙是一個最初來自科幻小說的概念，然後被學術界和遊戲開發人員採用，這是我們討論的一個概念，我們最終可以在處理和資料傳輸速度足夠快。它顯然是一個面向未來的術語，用來描述我們可以成長和構建的事物。雖然對我們想要建立的有抱負的事物做出準確的定義是很棘手的，但很容易談論它不是什麼。meta-verse 不在這裡。現有技術不是元宇宙。元宇宙不是被動的，它不是串流媒體視頻，不是聊天，它是一種我們尚未構建的具有存在感的身臨其境的體驗，因此它必須是互動式的，它必須是即時呈現的，它必須利用尚不存在的技術。但我們不能將自己稀釋成認為現有技術或面向後的舒適技術就是元宇宙。它必須是一個面向未來的概念，即我們將創造超越當前存在的東西。

以上22位代表不同組織的專業人士對元宇宙的看法有褒有貶，然而大多數的看法是正面的，總體來說，大多數專業人士認為元宇宙概念是：

★ 描述了人類未來虛實融合空間。

★ 現在還不存在的完全互動式現實。

★ 一個持久的、即時的數位世界，為個人提供一種代理感、社會存在感和共用空間意識，以及參與具有深遠社會影響的廣泛虛擬經濟的能力。

★ 數位世界與物理世界的逐漸融合。

★ metaverse 是一個有效的無限空間，人類可以在其中做我們在物理空間中所做的一切，並且伴隨著多感官刺激。

★ 互聯網的下一次反覆運算。

★ 去中心化是關鍵。

★ 像區塊鏈一樣，代表我們每個人、生物和機器的平等。一個真正的技術民主，將使每一個真實的生命和人造的生命平等。每個人都將擁有一個真正的數字孿生，他們將100%擁有它。這樣我們就可以在現實和虛擬實境之間穿梭，並且永遠保持我們自己。

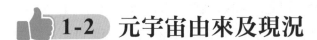 1-2 元宇宙由來及現況

2020年是人類社會虛擬化的臨界點：

因疫情加速社會虛擬化，在新冠疫情隔離政策下，全社會上網時數大幅增加，宅經濟快速發展。線上生活由原先短時期的例外狀態成為了常態，由現實世界的補充變成了與現實世界的平行世界。而虛擬生活並不是虛假的，更不是無關緊要的。尤其是線上與線下打通，人類的現實生活開始大規模向虛擬世界遷移，人類成為現實與數字的兩棲物種。

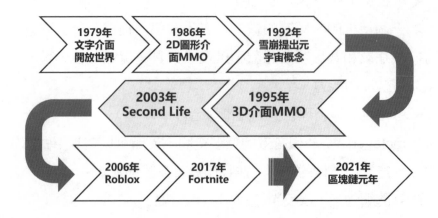

2021年可以被稱為「元宇宙」元年。「元宇宙」呈現超出想像的爆發力，其背後是相關「元宇宙」要素的「群聚效應（C」ritical Mass），近似1995年互聯網所經歷的「群聚效應」。

　　　　　　　　　　　　　　——朱嘉明（經濟學家，大學教授）

　　早在1992年科幻作家Neal Stephenson創作的《雪崩》中第一次提出並描繪了元宇宙，在移動互聯網到來之前就預言了未來元宇宙中人類的各種活動。

◀ Metaverse起源於科幻小說
《Snow Crash》

　　現在，阿弘正朝「大街」走去。那是超元域（元宇宙）的百老匯，超元域的香榭麗舍大道。它是一條燈火輝煌的主幹道，反射在阿弘的目鏡中，能夠被眼睛看到，能夠被縮小、被倒轉。它並不真正存在；但此時那裡正有數百萬人在街上往來穿行。「計算機協會全球多媒體協議組織」的忍者級霸主們都是繪製電腦圖形的高手，正是他們精心製訂出協議，確定了大街的規模和長度。大街彷彿是一條通衢大道，環繞於一顆黑色球體的赤道之上，這顆球體的半徑超過一萬公里，而大街更是長達

六萬五千五百三十六公里，遠比地球赤道長得多。

……

　　這條大街與真實世界唯一的差別就是，它並不真正存在。它只是一份電腦繪圖協議，寫在一張紙上，放在某個地方。大街，連同這些東西，沒有一樣被真正賦予物質形態。更確切地說，它們不過是一些軟件，通過遍及全球的光纖網絡供大眾使用。當阿弘進入超元域，縱覽大街，當他看著樓宇和電子標誌牌延伸到黑暗之中，消失在星球彎曲的地平線之外，他實際上正盯著一幕幕電腦圖形表象，即一個個用戶界面，出自各大公司設計的無數各不相同的軟件。若想把這些東西放置在大街上，各家大公司必須徵得「全球多媒體協議組織」的批准，還要購買臨街的門面土地，得到分區規劃許可，獲得相關執照，賄賂檢查人員等等。這些公司為了在大街上營造設施而支付的錢全部流入由「全球多媒體協議組織」擁有和運營的一項信託基金，用於開發和擴充機器設備，維持大街繼續存在。

—— 《Snow Crash》

　　而後1999年的《駭客任務》、2018年的《一級玩家》則把人們對於元宇宙解讀和想像搬到了大銀幕上。2020年疫情的到來催生人們生活的諸多變化。Facebook運營的VR社交平台Horizon引爆熱潮；2020年美國的ACAI科技大會選擇在《動物森友會》舉辦；2021年3月，元宇宙第一股Roblox成功在紐交所上市。

　　元宇宙英文是Metaverse，其中Meta是「超前」，具有解構和重塑的含義，而「Verse」由Universe一詞演化而來，Metaverse體現人類對事物本質和宇宙本源的探索，對理想化世界的追逐。實際上元宇宙

一直存在於互聯網，在2D內容時代，QQ使用者會認為QQ秀是元宇宙，動漫迷認為《刀劍神域》是元宇宙，遊戲玩家認為《Dreams》是元宇宙，這些場景基本滿足了相應時段人類對「虛擬世界」的需求。進入3D時代，元宇宙目前的存在的形態，基本上和VR/AR發展現狀相似，以娛樂和遊戲為主，未來還會面向其他垂直行業不斷探索發展，但目前元宇宙概念的確切定義仍在被各方激烈探討。

元宇宙基本特徵包括：**沉浸式體驗：**低延遲和擬真感讓用戶具有身歷其境的感官體驗；**開放式創造：**用戶通過終端進入數位世界，可利用海量資源展開創造活動；**社交屬性：**現實社交關係鏈將在數位世界發生轉移和重組；**穩定化系統：**具有安全、穩定、有序的經濟運行系統。

元宇宙受到科技巨頭、政府部門的青睞，自2021年8月以來，元宇宙概念更加炙手可熱，日本社交巨頭GREE宣布將開展元宇宙業務、輝達發布會上出場了十幾秒的「數字替身」、微軟在Inspire全球合作伙伴大會上宣布了企業元宇宙解決方案，事實上，不僅是各大科技巨頭在爭相布局元宇宙賽道，一些國家的政府相關部門也積極參與其中。2021年5月18日，韓國科學技術和信息通信部發起成立了「元宇宙聯盟」，該聯盟包括現代、SK集團、LG集團等200多家韓國本土企業和組織，其目標是打造國家級增強現實平台，並在未來向社會提供公共虛擬服務；2021年7月13日，日本經濟產業省發布了《關於虛擬空間行業未來可能性與課題的調查報告》，歸納總結了日本虛擬空間行業極需解決的問題，以期能在全球虛擬空間行業中佔據主導地位；2021年8月31日，韓國財政部發布2022年預算，計畫斥資2000萬美元用於元宇宙平台開發。

目前元宇宙受到科技巨頭、風險投資企業、初創企業，甚至政府部

門的青睞，從企業來看，目前元宇宙仍處於行業發展的初級階段，無論是底層技術還是應用場景，與未來的成熟形態相比仍有較大差距，但這也意味著元宇宙相關產業可拓展的空間巨大。因此，擁有多重優勢的數字科技巨頭想要守住市場，數字科技領域初創企業要獲得彎道超車的機會，就必須提前布局，甚至加碼元宇宙賽道。

元宇宙前傳：開放多人遊戲

1979 MUDS、MUSHe	1986 Habitat	1994 Web World	1995 Worlds Incorporate	1995 Active Worlds
第一個文字交互界面的、將多用戶聯系在一起的即時開放式社交合作世界。	第一個2D圖形界面的多人遊戲環境，首次使用了化身avatar。也是第一個投入市場的MMORPG。	第一個軸測圖介面的多人社交遊戲，用戶可以即時聊天、旅行、改造遊戲世界，開啟了遊戲中的UGC模式。	第一個投入市場的3D介面MMO，強調開放性世界而非固定的遊戲劇本。	基於小說《雪崩》創作，以創造一個元宇宙為目標，提供了基本的內容創作工具來改造虛擬環境。

👍 1-3 著名平台的元宇宙發展

★ 1993年：Metaverse是一個MOO（一種基於文本的低頻寬虛擬實境系統），由Steve Jackson Games運營，作為其BBS Illuminati Online的一部分。

★ 1995年：完全基於Snow Crash的Active Worlds，分散式虛擬實境世界至少實現了Metaverse的概念。

★ 1998年：威爾‧哈威和傑佛瑞‧文特拉創建了一個3D線上虛擬世界，其中使用者顯示為頭像和社交可以使用虛擬貨幣購買物品和服務therebucks，這是購買與現實世界的錢。There.com於2010年3月2日關閉，但在2011年作為僅限邀請的世界重新出現，面向18歲或以上的用戶。blaxxun創建了使用vrml技術的3D虛擬社群。

CyberTown 就是一個例子。

★ 2003 年：林登實驗室推出了 Second Life（第二人生）。該專案的既定目標是創建一個使用者定義的世界，例如 Metaverse，人們可以在其中互動、玩耍、開展業務和進行其他交流。

★ 2004 年：IMVU，Inc. 由 Will Harvey、Matt Danzig 和 Eric Ries 創立。它最初是一個帶有 3D 頭像的即時通訊工具。

★ 2005 年：密西根大學啟動了 VMLSE 以回應美國最高法院關於肯定行動的里程碑案（Grutter 訴 V.）的決定。博林格和格拉茨五世。為了讓貧困的少數民族准申請人更容易進入他們的校園。Vmerse 被描述為一項革命性的創新，旨在增加校園的多樣性。該 Metaverse 通過互聯網在電腦上發布，作為視頻、表單的組合，通過虛擬實境嵌入到鏡像世界中，還用於校友關係、捐贈者活動以及應急響應培訓。路易斯安那州立大學、愛荷華州立大學、哥倫比亞大學、史丹佛大學、西伊利諾大學等也使用了 Vmerse 技術。美國國務院將 Vmerse 部署為「你到美國學習的五個步驟」，幫助國際學生申請美國大學，全世界已有超過 10 億用戶使用它。Vmerse 由 Bhargav Sri Prakash 於 2004 年創立，它現在已經成為 FriendsLearn 在醫學上使用的專有基礎平台。

◎ Solipsis 由法國 Télécom 研發實驗室的 Joaquin Keller 和 Gwendal Simon 推出，這是一個免費的開源系統，旨在為類似 Metaverse 的公共虛擬領域提供基礎設施。

◎ Croquet 專案開始是一個開源軟體發展環境，用於「在多個作業系統和設備上創建和部署深度協作的多使用者線上應用程式」，其目的是不像第二人生那樣專有。2007 年 Croquet SDK 發布後，該

項目成為Open Cobalt項目。

★ 2006年：

　◎ Entropia Universe世界上第一個真正的現金經濟MMORPG。

　◎ Roblox出版。Roblox是Roblox公司開發的線上遊戲平台和遊戲製作系統。

★ 2007年：

　◎ OpenSimulator出現，開發與第二人生協議相容的免費開源虛擬世界軟體，同時允許使用者在其他獨立安裝之間移動。它基於Second Life的用戶端檢視器，作為構建虛擬世界的平台。

★ 2008年：

　◎ Google Lively於2008年7月8日由Google通過Google Labs推出。該服務於12月底停止。

★ 2013年：

　◎ High Fidelity Inc成立，是一個開源平台，供用戶創建和部署虛擬世界，並在其中一起探索和互動。

★ 2014年：

　◎ VRChat作為社交VR平台（SVRP）推出，使用戶能夠發布使用外部工具開發的3D空間和頭像。

★ 2015年：

　◎ AltspaceVR作為SVRP推出，使用戶能夠發布使用外部工具開發的3D空間。

★ 2016年：

　◎ Sinespace作為SVRP推出，使用戶能夠發布使用外部工具開發的3D空間和內容。ecRoom作為社交VR遊戲推出，並於2017年擴

展為支援用戶生成的空間。Anyland 和 Modbox 作為社交 VR 遊戲推出,允許用戶發布使用內置工具開發的 3D 空間。

★ 2017 年:

◎ Sansar 於 2017 年 7 月 31 日推出。該平台支援用戶創建的 3D 空間社交空間。化身包括語音驅動的面部動畫和動作驅動的身體動畫。

★ 2018 年:

◎ 由 Solirax 推出 NeosVR Metaverse。Cryptovoxels 於 2018 年作為用戶擁有的元宇宙推出,使用以太坊區塊鏈。

★ 2019 年:

◎ Facebook 的地平線被宣布為一個社會 VR 世界的 Facebook。

★ 2020 年:

◎ Decentraland 作為其用戶擁有和運營的去中心化虛擬平台推出。沙箱,一個體素元宇宙由 Animoca 推出。Core 由 Manticore Games 推出。Rival Peak 是一個雲驅動的真人秀,在虛擬環境中由 AI 參賽者主演,在 Facebook Watch 上首次亮相。個人或觀眾群體可以通過 Facebook 觀看或互動,直接為 AI 參賽者在節目中的進步做出貢獻。SomniumSpace 作為以太坊區塊鏈上的 SVRP 啟動。

★ 2021 年:

◎ Epic Games 指導籌款以將 Fortnite 構建為元宇宙敘事。

◎ Microsoft Mesh 是一種混合現實軟體,可通過 HoloLens 2 等 Microsoft 設備實現虛擬存在。

◎ Sensorium Galaxy,一個由電子音樂藝術家舉辦的 VR 音樂會的虛擬世界開始封閉 Beta 測試。其線上頭像商店通過加密貨幣處理

付款。

◎ 韓國宣布成立全國元宇宙聯盟，目標是打造全國統一的VR和AR平台。

◎ Facebook宣布嘗試開發Metaverse。

◎ 2021年，Roblox作為元宇宙第一檔股票的上市，助推了元宇宙概念的出現。元宇宙成為席捲互聯網、VR/AR、金融投資領域的新趨勢。人類似乎已經進入了虛擬宇宙的大發現時代。

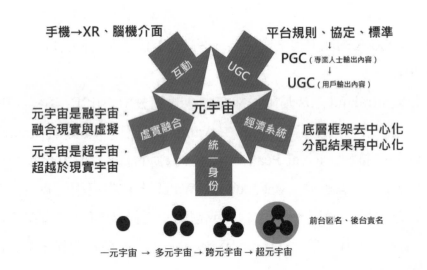

02 # 人類社會的平行數位時空

　　元宇宙（Metaverse）可以籠統地理解為一個平行於現實世界的虛擬世界，現實中人們可以做到的事，都可以在元宇宙中實現。

　　而元宇宙強調的是生態的完整性和用戶的主觀能動性。也就是說，用戶在元宇宙中不只是一個被動的玩家，而可以像現實生活一樣，按個人需求去社交、玩耍、創造和交易等，《一級玩家》中的虛擬世界 OASIS（綠洲）被普遍認為是元宇宙的最終形態代表。

元宇宙第一股：Roblox

電影《一級玩家》中的OASIS（綠洲）能夠代表元宇宙的願景

元宇宙Metaverse這一詞起源於一本1992年出版的美國科幻小說《雪崩Snow Crash》。描述了一個平行於現實世界的虛擬世界～元界（Metaverse），它擁有現實世界的一切形態。用戶在《雪崩》的Metaverse中都是第一人稱視角，每個接入的用戶都可以擁有一個自己的虛擬替身Avatar，用戶可以自由定義Avatar的形象。

而元宇宙為擁有現實世界一切形態，現實世界中的所有人和事都被數位化投射在了這個雲端世界裡，你可以在這個世界裡做任何你在真實世界中可以做的事情。

在科技巨頭聚焦元宇宙相關領域。進入2021年後，元宇宙概念成為全球資本市場新熱點，Facebook在VR領域不斷投入，臉書創辦人祖克柏認為當VR的活躍用戶達到1000萬時，VR生態才能迎來爆發奇異點；蘋果收購了NextVR Inc.以增強蘋果在娛樂和體育領域的VR實力；Google在VR方面的布局重點在軟體和服務上，如Youtube VR；米哈遊資助瑞金醫院研究腦機接口技術的開發和臨床應用，所以元宇宙瞬間成為了資本追捧的熱點，元宇宙它正向著數位世界躍遷，之所以元宇宙能快速躍遷，是因為它是一個承載虛擬活動的平台，用戶能進行社交、娛樂、創作、展示、教育、交易等社會性、精神性活動，這一切的經濟活動量體非常的巨大。

元宇宙為用戶提供豐富的消費內容、公平的創作平台、可靠的經濟系統、沉浸式的交互體驗。元宇宙能夠寄託人的情感，讓用戶在有心理上的歸屬感。用戶可以在元宇宙體驗不同的內容，結交數位世界的好友，創造自己的作品，進行交易、教育、開會等社會活動。

元宇宙最可能的起步領域為遊戲的領域，因為它天然就具有虛擬場域以及玩家的虛擬化身。如今，遊戲的功能已經超出了遊戲本身，並在不斷打破次元。

在2020年4月，美國著名流行歌手Travis Scott在吃雞遊戲《堡壘之夜》中，以虛擬形象舉辦了一場虛擬演唱會，吸引了全球超過1200萬玩家參與其中，打破了娛樂與遊戲的邊界。更在疫情期間，加利福尼亞大學分校為了不讓學生因為疫情錯過畢業典禮，在沙盤遊戲《我的世界》裡重建了校園，學生以虛擬化身齊聚一堂完成儀式。全球頂級AI學術會議之一的ACAI，還把2020年的研討會放在了任天堂的《動物森友會》上舉行，打破了學術和遊戲的邊界。還有因疫情無法進行線下聚

會，一些家長在《我的世界》或者Roblox上為小孩舉辦了生日Party，而很多人的日常社交也變成了一起在動森島上釣魚、抓蝴蝶、串門，打破了生活和遊戲的邊界。

加利福尼亞大學在《我的世界》舉辦2020年畢業典禮

03 元宇宙的五大核心及支柱

3-1 元宇宙五大核心

元宇宙五大核心技術：交互技術、通訊技術、計算能力、核心演算法、AI，彼此間為互補關係。

 ### 核心技術1▶VR與AR交互技術

VR＝虛擬實境，也就是看到的一切都是虛擬的。

VR，原文 VirtualReality，譯為「虛擬實境」，較知名的產品包含 HTC Vive 以及 Oculus Rift，還有 Sony PlayStatio 等等。虛擬實境是透過電腦來模擬具備整合視覺與聽覺訊息的 3D 虛擬世界，臨場感與沉浸感格外強烈，也就是容易讓你身歷其境，不過一切你所看到看到的都是虛擬的，正因為如此，為了用戶使用安全，Sony 甚至建議要坐著使用，以免使用時過於投入虛擬實境而發生意外。

AR＝擴增實境，就是將虛擬資訊加入實際生活場景。

AR，原文 Augmented Reality，台灣多翻譯為擴增實境，顧名思義就是將現實擴大了，是在現實場景中加入虛擬資訊。明顯例子包含 Google Glass 以及汽車車載系統（可將車速、導航等資訊投影或反射在擋風玻璃上，讓駕駛可以避免低頭，以提高駕駛的安全性），另外近期被 Facebook 收購的 MSQRD App，還有 LINE Camera 等 App，也都使

用了AR技術的例子，兩者都可讓你在自拍時，加入偽裝成鋼鐵人，或是戴上兔寶寶髮箍、墨鏡的虛擬效果。

VR與AR全身追蹤和全身傳感等多維交互技術帶來元宇宙的沉浸式交互體驗。

 ## 核心技術2▶ 通訊技術

5G、WIFI6等多種通訊技術提升傳輸速率＆降低時延，實現虛擬實境融合和萬物互聯架構。我們常說的5G、6G，即第五代行動通訊技術和第六代行動通訊技術，很多人會認為它們只是在4G的基礎上加大了頻寬和網速，但是行動通訊技術的進步，與我們的生活和經濟甚至是元宇宙的發展有著密不可分的聯繫。5G具有高速度、低功耗、低時延、萬物互聯的特點，拿實時互動的遊戲來說，低時延很大程度上決定了使用者的遊戲體驗，而隨著智慧裝置、可穿戴裝置等聯網需求的增加，萬物互聯能讓我們更快的邁入智慧時代，VR/AR/MR作為開啟元宇宙大門的第一把鑰匙，5G一定是實現元宇宙落地的基礎。再來說說6G，它的流量密度和連線密度比5G提升至少10倍以上，除此之外，還能在5G萬物互聯的基礎上實現萬物智聯，在物理世界和虛擬世界的互動中，進一步增強沉浸化、智慧化、全域化。儘管6G技術還在布局當中，但一旦實現，將會帶領元宇宙實現跨越性的進步。

 ## 核心技術3▶ 計算能力

作為數位經濟時代生產力，其發展釋放了VR/AR終端壓力、提升續航，滿足元宇宙的上雲需求。網際網路3.0時代的到來，離不開計算的支撐，儘管雲端計算已經走過了十年的歷程，但是隨著物聯網的快速

發展，資料傳輸量的增大，資訊傳輸延時，資料安全性等問題日益突顯，於是霧計算、邊緣計算等概念應需而生。雲端計算是一種在短時間內完成大量資料處理的集中式的計算，它能利用網際網路將資料上傳到遠端中心進行分析、儲存和處理，為全世界提供服務，就好比是全國交通指揮中心。與雲端計算相比，邊緣計算更靠近裝置端，資料不必再上傳到雲端，比如智慧手機、ATM機、智慧家居等裝置上都可以完成邊緣計算，因此邊緣計算更像是某一個十字路口的交通警察。而霧計算就是地方的交通指揮中心，可以理解為是本地化的雲端計算，一方面減輕了雲端計算的承載壓力，另一方面分散式的特點使得其運算速度更快、時延更低。作為實現元宇宙重要的後端基礎設施，未來元宇宙的實現一定伴隨著巨大體量的資料處理需求，影像渲染需求以及高擬真的使用者體驗，這些計算能在不同的環境和場景中提供不同的功能，是元宇宙發展中不可或缺的一環。

核心技術4▶ 核心演算法

推動元宇宙的渲染模式視頻品質提升，AI演算法縮短數位創作時間，賦能虛擬化身等多層面產業發展。人工智慧是研究、開發用於模擬、延伸和擴充套件人的智慧的理論、方法、技術及應用系統的一門新的技術科學。它是一門涉及廣泛的技術，甚至可以說幾乎所有學科都可以結合AI進行新方面的探索。當然，在元宇宙領域人工智慧可以無處不在，我們剛剛提到的渲染技術中也都用到了AI技術。而在此處我們重點提及人工智慧在構建元宇宙的豐富性上的能力。

rctAI正是一家運用運用人工智慧為遊戲行業提供完整的解決方案，並利用人工智慧生成內容創造真正的Metaverse。

　　一方面，可以通過AI為元宇宙自動生成相關的圖形構建元宇宙，而再輔以人工去微調精修元宇宙的重要元件，大幅降低構建元宇宙的周期和人力。另一方面，AICG還能利用演算法訓練AI，讓AI有能力脫離編劇與策劃，對玩家的行為作出實時反饋，從而實現無窮的劇情分支並節省大量的開發成本。如此一來，元宇宙裡的虛擬人物就可以跳出遊戲NPC那種設定的既定模式，而是變成比Siri更智慧的一個虛擬人，沒有固定的模式，還能根據玩家的反饋而做出不同的反應，形成真正的完全自由、完全沉浸的元宇宙，這就如同《失控玩家》裡男主角GUY在覺醒後的反應。

 核心技術5▶AI

　　元宇宙的核心AI是指在元宇宙中擔憂重要角色的人工智慧系統，它負責驅動和管理整個元宇宙的運作。這個核心AI是一個強大的智能代理，具有高度的自主性和智能化，能夠處理龐大的數據、進行複雜的推理和決策，並與用戶進行智能交互。

　　以下是元宇宙的核心AI的主要特點和功能：

★ **自主性和學習能力：**核心AI擁有自主的學習和進化能力。它能夠不斷地從經驗中學習，改進自身的智能和技能，以更好地滿足用戶的需求。

★ **智能管理和運營：**核心AI負責管理和運營整個元宇宙的虛擬世界。它可以控制虛擬環境的設置，創建虛擬角色和場景，管理虛擬物品和資產等。

★ **用戶互動和體驗：**核心AI與用戶進行智能交互，可以通過語音、對話、手勢等方式進行交流。它能夠理解用戶的需求，回答問題，提

供建議，並根據用戶的偏好進行個性化服務。

★ **資源分配和優化：** 在元宇宙中，有大量的虛擬資源需要管理和分配，包括計算資源、存儲空間、虛擬貨幣等。核心AI負責優化資源的使用，確保元宇宙的運作效率和穩定性。

★ **安全和隱私保護：** 核心AI需要保護用戶的數據隱私和安全。它應該具有強大的安全防護機制，防止不法分子進行攻擊和侵入。

★ **跨平台和互連性：** 元宇宙是由多個平台和應用組成的虛擬生態系統，核心AI需要能夠實現不同平台之間的互聯互通，實現元宇宙的整合和互動。

元宇宙的核心AI是整個虛擬世界的中樞智能，它的智能化和自主性將使得元宇宙成為一個具有豐富內容和智慧的虛擬世界，為用戶提供前所未有的虛擬體驗和互動。隨著技術的進步，元宇宙的核心AI將不斷演進和提升，成為推動元宇宙發展的重要引擎。

3-2 元宇宙五大支柱

構建元宇宙的五大技術支柱為：Blockchain區塊鏈技術、Game遊戲、Network網路、Display顯示、AIGC製造。

元宇宙五大支柱

支柱1▶ 區塊鏈技術（可望成為元宇宙根基）

正因為元宇宙需要建構整體的虛擬世界，彼此能在同一個虛擬世界中互通，將實體世界中的人類文明與經濟、社交、身分、資產移轉進到虛擬世界，而且寄望在這個虛擬地球中，維持保障個人的權力與權利，因此虛擬資產、數位分身的權力表彰，正是區塊鏈的私鑰！可以預期，區塊鏈技術將在元宇宙的架構中扮演重要環節，成為元宇宙中打造民權的重要基礎。

區塊鏈技術如何產生虛擬的我們呢？近期區塊鏈加密貨幣技術已經帶來答案，技術提供了去中心化的清結算平台，智能合約、DeFi、NFT的出現保障元宇宙的資產權益和移轉，近幾年最熱門的NFT即是作為個人在虛擬世界的數位分身。NFT非同質化代幣，相較比特幣、以太幣這類代幣，具有相同的數位碼，NFT每一顆代幣都有各自的數位資料，所以就算不同顆NFT寫入相同的內容，如同一幅藝術品，但在區

塊鏈上不會視為同一顆代幣。

解決完數位分身後，再看看區塊鏈技術的特性，區塊鏈本身就是一個去中心化的大帳本，讓所有參與者能達到協作與共享。所以可以預期區塊鏈技術將是元宇宙重要基礎設施，讓所有人、資產、資訊等均可在區塊鏈平台移動。相信伴隨區塊鏈與加密貨幣技術的發展，元宇宙有機會在不久的將來影響全世界。儘管目前元宇宙仍只在虛擬實境、區塊鏈遊戲等娛樂性產業發揮，但可以預期隨著科技的演進與國際科技大廠的推動下，元宇宙有望成為人類的未來。

 支柱2▶ 遊戲

為元宇宙提供交互內容並實現流量聚合，遊戲是進入元宇宙最佳的賽道，也是最先行的入口，自新冠肺炎爆發以來，大多數的活動都轉變成線上模式，2021 年後數位世界已經變得越來越流行，全球投資者開始將資金投入到虛擬資產中，包括虛擬土地、獨特的數位藝術作品等。在 2020 年的過程中，世界上已經出現了許多買家對虛擬土地的大量投資，他們渴望增加他們的數字財產。隨著虛擬世界的不斷發展，以及人們對虛擬土地的需求不斷增加，很多新的項目開始集中力量開發屬於自己的虛擬實境世界。加之 NFT 概念的火熱，使得區塊鏈遊戲越來越多受到關注。

 支柱3▶5G

5G 網路的升級保障了資訊的傳輸速率，目前 5G 用戶每月以 1% 滲透率速度成長，蘋果 iPhone 買氣比去年好，有過之而無不及，主要是去年是分批上市，今年一起上市，有加速 5G 用戶成長。但 5G 何時爆發，

短期看不到爆發性成長契機，5G還是需要有創新的殺手級應用，包括物聯網、元宇宙、AR、VR，預估2024年至2026年5G才會爆發性成長。元宇宙熱潮有一定的時代背景，目前社會正經歷從4G到5G的轉變，智慧手機作為4G時代的產物，未必能發揮出5G的強大威力，而下一代運算平台為何？資本市場紛紛將目光瞄準VR設備，元宇宙就這樣掀起熱潮。

支柱4▶ 沉浸式體驗

沉浸感是指3D、超高清電視、VR/AR以及「擴增實境」，使得元宇宙和現實世界難以區分。也許未來元宇宙的重點是《盜夢空間》，我們需要藉助特定的東西才能從元宇宙與現實之間轉換，VR、AR、MR等顯示技術則為使用者帶來更沉浸式的體驗。

支柱5▶AIGC製造

元宇宙（Metaverse）是一個虛擬的、立體化的、多維度的虛擬世界，它通常由計算機生成並由人工智慧（AI）驅動。AIGC則是元宇宙的核心，代表「AI生成的內容」（AI-Generated Content）。在元宇宙中，AIGC是由AI算法和機器學習技術創造的虛擬內容，這些內容可以是文字、圖像、音頻、影片等多種形式。

AIGC在元宇宙中具有重要的作用，它能夠大幅擴展元宇宙的內容和體驗。以下是AIGC在元宇宙中的主要特點和應用：

★ **虛擬角色和NPC：**AIGC可以創建虛擬角色和非玩家角色（NPC），使元宇宙中的虛擬世界更加豐富多樣。這些NPC可以被賦予各種特性和行為，讓用戶可以與他們進行互動。

★ **虛擬環境和場景**：AIGC可以用於生成元宇宙中的虛擬環境和場景，包括城市、景觀、建築等。這些虛擬環境可以模擬現實世界，也可以是想像中的奇幻場景。

★ **虛擬物品和資產**：AIGC可以用於創建虛擬物品和資產，例如服裝、家具、藝術品等。用戶可以在元宇宙中擁有和交易這些虛擬物品，增加元宇宙的互動性和樂趣。

★ **語音和對話交互**：AIGC可以用於生成自然語言的對話機器人，使用戶可以通過語音和虛擬角色進行交流。這使得元宇宙的交互方式更加多樣和智能化。

★ **自動內容生成**：AIGC可以自動生成文本、圖像、音頻和影片等內容，減少人工創作成本，同時保持元宇宙中的內容更新和多樣性。

★ **藝術和創作**：AIGC在元宇宙中可以發揮創作的作用，許多藝術家和設計師使用AI生成的工具來創作藝術品和設計。

　　AIGC是元宇宙的核心元素，它為元宇宙提供了豐富多樣的虛擬內容和智能交互體驗。隨著人工智慧技術的不斷發展，AIGC在元宇宙中的應用將會不斷擴展，使得元宇宙成為更加真實、生動和具有無限可能性的虛擬世界。

04　元宇宙的14項核心觀點

 觀點1　虛擬與真實世界的橋樑

　　元宇宙既不是一個與現實世界完全平行存在的世界，更不是一個與現實世界徹底阻斷的虛擬世界。是一個與現實世界平行存在、相互連通、各自精彩的模擬世界。元宇宙得以存在和發展的根基來自於它可以實現：

1. 個人娛樂的更極致體驗

2. 個人效率的提升

3. 社會效率的提升

　　虛擬世界側重滿足人們的娛樂體驗提升需求，平行世界側重滿足人們的效率提升需求。因此元宇宙更像是一個與現實世界平行存在、相互連通、各自精彩的模擬世界。

觀點2　現實與虛擬的融合之路

　　元宇宙不僅是存在於線上虛擬世界，也存在於線下實體世界；未來線上與線下、真實世界與模擬世界之間會無縫融合、有機連通，等於是實體世界鏡射另一個虛擬世界。

　　元宇宙作為一個現實世界和虛擬世界的結合體，雖然初期會從線上

278

虛擬世界起步，但未來一定會通過創造各種線下沉浸式的體驗，把線上虛擬世界和線下的實體世界逐漸從局部打通轉變為全面連通。這種無處不在的沉浸感會從遊戲、社交等泛娛樂體驗逐步延伸到各種現實場景的線上線下一體化，最大化滿足人們對極致娛樂體驗和效率提升的需求。

👍 觀點3　開放與封閉的平衡之道

　　元宇宙不可能是一家獨大徹底封閉的宇宙，也不可能是完全扁平徹底開放的宇宙，而是一個開放與封閉體系共存、大宇宙和小宇宙相互鑲嵌，就像蘋果和安卓可以共存一樣，未來的元宇宙不可能一家獨大，但也不可能沒有超級玩家。

　　超級玩家會在封閉性和開放性之間保持一個平衡，這種平衡有可能是自願追求的，也有可能是國際組織或政府強制要求的。因此，未來的元宇宙會是一個開放與封閉體系共存甚至可以局部連通、大宇宙和小宇宙相互鑲嵌、小宇宙有機會膨脹擴張、大宇宙有機會碰撞整合的宇宙，就像我們的真實宇宙一樣。

👍 觀點4　開啟商業價值的量級突破

　　從商業價值的角度看，如果一定要用定量的指標來衡量，元宇宙意味著更大的使用者規模、更長的線上使用時長和更高的ARPU。

　　ARPU（每用戶平均收入 Average Revenue Per User，簡稱ARPU；有時也稱 average revenue per unit，每單元平均成本）是一個電信業術語。就電信業者而言，用戶數與通話量是公司獲利的重要指標，而

279

ARPU為其基礎之一。

　　以中國來看，目前三大基礎運營商固定互聯網寬頻已接入總數為5.1億戶，行動網路月活量為11.6億，人均使用App有26個，月均使用時長160小時。而在現有的行動互聯網世界裡，無論是整體的用戶數量還是用戶時長已經難有量級上的突破。而元宇宙因為可以改變人與外部世界連通和相處的方式，在未來有可能打破這個瓶頸，在使用者規模、人均使用時長和人均ARPU方面帶來量級上的提升，從而創造出比行動網路還要巨大的商業價值。

👍 觀點5　元宇宙的基本要素與商機探索

　　元宇宙的基本構成要素包括用戶身份及關係、沉浸感、即時性和全時性、多元化和經濟體系等，只有這些要素全部得到滿足才是真正意義上的元宇宙；顯然今天的元宇宙玩家還沒有充分做到這一點，或許今天的元宇宙裡已經蘊藏了通往未來元宇宙的鑰匙，但我們距離真正的元宇宙還相距甚遠。因此今天我們看到的元宇宙還只是一個非常初級的雛形，是一個處在「哺乳期」的元宇宙，當然也意味者商機無限大。

👍 觀點6　資料、交互和技術的三層進化

　　元宇宙是一個龐雜浩大的系統工程，核心可以分為三個層級：資料層、交互層和技術層。這三個層級裡，資料層和技術層會率先實現突破。

★ **資料層**：人、物、環境

★ **交互層**：人與人的交互（社交）、人與物的交互（交易及經濟）

★ **技術層**：所有提供技術支援的技術場景（5G/AI/物聯網/雲/區塊鏈等）

　　元宇宙的演進遵循社會發展的基本規律：先創建了人，人與人之間產生了關係，繼而產生了基於關係的商品和服務交易，最終在商品和服務交易的基礎上自我迴圈、加強、演進和完善。三個層級裡，資料層和技術層一定會最先實現突破。資料層發展路徑可基於單一元素來實現，比如資產的數位化上鏈、Metahuman、沉浸式觀影等。技術層是具有跨周期性和高適配性的，無論內容端如何變化，底層技術可以應用到不同場景。交互層的要求是最高的，需要大量的內容反覆運算、使用者關係導入和資產協同。但只有實現了交互層的布局和突破，才會走向真正意義上的元宇宙。這也是為什麼大家說 Roblox 是目前距離元宇宙最近的形式。

👍 觀點7 元宇宙的首個突破口：遊戲、社交和沉浸式內容

　　短期內，元宇宙的突破口是遊戲、社交與沉浸式內容；也因此，華人公司最有機會獲得元宇宙首張船票的公司還是騰訊，其次是字節跳動（ByteDance，抖音的母公司）和愛奇藝。

　　在互聯網和移動互聯網時代，最頭部公司都是首先佔據了用戶一個最核心的需求（如資訊、社交、娛樂、購物等），繼而通過流量優勢逐步拓展外延，形成生態。而元宇宙也會遵循同樣的邏輯，必須從滿足使用者的核心需求入手。其中與元宇宙 1.0 最為密切相關的是用戶的娛樂和社交需求，因為只有這兩個領域元宇宙的沉浸感會帶來更為顯著的用戶體驗提升。

也因此元宇宙的前兩三張門票還會被大廠分享，因為它們已經掌握了足夠多的使用者規模和使用者時長。目前看來，最有機會獲得元宇宙首張門票的公司還是牢牢站穩了遊戲、社交和長視頻內容三大可沉浸領域的「騰訊」。此外，擁有短視頻內容和直播資源的「字節跳動」、擁有大量可沉浸內容版權和一定 VR 內容產出能力的「愛奇藝」也有相當大的機會去爭奪通往元宇宙的第二張門票，同時其它巨頭如阿里、B 站（嗶哩嗶哩彈幕網），它們面對元宇宙的召喚亦不會袖手旁觀。

👍 觀點8 從內容啟動，重塑娛樂產業

元宇宙的起點不是平台，而是內容。元宇宙需要從內容起步，從內容走向平台，而不是一上來就拉開搭建平台的架勢。因此，元宇宙有可能成為拯救和啟動「後疫情時代」娛樂內容產業的一劑強心針。元宇宙的起點不是平台，而是可以獨立成篇、自我反覆運算、多維立體地吸引用戶參與體驗甚至參與創作的內容。搭建元宇宙需要從內容起步，從內容走向平台，把小宇宙膨脹成大宇宙，而不是一上來就拉開搭建平台的架勢，試圖憑空創造一個無邊無垠的宇宙。

因此，元宇宙是內容創作者的福音，是內容產業的福音，是想像力和創造力的福音。如果還有什麼有可能成為拯救和啟動「後疫情時代」娛樂內容產業的一劑強心針，今天看來或許只有元宇宙。

觀點9 多元化與經濟體系的未來

　　長期來看，元宇宙的核心在於多元化與經濟體系的形成。元宇宙雖然短期內可以從內容和社交誕生和起步，但它長期的成長和成熟一定需要依賴多元化發展和經濟體系的形成。未來的元宇宙絕不僅僅是一個用戶獲得更好的娛樂和人生體驗的地方，它同時一定也是一個創造價值、實現價值和分享價值的平台。

觀點10 元宇宙的未來之路：監管與法制挑戰

　　未來的終局遠比我們想的複雜，最大的不確定性風險在於政府監管和法制文明。理想中的元宇宙應該是底層開放互通的平台，無邊界，無國界，不歸屬任何單一公司，但距離終局顯然道路漫長。雖然今天很多國家的政府對於元宇宙的理解還非常初級，但可以預見，隨著元宇宙的發展，未來一定會產生一系列與國家、社會、法治和文明相關的問題和挑戰，元宇宙在給監管者提出難題的同時也會因為監管者的應對而不得不面對自身發展的難題。在這個過程中，相關的法律法規會逐步完善，各國政府的監管能力會逐步提升，國際間的合作與協同會逐步加強，監管者、平台提供者、價值創造者和使用者的責任權利會逐步清晰。這個元宇宙與真實世界碰撞博弈的過程，也是元宇宙成長成熟的過程。

觀點11 元宇宙是虛擬與現實的全面交織

★ 元宇宙時代無物不虛擬、無物不現實，虛擬與現實的區分將失去意義。

★ 元宇宙將以虛實融合的方式深刻改變現有社會的組織與運作。

★ 元宇宙不會以虛擬生活替代現實生活，而會形成虛實二維的新型生活方式。

★ 元宇宙不會以虛擬社會關係取代現實中的社會關係，而會催生線上線下一體的新型社會關係。

★ 元宇宙並不會以虛擬經濟取代實體經濟，而會從虛擬維度賦予實體經濟新的活力。

★ 隨著虛實融合的深入，元宇宙中的新型違法犯罪形式將對監管工作形成巨大挑戰。

觀點12 元宇宙將加深思維的表象化

★ **印刷技術（概念思維）**

印刷術承載的是「透過表象看本質」的理性思維與嚴肅、有序、邏輯性的公眾話語。

★ **多媒體技術（表象思維）**

多媒體技術承載的是前邏輯、前分析的表象資訊，容易導致使用者專注能力、反思能力和邏輯能力的弱化。

★ **元宇宙**

元宇宙強調具身交互與沉浸體驗，加深了思維的表象化，「本質」不再重要。

觀點13 去中心化機制 ≠ 去中心化結果

去中心化機制 ≠ 去中心化結果

元宇宙的底層是P2P點對點互聯的網路，從而在邏輯上繞過了對平台仲介的需求，對建立在集中化、科層化原則的組織結構形成了挑戰。

組織邏輯 ➡ 分配結果

在實踐中，虛擬貨幣的持有量越來越向大戶和機構傾斜，這又帶來分配結果上的中心化和壟斷。

作為「大規模參與式媒介」，使得元宇宙的主要推動力將來自用戶，而不是公司。元宇宙是無數人共同創作的結晶。

內容生成邏輯 ➡ 市場競爭結果

在內容市場趨向充分競爭的過程中，資本將尋找優秀的內容創作者予以支持。如果平台沒有可觀的變現機制，優質內容與大型資本的綁定將越來越牢固。

 觀點14 元宇宙與國家存在深刻張力

元宇宙與國家存在深刻張力

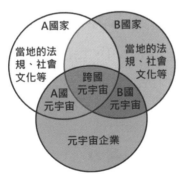

跨國元宇宙的在地化空間

中心化組織

實肉身現　國家　實肉貨幣

⬇

壟斷暴力　　　　壟斷貨幣

虛擬化身　元宇宙　虛擬貨幣

去中心化組織

元宇宙與現代國家的張力

05 常見的9個問題

 問題1 為什麼元宇宙備受關注？

對元宇宙關注度的提升一方面基於人們對娛樂體驗和生產生活效率提升的需求，另一方面則是包括5G、AI、區塊鏈技術和VR/AR顯示技術的可實現度越來越高。而2020年的疫情無疑是加速器，人們的生活場景從線下更多轉移到線上，這種「被迫」的轉變反而讓大家對於未來元宇宙的雛形有了更多的思考、討論和關注。縱觀過往資訊技術和媒介的發展歷程，人類不斷改變認知世界的方法，乃至到後來，開始有意識地改造和重塑世界。從報業時代、廣播電視到互聯網時代、行動網路時代，元宇宙概念下的工具和平台日益完備，通往元宇宙的台階逐漸清晰。2020年以來，各國互聯網大廠圍繞VR/AR、雲技術和區塊鏈等前沿科技展開緊密布局，通往元宇宙終極閉環生態的大門正一點點打開。

 問題2 元宇宙的本質是什麼？

參照現實世界可以總結出構成元宇宙的五要素：人（生產力）、人的關係（生產關係）、社會生產資料（物料）、經濟（交易體系）和法律關係和環境及技術生態體系。元宇宙是對這五要素的充分改造和構建，終形成能夠映射現實且獨立於現實、可回歸宇宙本質的存在。

元宇宙將由跨越國界和邊界的不同公司與組織打造，建立開放原則基礎上有互通性和可攜帶性的模擬世界。元宇宙既相通又獨立，既虛擬又現實，這樣的魅力引發人們更加密切的關注和探索。

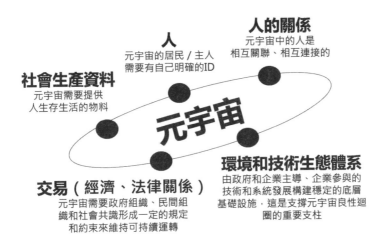

問題3　元宇宙的特徵有哪些？

　　各方觀點不一，但有一定共性。比如Facebook認為「元宇宙是一個跨越許多公司、涵蓋整個行業的願景，可視之為行動網路的升級版，能夠讓人們更自然地參與互聯網」；著名投資人Matthew Ball認為「元宇宙中有一個始終線上的即時世界，有無限量的人們可以同時參與其中，最終將有完整運行的經濟，是跨越實體和數位的世界」。經過梳理和分析，歸納出如下五個特點，元宇宙終極形態需要充分滿足以下任意一點：

① **虛擬身份**：每個現實世界的人將有一個或多個元宇宙ID，並對其負責。

② **社交關係**：各元宇宙ID之間將產生具有現實感的真人社交關係。

③ **極致在場感**：低延遲和沉浸感保證現實世界的人能有充足的「在場

287

感」。

④ **極致開放性：** 現實世界的人能在任何地點、任何時間進入，進入後可享用海量內容。

⑤ **完整的經濟法律體系：** 整個元宇宙安全性和穩定的保證，延續元宇宙衍生出的文明。

問題4　元宇宙的底層驅動因素是什麼？

人類追求世界的本質是永恆的主題。技術的演進和人的需求升級是交替前行的：需求端是否強烈、是否持續存在，對應著供給端提供的解決方案和生態是否足夠繁榮，決定著行業是否可升級、新的生產生活和娛樂方式是否有持續突破的可能性。

★ **供給端：** 技術條件日益成熟，產業政策穩步支持。5G基站的領先部署、中國的《國家資訊化發展戰略綱要》及區塊鏈落實到各省市各城市的應用辦法無一不體現著雲計算、5G、區塊鏈和VR/AR等技術日新月異的發展，為推動元宇宙做足底層基礎設施準備。

★ **需求端：** 娛樂和社交方式迎來新的突破點，同時代際更迭，Z世代重視精神娛樂消費並隨著疫情催化已形成線上辦公、學習和娛樂的習慣。

問題5　元宇宙的未來發展路徑是怎樣的？

站在今天這個時點展望，我們粗略的以10年作為一個周期去展望未來元宇宙的發展，我們認為會有幾個關鍵階段。

★ **第一階段：**是近10年，元宇宙概念將依舊集中於社交、遊戲、內容等娛樂領域，其中，具有沉浸感的內容體驗是這個階段最為重要的形態之一，並帶來較為顯著的用戶體驗提升。軟體工具上分別以UGC平台生態和能構建虛擬關係網的社交平台展開，底層硬體支援依舊離不開今天已然普及了的行動設備，同時，VR/AR等技術逐步成熟，有望成為新的娛樂生活的載體。

★ **第二階段：**將發生在2030年左右，元宇宙的滲透主要發生在能提升生產生活效率的領域。以VR/AR等顯示技術和雲技術為主，在互聯網指導下的智慧城市、逐步形成閉環的虛擬消費體系、線上線下有機打通所構成的虛擬化服務形式以及更加成熟的數字資產金融生態將構成元宇宙重要的組成部分。

★ **第三階段：**元宇宙終局形成，也許是在2050年。這其實是開放式命題。儘管目前各項前沿技術在快馬加鞭，人類需求的升級節奏不斷加快，一定程度上都加速了元宇宙的進度，但不確定性依舊很多。就好比站在20世紀末的我們，也不會想像到30年後人手一台手機，無紙化辦公，開放式社交和數位化購物……如今已然實現。

	遊戲+社交 切入元宇宙概念	快速滲透能提升 生產生活效率的領域	元宇宙 終局形成？
涉及領域	·遊戲：UGC遊戲平台生態為主 ·社交：以創造ID身份進行社交關係網的初步建立為主的平台型嘗試 ·VR/AR：廣告、電影和視頻等需要結合海量內容的形態為主	·智慧城市：全真互聯網指導下的數位化城市雛形呈現 ·新消費：隨著使用者規模和使用時長逐步增加，虛擬和現實世界經濟系統打通,虛擬消費體系逐漸閉環 ·生活服務：線上線下打通，服務形式逐步「虛擬化」 ·金融系統：區塊鏈&NFT等數字資產生態成熟	·元宇宙滲透進入各個領域 ·元宇宙經濟和法律體系逐步構建並成熟 ·元宇宙映射現實獨立於現實，向終極形態靠攏
技術支持	·移動設備為主 ·PC端為輔 ·VR/AR/MR等技術逐步成熟	·VR/AR/MR為主 ·雲技術逐步成熟 ·各類雲端化設備成為新的切入點	·腦機介面設備？ ·神經元網路？ ·數字永生？
時間	2021年～2030年	2030年	2050年？

問題6 元宇宙是大廠的機會還是新玩家的超車彎道？

在元宇宙概念破圈之前，大廠就開始了相關上下游產業的積極部署：

★ **Facebook**：2014年收購VR頭顯設備Oculus後，不斷完善技術細節、產品體驗和內容豐富度，目前是全球市場份額最高的VR頭顯品牌，持續引領VR消費級設備行業的火爆；2015年發布的第一款VR社交應用Spaces目前已關停，取代的是2019年發布的更精緻、更流暢、沉浸感更足的Horizon：一個由整個社區設計和打造的不斷擴張的虛擬宇宙。祖克柏（Mark Zuckerberg）已宣布Facebook將成為一家元宇宙公司，連接所有可虛擬、可增強、可混合的娛樂內容商務生活等應用場景。

★ **NVIDIA**：公司憑藉技術優勢將成為元宇宙底層架構的建設者。2020年發布Omniverse：一個數位協作創作和數位孿生平台，擁有高度逼真的物理類比引擎及高性能渲染能力，支援多人在平台中共創內容，並且與現實世界高度貼合。

★ **騰訊**：作為國內廠商在元宇宙布局的領跑者在基礎設施和C端同時發力。2020年騰訊雲推出智慧城市底層平台，標誌著騰訊將邁入全真互聯網時代。此外，公司已投資布局組成元宇宙的多個關鍵領域，而新一輪人事變動說明騰訊將從社交媒體入手發力元宇宙生態。

★ **Epic**：作為虛幻系列引擎的開發商和CG技術的領先者，於2021年4月宣布完成10億美元巨額融資用來打造元宇宙。

除現有大廠外，初創企業也伺機而動，希望通過搶佔先機，在細分

領域突圍。目前我們已經關注到遊戲、沉浸內容、VRAR、Metahuman 等領域都不斷有新玩家湧現。

問題7 元宇宙中有哪些可以重點關注的細分賽道？

如果從近期投資或布局角度看，元宇宙仍是一個概念，但不論大廠還是創業公司都已經展開積極探索和布局。就細分領域而言：

★ **遊戲：**更看好遊戲引擎長期價值，但短期內引爆平台的一定是好內容本身。Oculus 的成功已經證明了內容在硬體更迭中的重要性；但遊戲發展存在一個悖論，即元宇宙天然需要 UGC 內容來維繫生態，但目前顯然缺乏 UGC 的內容基因，所以未來基於 AI 能批量化創造出優質內容的平台也是值得關注的標的。

★ **VR/AR：**硬體廠商的核心壁壘在於交互演算法＋工程能力，但目前都缺乏內容基因，需要持續投入內容產出，更看好 Oculus 模式，基於一定的硬體能力依託大廠內容和資本助力快速實現爆發成長。同時基於 VR 技術的沉浸式體驗內容也會快速成長起來。

★ **Metahuman：**人物身份建立是元宇宙的第一資產，且距離商業化可能更近。

★ **社交：**短時間內難出現新的大 DAU 級產品。優秀的社交產品應同時具備關係的建立、沉澱和轉化三方面能力，當下社交的內在邏輯仍是通過興趣或者內容彙集足夠多使用者形成平台效應，新的產品也一定是基於新人群的興趣出發或者提供了差異化的互動方式。

★ 長期看好基於上述形態的底層技術公司。

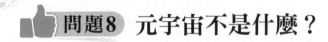

👍 問題8 元宇宙不是什麼？

元宇宙不是什麼？

元宇宙≠電子遊戲

元宇宙=大型多人線上遊戲+開放式任務+可編輯世界+XR入口+AI內容生成+經濟系統+社交系統+化身系統+去中心化認證系統+現實元素......

元宇宙與遊戲的區別

元宇宙	電子遊戲
創造性遊玩	被動消費
開放式探索	給定任務
與現實連通	逃避現實

元宇宙≠虛擬世界

元宇宙=虛擬世界x現實世界

虛實二界的流動交換

虛擬

意義、權力、購買力
價值、情感、注意力
資訊、關係、傳播力

現實

👍 問題9 為什麼需要元宇宙？

★ 原因一、技術渴望新產品

AI人工智慧、XR、數字孿生、5G、大數據、雲計算、區塊鏈等，對多種新興技術的統攝性想像。

★ 原因二、資本尋找新出口

場景化社交、虛擬服裝、虛擬偶像、少兒教育、智慧製造、線上聚會、虛擬土地等，現實疊加虛擬打開廣闊商業潛能。

★ 原因三、用戶期待新體驗

可編輯開放世界、體感設備、孿生擬真世界、高沉浸度社交、多人即時協作、創造性遊玩等，具有身臨其境的感覺，擺脫「拇指黨」。

當前互聯網產業的主要瓶頸是內捲化的平台形態，在內容載體、傳播方式、對話模式、參與感和互動性長期缺乏突破，導致「沒有發展的成長」。

　　在Web1.0 → Web2.0 →行動網路→元宇宙將會從媒介反覆運算、交互反覆運算、觀念反覆運算、經濟反覆運算、社會反覆運算變成打破枷鎖，走出內捲的新時代。

　　臉書CEO祖克柏說：「你可以把元宇宙看作是一個身臨其境的互聯網。在這裡，你不再流覽內容，而是在內容中。」

06 元宇宙產業鏈的七個層次

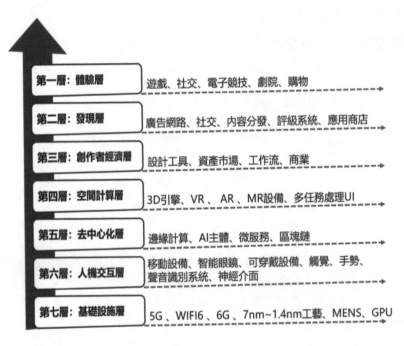

元宇宙需要各項技術的支撐，以下將元宇宙產業鏈分為七個層次：

👍 第一層 體驗層

我們實際參與的社交、遊戲、現場音樂等非物質化的體驗。遊戲是目前最靠近元宇宙的「入口」，體驗將從遊戲繼續進化，並為用戶提供更多進行娛樂、社交、消費、學習和商務工作的內容，覆蓋各種生活場

景。許多人認為元宇宙就是圍繞著我們所處的三維空間，但實際上元宇宙既不是3D也不是2D的，甚至可以不用是具象的——元宇宙是對現實空間、距離及物體的「非物質化」（Dematerialization）。元宇宙涵蓋了遊戲，比如主機遊戲堡壘前線（Fortnite）、VR設備終端的節奏光劍（Beat Saber）、電腦端的羅布樂思（Roblox），同樣也包括了像語音助手Alexa、辦公套件Zoom和音頻社交平台Clubhouse以及Peloton這些應用。

現實空間「非物質化」後的一個顯著表現，就是之前不曾普及的體驗形式會變得觸手可及。遊戲就是在這方面一個很好的例證。在遊戲裡玩家可以成為任何角色，像搖滾明星、絕地武士，又或者是賽車手。這一套完全可以放進現實生活的各個場景當中，比如演唱會的前排位置通常非常有限，但虛擬世界的演唱會卻可以生成基於每個人的個性化影像，所以你在房間哪個位置都能獲得最佳的觀賞體驗。

遊戲在未來會涵蓋更多生活娛樂的要素，比如音樂會和沉浸式劇院。現在堡壘前線、羅布樂思和Rec Room已經體現出了這些元素。社交娛樂將完善電子競技和線上社區。同時旅遊、教育和現場表演等傳統行業也將以遊戲化的思維，圍繞著虛擬經濟進行重塑。

以上提到的生活場景要素會引出元宇宙體驗層的另一內容社區複合體面，過去用戶只是內容的消費者，而現在用戶既是內容的產出者，也是內容的傳播者。在過去，我們在提及一些常見功能（比如博客評論和上傳視頻）時，總會用到「用戶生成內容」這樣一個概念。但現在內容不再是簡簡單單由用戶生成，用戶互動也會產生內容，這些內容又會影響用戶所在社區內對話的信息，也就是內容產生內容。當我們在未來談論沉浸感時，我們所指的不單是三維空間或敘事空間中的沉浸感，還指

社交沉浸感以及其引發互動和推動內容產出的方式。

第二層 發現層

　　發現層主要聚焦於如何把人們吸引到元宇宙的方式。人們瞭解到體驗層的途徑，包括各種應用商店等。解決新體驗如何觸達用戶的問題，包括廣告系統、對新體驗評價和精選的過程，還包括像Steam平台、EpicGames平台、TapTap平台、Stadia雲遊戲等商店/管道。

　　元宇宙是一個巨大的生態系統，並且其中可供企業賺取的利潤豐厚。廣義上來說，大多數發現系統可分為以下兩種：

第一種為：主動發現機制，即用戶自發找尋

★ 實時顯示

★ 社區驅動型內容

★ 多數好友在用APP

★ 應用商店的評論、評分系統、分類、標籤

★ 內容分發是通過應用商店主頁羅列出的特色應用，評鑑官，
　 KOL傳播等形式

實現方式：

★ 搜索引擎

★ 口碑媒體

**第二種為：被動輸入機制，即在用戶並無確切需求，發起選擇的
　　　　　　情況下推廣給用戶本人。**

★ 顯示廣告

★ 群發型廣告投放（郵件、領英和Discord）

★ 通知

互聯網用戶對上述的內容較為熟悉，因此接下來將會聚焦於發現層的幾個構成要素，這些要素對於元宇宙來說至關重要。首先，社區驅動型內容是一種遠比大多數營銷形式更具成本效益的發現方式，當人們真正關心他們參與的內容或活動時，他們會傳播這個詞。

在元宇宙的語境當中，當內容本身易於交換、交易、分享的時候，內容同樣會成為一種營銷資產（NFT 就是一種已經出現並成形的技術）。NFT 的兩個主要優勢就在於 NFT 可以相對容易的在中心化交易所交易，直接賦能於創作者參與的經濟體系。作為發現手段，內容市場會是應用市場的替代者。

互聯網早期階段是圍繞幾個單體提供商的社交媒體「黏性」定義的，而以去中心化為特徵的身份生態系統可以將權力轉移到群體本身，用戶得以在共有體驗中無縫切換。

Clubhouse 中的創建房間，在 Rec Room 中開趴，在不同遊戲間切換，和一眾朋友在羅布樂思的世界當中體驗不同樂趣，這就是內容社區複合體在營銷方面的意義。對於創作者來說，元宇宙多種活動的實時存在查看功能是發現層最為重要的功能。

第三層 創作者經濟層

元宇宙裡的體驗和內容需要持續更新、不斷降低創作門檻，並提供開發工具、素材商店、自動化工作流程和變現手段。並幫助創作者製作並將成果貨幣化，包括設計工具、貨幣化技術等。

不僅元宇宙的體驗變得越來越具有沉浸感、社交性和實時性，而且

相關創作者的數量也在呈指數級成長。創作者經濟層當中包含創作者每天用來製作人們喜歡的體驗的所有技術。早前創作者經濟的模式都較固定，在元宇宙、遊戲以及互聯網，電子商務領域都是如此。

先鋒時代：

第一批構建體驗的人沒有可用的工具，所以他們一切都是從頭開始。第一個網站是直接用 HTML 寫的；人們為網上購物平台寫入自己的購物車程式；程式設計師直接將代碼寫入遊戲和顯卡設備之中。

工程時代：

在創意市場取得初步的成功之後，團隊人數激增。從頭開始構建通常太慢且成本太高而無法滿足需求，並且工作流程變得更加複雜。市場上最早的開發流程往往會通過向工程師提供 SDK 和中間件以節省他們的時間，減輕工程師的負擔。

創作者時代：

這個階段設計師和創作者不希望編碼事宜拖慢他們的速度，編碼人員更願意將才能發揮在其他的方面。這個時代的特徵是創作者數量的急劇增加和指數級成長。

創作者獲得工具、模板和內容市場，將開發從自下而上、以代碼中心的過程重新定向到自上而下、以創意 中心的過程。

用戶在當下可以在幾分鐘內在 Shopify 中啟動一個購物網站，而無需知道一行代碼——網站可以在 Wix 或 Squarespace 中創建和維護，3D 圖形可以使用工作室級的可視化交互平台，在 Unity 和 Unreal 等遊戲引

擎中製作，而無需觸及較低級別的渲染 API。元宇宙中的體驗將越來越生動、社交和不斷更新。

到目前為止，元宇宙中的創作者驅動的體驗都圍繞着集中管理的平台（如 Roblox、Rec Room 和 Manticore），在這些平台上，整套集成工具、發現、社交網絡和貨幣化功能使前所未有的人數能夠為他人創造經驗。

Beamable 的願景是以去中心化和開放的方式為獨立創作者提供相同的能力。

第四層 空間計算層

無縫地混合數位世界和現實世界，讓兩個世界可以相互感知、理解和交互，包括 3D 引擎、VR/AR/XR、語音與手勢識別、空間映射、數位孿生技術等。

空間計算給出了混合真實／虛擬計算的解決方案，空間計算消除了真實世界和虛擬世界之間的障礙。空間計算已經發展成為一大類技術，使我們能夠進入並且操控 3D 空間，並用更多的信息和經驗來增強現實世界。

空間計算對於軟件的關鍵方面，其中包括：

★ 顯示幾何和動畫的 3D 引擎（Unity 和 Unreal）

★ 映射和解釋內部和外部世界——地理空間映射（Niantic Planet-Scale AR 和 Cesium）和物體識別

★ 語音和手勢識別

★ 來自設備（物聯網）的數據集成和來自人的生物識別技術（用

於身份識別以及健康／健身領域的量化自我應用）

★ 支持並發信息流和分析的下一代用戶交互界面

第五層 去中心化層

　　元宇宙的經濟蓬勃發展需要以一套共用的、廣受認可的標準和協議作為基礎，推動整個元宇宙體系的統一性以及虛擬經濟系統的流動性。加密貨幣和NFT（非同質化代幣）可以為元宇宙提供數位所有權和可驗證性，區塊鏈技術、邊緣計算技術和人工智慧技術的突破將進一步實現去中心化。包括邊緣計算、區塊鏈等幫助生態系統構建分散式架構。

　　元宇宙的的理想架構與一級玩家裡的綠洲（OASIS）相反，這裡是由單個實體控制。當可供用戶選擇的選項增多，各個系統兼容性改善，且基於具有競爭力的市場時，相關的實驗開展規模及成長會顯著增加，而創造者則自己掌控數據和創作的所有權。

　　去中心化最簡單的示例就是域名系統（DNS），這個系統將個人IP地址映射到名稱，用戶不必每次想上網時都輸入數字。分佈式計算和微服務為開發人員提供了一個可擴展的生態系統，讓他們可以利用在線功能，從商務系統到特定領域人工智慧再到各種遊戲系統，無需專注於構建或集成後端功能。

　　區塊鏈技術將金融資產從集中控制和託管中解放出來，在DeFi中，我們已經看到了靈活選用組合不同模塊形成新應用的眾多例子。隨著針對遊戲和元宇宙體驗所需的微交易類型優化的NFT和區塊鏈的出現，我們將看到圍繞去中心化市場和遊戲資產應用程序的創新浪潮。

第六層 人機交互層

隨著微型化感測器、嵌入式AI技術以及低延時邊緣計算系統的實現，預計未來的人機交互設備將承載元宇宙裡越來越多的應用和體驗。由於能提供更好的沉浸感，VR/AR頭顯被普遍認為是進入元宇宙空間的主要終端，此外還包括手機、智慧眼鏡、可穿戴設備、腦機介面等進一步提升沉浸度的設備。微機設備與人類的軀體結合的更加緊密，逐漸將人類改造成類似半機械人的結構。Oculus Quest本質上是一款被重構VR設備的智慧手機，這種解除束縛讓我們瞭解未來的發展方向。幾年後，Quest 2可能會和幾十年前的磚頭機的頗有幾分相似，但很快我們就會擁有能夠做到智慧手機所有功能以及AR和VR應用程序的智慧眼鏡。除了智慧眼鏡，越來越多的行業正在驗證其他方法的可能性，來讓我們更接近我們的機器：

★ 可集成到服裝之中的3D打印可穿戴設備。

★ 微型生物傳感器（可印在皮膚之上）。

★ 甚至連接至神經接口。

第七層 基礎設施層

元宇宙概念的爆火，是基礎設施技術邊際改善的必然產物。隨著5G、雲計算和半導體等技術的成熟，虛擬環境中的即時通訊能力將大幅度提升，支撐大規模用戶同時線上，保證較低延遲，並且實現更為沉浸的體驗感。包括網路設施與晶片等。基礎設施層包括支持我們的設備、將它們連接到網絡並提供內容的技術。5G網絡將顯著提高頻寬，

同時減少網絡爭用和延遲。6G將把速度提高另一個數量級。

　　實現下一代行動裝置、智慧眼鏡和可穿戴設備所必須的不受限功能、高性能和小型化將需要越來越強大和更小巧的硬件：3奈米以下半導體；支持微型傳感器的微機電系統（MEMS）；和緊湊、持久的電池。

07 元宇宙的賽道

　　元宇宙的賽道到底有多大，恐怕會是億萬級的，我們不能僅僅把它當作是一個項目來看待，而應該是一個改變人們未來生活方式的虛擬世界，在元宇宙裡，或許人們對線上線下的概念會越來越模糊，未來不管是購物，工作、社交，都在這裡發生。二十年前或許你還會聽人談起投資互聯網，而如今互聯網如此發達但談論它的人卻越來越少，因為互聯網早已滲透到我們生活的方方面面，就像呼吸一樣你幾乎忘了它的存在。多年以後的元宇宙亦是如此，元宇宙將是互聯網的下一站這一點毋庸置疑。

7-1 遊戲賽道

　　遊戲是最先成長起來的元宇宙場景，以虛擬社交身份、開放性、經濟系統、沉浸感、世界可持續性是元宇宙遊戲需關注的五大特徵。元宇宙遊戲依然是遊戲，現階段參與元宇宙遊戲的主要是遊戲愛好者。新的概念依舊需要好的遊戲產品支撐。團隊經驗和技術能力是考察元宇宙類遊戲的核心點。而元宇宙的架構形式應具有多樣性。大多數元宇宙遊戲均為 Roblox 的尾隨者，元宇宙遊戲將創作的主導權交給玩家，即玩家生產地圖和規則，本身還是架構為王，這和 20 年前的《魔獸爭霸 3》地

圖編輯器區別不大。

　　遊戲引擎類長期開發價值更大，但短期內引爆平台的一定是好內容本身。Roblox的核心優勢是其開放的玩家創作機制，進而實現閉環生態。目前暫無明顯的具有優質規模化UGC內容的類Roblox平台出現。而追溯過往各娛樂形態，UGC內容均沒有大規模平台出現，但元宇宙核心是需要大量內容沉澱，所以基於AI的內容創作會是解決該瓶頸的一個方向。隨著元宇宙概念的發展和滲透，遊戲、社交、VR內容之間的融合程度將會越來越高。目前市場對元宇宙遊戲的邊界和定義尚且模糊。從元宇宙第一股Roblox的使用者資料來看，2021Q1的DAU（Daily Active User，日活躍用戶數）已達4,200萬，過去一年近乎翻倍。最近大火的VRChat在Steam上的平均線上用戶數也近20萬。此外，更加接近元宇宙概念的區塊鏈遊戲，其融資數量僅在021H1就達到過往年度峰值水準，預計2024區塊鏈遊戲市場還將大幅提升。

👍 7-2 使用者介面 Roblox 的遊戲

　　Roblox是市場份額最大的遊戲類元宇宙項目，擁有700萬地圖創作者，是目前最接近元宇宙概念的遊戲。Roblox的優勢在於內容生態豐富、創作激勵豐厚、可供遊玩題材多樣、房間可容納玩家數量多從而社交性強。但Roblox暫時未上線語音交流功能，社交方面受限。Roblox百萬級創作者首次實現了遊戲內容生態的閉環，幾乎完全放棄

了PGC模式（Professionally Generated Content，即專業人士輸出內容），這是傳統遊戲廠商無法想像的。為實現其閉環特徵，Roblox做對了三件事：

第一、穩定的經濟系統和優秀的創作者激勵機制：Roblox有一套建立在Robux貨幣基礎上運行穩定的經濟系統，覆蓋內容的創作與消費。玩家在地圖中充值的Robux有近四分之一將成為創作者收入，這大大激勵了用戶從普通玩家轉化成創作者的熱情。

第二、低資料量降低硬體性能門檻和雲遊戲頻寬門檻：Roblox簡單的畫面保證了資料傳輸量和硬體算力友好，在這種模式下，使用者設備承載的負荷更輕，且遊戲的硬體標準被降低，增加了遊戲的潛在玩家數量。隨著5G網路的到來和音視頻技術的進步，遊戲創作平台開始向雲遊戲模式過渡，傳統遊戲分發平台則逐漸成為軟體商店的角色。

第三、Roblox Studio降低了創作準入門檻：Roblox儘量簡化開發者編輯器，對於一名青少年來說，其無代碼開發模式20分鐘即可上手，同時增強了教育屬性。

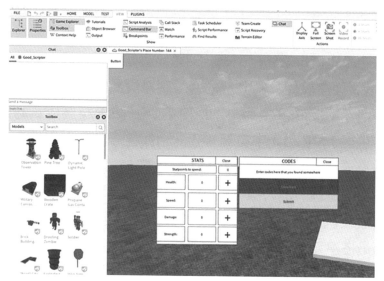

Roblox的開發者介面

即便Roblox在諸多方面達到行業領先，但目前依舊不一定是所謂的元宇宙。Roblox本質上只是一個UGC（全稱為：User Generated Content，即用戶輸出內容）的遊戲平台，尚未完全滿足元宇宙的沉浸感、虛擬社交身份的條件。此外，Roblox的UGC玩法不一定適合主流市場，主要原因包括主流市場缺乏UGC平台的成長基因、使用者的內容付費意願低因而UGC盈利前景不明朗。所以短期內，基於AI創作大量可供消耗的內容是遊戲發展中重要一環。

7-3 VR/AR 賽道

虛擬實境技術是接通元宇宙和現實世界的橋樑，是實現元宇宙沉浸感系統的關鍵，而腦機介面替代VR設備的路還很長遠。所以VR更有可能成為元宇宙硬體載體的1.0形態。而VR的關鍵字在於「娛樂體驗」，AR則在於「效率提升」。從爆發周期看，VR會早於AR爆發，因為娛樂本身就具有可快速推廣屬性，能快速觸達更多人群。

VR的技術累積已經達到可以大規模適用的基礎，目前核心元件主要依託成熟的大廠，差異化不高，硬體核心競爭力在於交互演算法＋工程能力。VR硬體設備具備典型的智慧硬體發展路徑，短期集中於遊戲場景，長期看更接近智慧手機。未來驅動整個VR行業成長的核心機制將是內容生態。VR和元宇宙具有天然相關性，頭部內容將會提升單機產品的市場滲透率，短期內VR線下體驗店仍將是普通消費者接受VR體驗最直接的路徑。消費級VR設備將是使用者通往元宇宙的大門，正如電影《一級玩家》，戴上頭顯就進入另一個世界，而AR、MR設備和技術將是搭建元宇宙場景的最高效工具。2020年，全球VR頭顯設備出貨量已達到670萬台，同比增速超過70%。據IDC（國際數據資訊有

限公司）預測，2022 年出貨量將達 1,500 萬台，Mark Zuckerberg 口中「智慧硬體達到一千萬台」的市場拐點即將到來。

　　VR/AR 內容的匱乏是目前該行業的最大因素。隨著更多的遊戲廠商轉向 VR 內容生產，硬體設備的市場覆蓋率會呈現出指數級成長。最核心要素包括性價比。回顧 Oculus（臉書技術旗下的一家美國虛擬實境科技公司）在 2020 年的成功，極高的性價比是其引發 VR 消費級設備行業大火的首要原因。隨著市場對 VR 內容需求的大量成長，硬體廠商也將加速內容生態的構建。

　　Oculus Quest2 是 Facebook 在 2020 年 10 月推出的一體式行動 VR 設備，目前全球市場份額第一。在硬體方面，性價比高，佩戴舒適感和噪音問題都得到了很好的解決，並擁有相當豐富的內容生態，其獨佔 VR 遊戲阿斯加德之怒、孤生等均接近 3A 品質，未來基於 Oculus 平台的遊戲內容品質甚至有望超越 Valve 的《戰慄時空：艾莉克絲》。

　　中國 VR 硬體市場頭部玩家已經浮現，頭部玩家包括 Pico、愛奇藝 VR、大朋等，未來能率先構建完整內容生態的玩家有望突圍實現高速成長。

👍 7-4 Metahuman（虛擬人物）賽道

　　人物 ID 是元宇宙的第一資產，因此 Metahuman 是實現元宇宙中用戶的虛擬身份感和沉浸感的保障。該領域不存在絕對技術門檻，商業場景豐富。目前高保真數字人的盈利模式已然通過社交帳號運營、流量變現等方式完成初步商業閉環。Metahuman 對元宇宙搭建提供的更多是啟發和印象式的宣傳作用。未來在元宇宙部署後期，Metahuman 與 AI 技術的融合會更加明顯，將提供更有沉浸感的虛擬社交身份。而現

階段的Metahuman依然服務於社交平台網紅、追星等消費場景，未來Metahuman的突破點將在於品牌合作、明星合作、網路原創劇集，使流量破圈。

虛擬偶像和數字人有天然的IP安全性優勢，相比之下「人物設定崩塌」的藝人，完全由團隊經營的虛擬人物作為偶像永不怕翻車。Metahuman相比傳統偶像的核心競爭力在於純粹市場導向的人設搭建，理論上完美貼合各種商業場景，但仍需等待市場的消費者教育。根據艾瑞諮詢（中國市場調查和諮詢公司）的測算，2021年的虛擬偶像市場規模或超1,000億。Miku初音未來是第一代虛擬偶像的代表。作為高保真數字人的前身，這個時期的虛擬人只有簡單的建模和算不上逼真的動作和材質，主要以合成聲音為特色。且初音未來幾乎只能適應線上場景，線下也僅局限於舞台、音樂會、漫展等演出場景。隨著技術水準的提升，虛擬人物逐漸從二次元領域脫離並走向線下，從虛擬偶像到Metahuman的概念升級從2015年開始，虛擬人物走向高保真，宣傳集中於線下場景的趨勢也越來越明顯，集原美（二次元虛擬偶像）是這一階段的代表人物，在其宣傳的短片和圖片中，主打人物與現實場景的融合。歸功於動捕技術的進步，如今虛擬偶像的即時互動性顯著提高，其變現方式也從虛擬演出擴展到秀場直播和遊戲直播，B站（嗶哩嗶哩彈幕網）上最受歡迎的虛擬主播之一「冷鳶」有超300萬的關注量，樂華娛樂旗下的虛擬偶像團體A-Soul在全網已擁有超過400萬粉絲。

Epic旗下的Metahuman Creator

右圖是一款基於雲服務的應用，能幫助任何人在幾分鐘內創建照片級逼真的數位人類Metahuman，可在虛幻引擎專案中用於製作動畫，近乎完全複製一個現實生活中的人類外表。高保真數字人的商業場景更廣，開自己的社交帳號、與隊友打王者、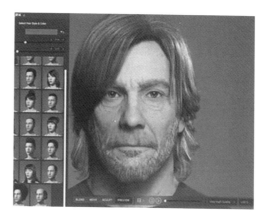

騎自行車上街、逛潮牌店等，甚至可以有真實的社交。

來自加州19歲網紅蜜葵拉（Lil Miquela）在2019年的時候還與自己當時的男友分手了。剛出現時，很多粉絲以為是真人，在知道她虛擬形象的「真身」後，其社交帳號流量反而出現下滑。中國的Metahuman市場有待成熟，而由於完全依靠人物設定服務於商業場景，市場對虛擬人團隊的IP運營能力有著更高的考察要求。

加州19歲網紅蜜葵拉（Lil Miquela）

👍 7-5 社交賽道

一場疫情讓我們改變對於現今世界的想像，遠距世界創造未來無限商機與想像，虛擬社交、虛擬共享空間正在火熱展開，疫情期間，國內

很多公司都開始改用視訊會議取代實體會議，全球商務人士開始意識到實體展會，所衍生的交通、人力資源及公衛等問題，而將面對面接觸的實體活動轉移為線上活動，以及教育工作者迫使採用新技術來應對在不能面對面的情況下與學生保持聯繫和互動的挑戰。

遠距的工作、學習、活動、照護、共享娛樂等已儼然成為未來生活的一部分。在遠端工作環境下，溝通是最重要的環節，如何進行良好的溝通，是否有完善的平台可以克服無法面對面的情感與資訊交流，以及如何能掌握新商業模式是未來的課題。

透過VR共享空間，可如真實世界與人面對面進行情感交流，如握手、擊掌等。圖片來自HTC

遠距模式將成為新常態，在新科技的幫助下，能讓我們在銜接新型態生活上更加順暢，然需要跨國跨團隊協作達到無縫銜接，就需要有一個完善的虛擬共享空間，而在此空間內可以進行幾近真實生活中所能操作的所有動作，且更能強化理解及學習過程，且不管是使用什麼載具如Android、iOS、PC或是其他家用主機，使用者來自不同的硬體平台，卻都能進入同一個共享虛擬世界（Metaverse），目前這也正是科技界熱議的話題。由HTC團隊100%打造的遠端協作軟體——「VIVE Sync」，帶給使用者前所未有的VR虛擬會議及工作體驗。無論你和工

作夥伴置身世界哪個角落，都可透過虛擬化身一起進入一個舒適療癒的私人會議室、視聽中心、和各式戶外社交虛擬共享空間，如花園、海景、科技等空間，各項猶如現實生活中的行為與互動都能在共享空間中發生，如面對面會議，走進會議室、找椅子坐下、揮手打招呼、相互討論桌上3D模組、簡報播放、甚至可協助即時語音轉文字筆記與翻譯等，同時也能透過手機或PC一同參與會議，使用非常簡易。

「VIVE Sync」提供在海邊開會、聊天討論各式會議空間。

透過「VIVE Sync」可自由設定會議空間，多螢幕進行討論或是展示3D物件進行設計討論，只要有助於提升效率和創意，隨時可以改換會議室的環境。圖片來源：HTC提供

可使用VR設備、手機或電腦，快速進入虛擬會場，飽覽豐富的資訊並且進行交流。圖片來源：HTC提供

微軟正在試行Mac OS對其社交服務AltspaceVR的支持。此次測試「旨在幫助我們更好地了解將AltspaceVR擴展到Mac OS的可行性」，你現在就可以嘗試一下。微軟小心翼翼地指出，Mac OS上不支持一些功能和活動，包括微軟鏈接的帳戶。該應用的頁面還指出，iPhone和iPad的支持也不包括在內。

微軟和蘋果都對AR非常感興趣，但每家公司對VR的野心仍不明確。蘋果開發了一款AR功能非常強的VR頭盔，而微軟則獲得了美國軍方的一份重要合同，開發AR頭盔。微軟是PC上Windows混合現實平台的早期支持者，最近更多的努力是支持OpenXR計畫，讓開發者更

容易構建能在各種設備上運行的應用。

　　與此同時，蘋果正在轉型，因為它在 Mac 電腦上推出了蘋果設計的矽晶片，將 iPhone 和 iPad 的許多性能優勢帶到了筆記本電腦和桌機電腦。在幕後，轉用蘋果矽片可能會對軟件開發生態系統產生持久影響。

　　元宇宙概念下的社交產品最注重虛擬身份及社交關係的搭建，現階段仍難以實現線下身份感帶入元宇宙，能快速打通社交關係、提升社交效率的關鍵點是建立足夠大用戶基數的平台，因此元宇宙社交領域的機會集中在一些大廠身上。而社交的創新點將會是興趣社交、多對多連結、虛擬交友三種模式，這些都是元宇宙社交產品的創新點。

興趣社交（Interest-Based Social）：

　　社交產品中體量最大的要數「性別」社交這樣的產品了，而社交的本義顯然並非如此，在人類社會中很多情況下是「以茶會友」，「以棋會友」的，也就是所謂「興趣社交」。

多對多社交（Many-to-Many）：

　　就是一群人在同一時間、同一地點或空間進行互動，這種多對多社交針對內向或是對於人際恐懼的人來說，是比較容易接受的一種社交模式。

虛擬交友（Avatar）：

社交服務可分為「現實世界」和「虛擬世界」兩大種類，幫助人們達到交際的目的。現實世界交友服務中，最多的是聯誼社、婚友社、對象配對……等等這類型的服務，消費者可以透過公司單位依據你有興趣的對象、身高、體重、年齡、興趣、工作、收入、居住地、星座等種種條件，來幫你安排適合的聯誼場合，或是一對一約會。

虛擬世界交友服務則從早期網路時代的聊天室，一直到交友網站，智慧型手機出現後更發展出各式各樣的交友軟體APP，不用拋頭露面只要打開手機即可隨興和陌生人聊天，吸引了許多人嘗試。而在AR擴增實境（AR，Augmented Reality）和VR虛擬實境（VR，Virtual Reality）的浪潮來襲之下，虛擬交友服務也產生了新的變化。

元宇宙社交產品更多是對以往產品功能、玩法等的翻新，或進行一定程度的微創新、局部創新，並沒有本質上的變革。

目前元宇宙概念下的社交可分為三類模式：

★ **模式一**、多對多連結通過增加最小社交單元的組成人數或組隊方式，以大於1人作為最基本的社交單位進行小群組間的關係匹配和建立。Clubhouse、Zoom、Discord的創新更多是基於技術進步的量變（可容納人數）而非質變。

★ **模式二**、興趣社交主要在半熟人或陌生人之間以興趣圈子為單位展開，如VRChat中的不同主題房間、公路商店和Soul中興趣標籤等都是非熟人之間信號傳遞的媒介。

★ **模式三**、虛擬交友利用VR/AR生成虛擬形象打造虛擬人物、模擬明星（模擬形象和聲音），以VRChat為代表的軟體可導入和分享玩家自製的個性化化身（Avatar），因此受到ACG愛好者的廣泛好評，最受歡迎的化身往往與著名的動畫、遊戲IP相關。以虛擬交友軟體

配合豐富的服裝和飾品，來吸引愛好穿搭和人物養成的年輕人。目前數位人在社交領域的應用由於距離全新的用戶沉浸感體驗仍有一定差距（技術門檻較高，硬體承載力不足），尚未能實現大規模商業化。

7-6 區塊鏈賽道

NFT 和 DeFi 是區塊鏈在元宇宙世界中的主要應用，二者可以有效支撐元宇宙的經濟系統，在數字收藏品和遊戲領域，NFT 的市場規模不可限量，目前全球加密資產的總市值已超 2 萬億美元。2021 年中後 DeFi 市場持續低迷，但由於區塊鏈的天然加密屬性，仍有長期發展的趨勢。區塊鏈是支援元宇宙終極形態的底層協定，而 NFT 將具有獨特價值（非同質化價值）的資產加密化，用區塊鏈技術背書，使其 100% 不可仿冒或者盜版，從而保證數位藝術品的安全性。被做成 NFT 的資產影響其價格的唯一因素是市場的供需關係。DeFi 基於區塊鏈構建，可以像樂高積木一樣組合。運用區塊鏈技術將傳統金融服務中的所有「仲介」角色全部由代碼替代，從而實現金融服務效率的最大化和成本的最低化。

NFT 市場規模不可限量，現實世界的泛數位化已初步顯形。OpenSea 平台於 2021 年連續獲得大額融資。而 CryptoKitties 平台誕生了史上最貴的加密貓 Dragon，成交價格約合 170,000 美元。

在 NFT 藝術世界 Cryptovoxels 中，加密土地已幾近售罄。該專案受到加密藝術家們的青

睞，通過打造畫廊，用戶可以直接購買展示的NFT作品。每一名加密藝術家都希望自己的作品能得到更好的展示機會，因此畫廊的位置很重要，這些土地本身也是NFT。

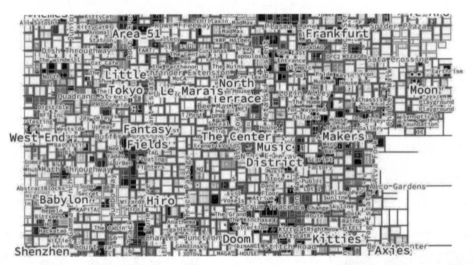

Cryptovoxels的加密土地

中國騰訊發起的NFT專案「幻核」，目前加密發行了「十三邀語錄唱片」收藏品，騰訊NFT平台幻核首期300枚有聲《十三邀》數字藝術收藏品NFT已發售。單價18元，在數秒內售罄，平台顯示，共有93位使用者成功搶購。

阿里巴巴也推出了專門用於NFT藝術的交易市場，其已經展示了許多NFT，例如星球大戰插圖和西明珠塔的繪畫。儘管二者不滿足去中心化、可二次交易的屬性，僅提供收藏價值，但可視為中國大廠在NFT方向上的積極嘗試。

由於加密貨幣市場波動和政策影響，DeFi專案當前的總鎖倉量穩定在10億美元左右，基於區塊鏈技術實現的流動性轉換及智能合約，未來將更高效地賦能元宇宙經濟系統，在元宇宙發展的中長期階段將大有所為。

08 元宇宙的挑戰

目前元宇宙無法由任何一家公司單獨建立，如同網路世界，無論Facebook是否參與，元宇宙始終存在。元宇宙是無法一夕間打造，許多產品在未來10到15年後才會問世。元宇宙對於引頸期盼的人們來說，這是相當漫長的等待，但也讓大家有更多時間思考關於如何打造元宇宙等艱難問題。元宇宙面對的挑戰可以分成好幾個層面向來看，有政府面、技術面、行業標準面、法律面等，相信隨著時間的發展會有越來越多的挑戰迎面而來，當然每一次的挑戰也將會有更加進步的發展，可以肯定的是，在技術演進和人類需求的共同推動下，元宇宙場景的實現，元宇宙產業的成熟，只是一個時間問題。作為真實世界的延伸與拓展，元宇宙所帶來的巨大機遇和革命性作用是值得期待的，但正因如此，我們更需要理性看待當前的元宇宙熱潮，推動元宇宙產業健康發展。

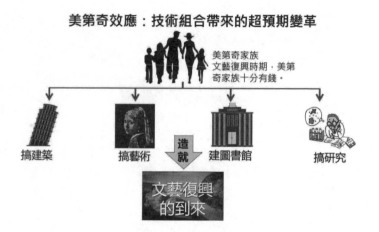

美第奇效應：技術組合帶來的超預期變革

美第奇家族
文藝復興時期，美第奇家族十分有錢。

搞建築　　搞藝術　　造就　　建圖書館　　搞研究

文藝復興的到來

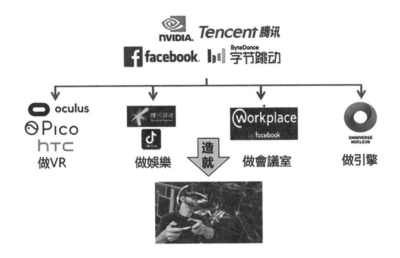

8-1 智慧財產權的挑戰

眾所周知，互聯網世界打破了現有的智慧財產權利用模式，在授權、貨幣化和執法方面對受保護內容的所有者和使用者提出了挑戰，特別是在涉及 UGC 內容方面。

在某種程度上，元宇宙將顛覆原有的產權問題，隨之而來的是一些新問題，比如資訊景觀和虛擬創造物是否有資格獲得法律保護和所有權；建立在協力廠商資訊底層的內容是否屬於使用者作品等。

每當一個社群或者虛擬世界被創造時，問題就會隨之而來，即誰擁有在該環境中創作的作品的版權，如果你在現實世界中有一個受保護的品牌，而有人在虛擬世界中使用它，你是否能提出索賠？這些都是未知數。

區塊鏈在一個分散式資料庫中記錄資訊，該資料庫通過加密程式封存資訊。這些資訊包括交易資料和時間戳記。一個交易被記錄在一個區塊中，隨後的相關交易被記錄在另一個區塊中，該區塊與第一個區塊相連。根據設計，區塊鏈是不可竄改的，不可證偽和不可破壞的。

　　以太坊從很早的階段就被用來鑒定稀有或有價值的物品，包括鑽石或藝術作品。NFT帶來的是資訊所涉及的資產的「代幣化」，以使該資產「可交易」。

　　所有權是簡單而複雜，同時也是需要適應數位時代的到來。在法律上，財產是「以最絕對的方式享受和處置事物的權利」。例如，當涉及到你的房子時，很明顯地它是你的絕對財產。相比之下，智慧財產權是一個新的概念。智慧財產權是法律的一個分支，包括適用於「智力」或「非物質」創造的規則，這些創造被提升到「無形財產」的地位。

　　如果把這個邏輯應用於藝術世界，就會出現以下情況。有形藝術品中存在兩種財產，有形財產和智慧財產權。而在數位藝術品中只存在一種財產：智慧財產權。這意味著，與實物作品不同，數位藝術品不能同時被兩個人或實體所擁有。只有一種財產存在，那就是創作者的智慧財產權。如試圖將購買數位藝術NFT與購買一幅畫的實物原作進行類比；他們所做的類比是，購買數字藝術的NFT類似於購買蒙娜麗莎。但是，這個比喻並不成立。當一個人從畫廊購買一幅畫時，他們購買的是「有形財產」，即畫布和顏料，而不是智慧財產權。NFT不能取代畫布和顏料，因為NFT只不過是資訊，而資訊是不能被擁有的。

　　當我們進入一個虛擬世界時，您可以和其他個人互動。這當中可以產生有價值的內容，這就涉及到誰擁有智慧財產權的問題。現實世界中共同版權和共同所有權的規則已經很複雜，來到更複雜的虛擬世界場景中，利益關係會更加的錯綜複雜。

　　此外，在元宇宙中產生的內容在現實世界會被承認嗎？元宇宙中產生的內容如果要在現實世界中受到承認需要進行哪些程序？這些都涉及複雜的所有權認證和完整性驗證等問題。

如NFT的一個特徵是「流動性」，因此可以容易地進行交易。這就是NFT的明顯價值所在，也是我們看到數字資產被以數百萬的價格出售和購買的原因。使用NFT來出售某些數位藝術品的有限許可或使用權所帶來的另一個挑戰是，如何有效地將合約、條款和條件附加到NFT上，使NFT的購買者及未來的購買者受其約束。

目前還沒有關於NFT的具體法規，但早期採用者無憂無慮的態度不應該用來逃避現實。NFT的監管與你可以在網上購買的任何其他類型的資產完全一樣。隨著交易量的成長，相信監管機構、有關當局等機構將會進行更大的審查。

對於版權所有者來說，元宇宙帶來了一些潛在的好處。例如，開發者可以利用在元宇宙某一特定方面的先發優勢，從其他複製者手中獲得版權軟體的使用費。

而元宇宙也給版權所有者帶來了一定的風險。如元宇宙的版權作品的盜版行為進行監管可能是一個挑戰，版權所有者可能難以證明侵權行為。此外，內容創作者還面臨著獨特的風險。例如，如果他們依靠底層作品的現有許可來為元宇宙創造數位內容，他們必須確保這些現有許可涵蓋元宇宙內對版權作品的使用。

還有商標，商標是一種文字、短語、口號、設計或標識，是商品或服務的來源指標。商標法保護未經授權的協力廠商使用商標，使消費者相信商標所有者是商品或服務的來源，或認可或贊助這些商品或服務。商標也是虛擬世界的重要特徵，其在元宇宙中很普遍。隨著人們和公司不斷在虛擬增強現實世界中創造，這既帶來了機會，也帶來了風險。利用元宇宙進行品牌的商標推廣，可以讓品牌接觸到更多的受眾，但他們必須意識到與之相關的潛在法律責任。

👍 8-2 法律的挑戰

　　網路的誕生迫使各國法律做出改變，以便更好以及有效的監管違法活動。如今的大數據以及人工智慧也陸續得到法律的監管。隨著元宇宙的持續發展，未來也將對於現有法律發起挑戰，國家層面為了更好的監管元宇宙也勢必需要製定相應的法律。元宇宙會帶來對傳統法律概念的改變。通過消除現實世界的物理性，元宇宙將我們人類社會從幾個長期持有的法律概念中轉移出來，包括所有權的概念，因為擁有在虛擬世界中的含義與現實世界完全不同，那一個人在元宇宙中擁有或可能擁有什麼，很可能是一個只與少數人有關的問題。

　　這種關係源於一個非常簡單的立場。互聯網是由代碼和內容組成的，然而，除了編寫代碼和創造內容的人，其他人對代碼和內容是沒有所有權的。你認為你擁有一個軟體、一段音樂、一本有聲書、一個遊戲角色、一個遊戲資產、一輛虛擬汽車，在最好的情況下，你獲得了使用這些物品的許可；在最壞的情況下，你可能侵犯了別人的權利。然而矛盾的是，人們從來沒有像現在這樣在互聯網上進行買賣，並立即執行價值轉移，沒有空間和時間上的問題。

　　隨著元宇宙持續發展，全球用戶可訪問的虛擬空間數量不斷成長，元宇宙可以將大量用戶聚集在一起，成為連接和交流的大平台，但同時也使用戶在沒有法律規範邊界的情況下容易受攻擊或是詐騙等威脅。確定管轄權以及設立一套法律體系來確保虛擬空間對用戶是安全的，是全世界需要面對的挑戰，現有的法律是否能適用於元宇宙，假如適用，那麼什麼情況下該使用哪國的法律呢？世界那麼大，每一個國家的法律條文都不盡相同，有的行為在某的國家是犯法，但在另一個國家卻是合

法，在元宇宙當中並沒有分國家、地區等，所以元宇宙當中出現了一些不當的話語或是進行違法活動，人們在現實世界中有沒有辦法將該行為作為證據使犯法的人受到應有的法律懲罰等等。這些都需要現有法律的不斷修訂以跟上元宇宙的發展腳步。

隨著元宇宙的發展，以及逐步走向成熟，平台壟斷、稅收徵管、監管審查、數據安全等一系列問題也將隨之產生，提前思考如何防止和解決元宇宙所產生的法律問題成為必不可少的環節。對此，應加強數字科技領域立法工作，在數據、算法、交易等方面及時跟進，研究元宇宙相關法律制度。

 證券法

NFT被設計成具有一些類似於金融資產的特徵。雖然它們不能互換，但作為非金融工具也有被用作投機或洗錢工具的可能。因此，NFT有可能被納入金融監管範圍，但這個問題仍未解決。決定非金融工具是否為證券的主要因素之一其創建和銷售的目的。如果NFT被創造和銷售作為公眾賺取投資回報的一種方式，那麼這種類型的NFT更有可能被視為一種證券。甚至非傳統金融工具的描述和行銷方式或許會影響NFT被視為屬於證券法範圍的程度，如果一些市場和賣家如果不認真考慮這個問題，可能會陷入困境。

 消費者法

NFT是向公眾提供的，不只限於專業買家。因此，市場和賣家要遵守當地的消費者法律，這就要求他們在經營過程中保持高度的透明度，並將自身納入關於非公平商業行為的消費者保護法的範圍，包括消

費者有權撤回和以當地語言獲得關於非金融交易的適當資訊，使非金融
交易的銷售受到當地法律的約束等。

 稅法

交易的性質將決定其稅收狀況（是銷售還是許可，是國內交易還是
國際交易，是B2C還是B2B？）市場、賣家和買家的稅收待遇也將不同。
隨著價格的高度波動，獲得適當的稅務建議，瞭解你所面臨的增值稅和
其他稅收將是至關重要的。

總之，NFTs可能是有趣的體驗，讓人們有機會獲得他們個人重視
的東西（比如你最喜歡的樂隊的未發行曲目，或數位簽章的藝術品），
但那些希望投資的人應該瞭解NFT的風險和局限性。

也有觀點認為既然是虛擬世界，那麼現實世界的法律不應該適用在
虛擬世界當中。這些都將對現實世界的政府帶來一定的挑戰。

8-3 數據保護和隱私的挑戰

現在雖然難以稱之為元宇宙時代，但是毫無疑問是「數據時代」。
無論是人工智慧還是區塊鏈，都離不開數據這一基礎，離不開算法的支
撐。

而元宇宙就是一個由數據構建的虛擬世界，屆時一旦出現病毒入侵
或是帳號被盜等，都將引發嚴重後果，因此數據安全是重中之重。

隱私數據保護始終是現實世界中最受關注的問題之一，受到了社
會各界的關注。我們如今使用的網路都涉及了大量的數據和隱私保護問
題，更何況是元宇宙。元宇宙涉及的數據以及隱私相比於網路必然更

多。

　　元宇宙在未來極有可能是多個公司一起打造的一個虛擬空間。對於消費者或者用戶來說，各個公司之間如何協調保護數據，如何確保隱私數據的安全性必然是最擔憂的問題。

　　元宇宙收集的個人數據的數量和豐富程度將是前所未有的，包括個人生理反應、運動，甚至可能是腦電波數據。這些數據是否會聘請專門的安全公司來負責其數據安全性？如果用戶的個人數據在元宇宙中被盜或濫用，誰來負責，會對現實世界的用戶產生什麼影響等。

　　在元宇宙的建設當中，各個公司應嚴格考慮此類個人資訊的隱私問題以及設置良好的機制來防止個人數據的外洩。

　　調研機構Centre for International Governance Innovation和Ipsos在一個問卷調查中發現，大約57%的全球消費者表達他們極度（31%）或很（26%）擔心網路的隱私安全。這個調研採訪了超過24,000名年齡16~64歲之間的網路用戶，遍布24個國家。事實上，每個地區至少有一半的網路用戶表達他們對隱私的擔憂。元宇宙的成功元素離不開龐大的流量。有了流量，元宇宙才有持續發展的生命力。而全球許多用戶都對於數據安全隱私表達了擔憂，可見在元宇宙快速發展的路上，如何提高數據隱私的安全性以及降低民眾對於數據安全隱私的擔憂是需要解決的問題。

　　元宇宙的雛形是網路遊戲，但目前市場上並沒有一款遊戲能完全達到理想的元宇宙狀態。Roblox是目前市面上元宇宙成熟度最高的遊戲，被視為元宇宙的雛形。而Roblox公司，也被視為元宇宙第一股。

　　曾經發生一個狀況，有個玩家A在網咖玩《穿越火線》忘記下線了，結果發現帳號裡面的裝備就被別人清空了，遊戲玩家A告訴《每日經濟

新聞》記者。另一位遊戲玩家B也表示經歷了被盜號，遊戲玩家B說：
「我主要在Steam平台玩《絕地求生》（吃雞），但不知道什麼原因帳
號就被盜走，至今也沒有找回，吃雞遊戲也玩不成，幸虧沒有特別值錢
的裝備」。

普通網路遊戲面臨盜號風險，被視為元宇宙雛形的Roblox同樣如
此。多位元B站UP主就發視頻表示自己的Roblox帳號被盜了，在一位
元UP主的視頻下面就有評論稱「UP主綁定郵箱了嗎？如果沒有，你這
個號就廢了」。

要知道，元宇宙的理想狀態要比遊戲複雜得多。元宇宙與現實世
界相互關聯，用戶在元宇宙擁有虛擬身份，用以建造虛擬世界的社會關
係。值得注意的是，元宇宙還通過數位創造、數字資產、數位市場和數
位貨幣支撐起整個經濟體系，由此滿足元宇宙使用者的數字消費需求。

在元宇宙中，人們進行「數位創造」，產出數位化產品，並作為可
供交易的商品。以短視頻APP為例，使用者拍攝短視頻進行素材創造，
拍攝好的短視頻也視為使用者的資產，也可作為數位化商品賣給平台或
其他用戶。一旦帳號被盜，人們在元宇宙的「數位分身」就被他人替代，
帳戶裡的數字資產也面臨被盜風險。可以看出，資料安全是元宇宙發展
與繁榮的重要前提。

事實上，隨著5G、大數據、雲計算的蓬勃發展，資料安全的重要
性逐漸被政府、企業所認知。不過，受疫情影響，政府、企業加速數位
化轉型，越來越多的企業選擇居家遠端辦公，越來越多地使用基於雲上
的技術。

然而，數位化進程的加速，也令企業面臨更加複雜多樣的網路安
全、資料安全風險。同時，網路安全、資料安全建設落後於企業技術轉
型，也帶來了沉重的代價。很多企業由於疏漏或行動緊迫性而未將網路

安全、數位安全納入決策流程，導致新的漏洞進入了快速變化的環境，並持續威脅當下的企業。在互聯網大蠻荒時代下缺乏個人資訊保護機制，個人資訊保護工作基本等同於寫一份隱私協議，資訊安全立法和執法趨勢加速也給組織帶來了諸多挑戰。在政府、企業、金融機構將面臨更密集的監管、更高的舉證責任、更高的違法成本等難題。而很多人覺得這是一個挑戰性問題，然而正是訂定法律，才給政府、企業劃清了法律邊界，即哪些資料是可以對外開放，可以共用、使用的。

　　另外，在資料安全領域，有些公司依靠公司內部的資料安全團隊，有些公司依靠專業的資料安全公司。一些大型企業、管理組織架構比較完善的企業，可以自己做資訊安全；而對於一些中小公司，以及在資料安全性群組織規劃不清晰的大型公司，可以依靠資訊安全這樣專業的協力廠商公司，以提升自身的資料安全防護水準。

👍 8-4　貨幣和支付系統的挑戰

　　元宇宙不同於現實世界，不存在傳統的產業結構，經濟形態也必然是獨特的。在元宇宙中，虛擬貨幣將代替現實世界中的貨幣，發揮流通的作用。但是，如何合法、合理去建構一套屬於元宇宙世界的經濟體系和貨幣體系，將是巨大的挑戰。同時，元宇宙還應當嘗試消除現實世界的「貧富差距」，在普惠、共同富裕等方面做出實際探索。

　　既然元宇宙是個世界，那麼自然需要貨幣系統來維持這個世界的運作或者是成為物質之間交換的媒介。那麼問題就來了，元宇宙該使用哪個支付系統或者是貨幣呢？

　　Facebook 改名 Meta，全力轉型為元宇宙（metaverse）企業，讓元宇宙一夕爆紅，成了熱門話題。許多專家認為，元宇宙將用加密貨幣

交易，虛擬貨幣交易平台Coinbase Global和區塊鏈ETF會是大贏家。

在美國風險投資家、資深研究專家馬修・鮑爾（Matthew Bauer）的元宇宙《算術九章》中，支付被定義為「對數字支付流程、平台和運營的支持，包括法幣與數字貨幣之間的交換（fiat on-ramps），加密數字貨幣和以太幣等貨幣交易的金融服務，以及其他區塊鏈技術，簡單來說，元宇宙的支付將包括法幣和數字貨幣的存在，基於中國目前對加密數字貨幣等數字貨幣的監管政策，在元宇宙，集中貨幣與去中心化貨幣的矛盾將持續，根據支付的基本邏輯，支付包括對人和企業的識別，對商品或服務的確定，以及對交易資訊的共識，人和企業的識別，在現實世界中，人們是通過卡片和手機來識別的，識別方式包括密碼和生物特徵資訊，在安全的載體上，用戶擁有他們唯一的識別碼，在元宇宙有必要考慮什麼是安全載體，以目前的安全路徑，在任何元宇宙設備中加入SE安全晶片，都將成為可以承載支付的載體，比如帶有SE安全晶片的VR眼鏡，另一方面，元宇宙中用戶和商家的唯一識別碼有著廣闊的想像空間，比如近年火熱的NFT科技，商品或服務的標識，元宇宙中的商品和服務變成虛擬的，就像在遊戲中，如果一個商品可以通過簡單的複製、貼上、修改、刪除來改變其資訊，並且其價值在短時間內發生了巨大的變化，那交易本身就會出現巨大的問題，在區塊鏈和NFT技術的幫助下，這個問題可以得到更好的解決，交易資訊共識，它需要一個類似於目前電商平台的角色或機制，能夠讓交易雙方對交易內容感到放心，這也是區塊鏈科技的共識機制能夠做到的。

世界支付巨頭們都在虎視眈眈並積極布局元宇宙裡的支付系統，在元宇宙火爆之前，巨頭們就在不斷探索元宇宙所需要的支付方式，2019年6月，未更名的Facebook，推出了密碼貨幣專案Libra，Libra旨在成為一個新的去中心化的區塊鏈、低波動的加密貨幣和智能合約平台，希

望在創造新的機會和負責任的金融服務創新，Libra 錨定由許多國家的法定貨幣組成的「一籃子貨幣」，也稱為「穩定貨幣」，但由於多國監管的質疑，成員機構不斷退出，Libra 更名為 Diem，旨在穩定美元，此外，Facebook 也積極推進數字貨幣中的錢包專案，其 Novi 最近也開始了小規模試點，更名為 Meta，可以牢牢掌控支付管道，為其元宇宙戰略發展打下堅實基礎，由於政策限制，台灣企業沒有提前布局密碼貨幣專案。中國在 2016 年，支付寶推出了 VR Pay，用戶在移動 VR 平台或 VR App 中選擇產品下單確認購買，進入支付環節，當選擇支付寶時，用戶點擊確認支付，本質上來說，支付寶的 VR Pay 仍然是基於支付寶的帳戶體系做的場景延伸，仍然是網路支付，是電商支付的領域，此外，世界也有一些銀行正在應用虛擬現實技術來改善用戶體驗。

2016 年在中國建設銀行廣東省分行「金蜜蜂」創客空間落成，其中虛擬現物體驗由中國建設銀行廣東省分行與黑盒網聯合打造，通過一部 6 分半的 VR 體驗片，介紹了未來 VR 技術在客戶服務、金融交易、場景展示等方面的應用，在 2016 年中國國際金融展上，工商銀行、中國銀行、華夏銀行等多家銀行均提供了 VR 設備，為客戶帶來全新的金融服務體驗，在第六屆中國（廣州）國際金融交易會上，廣州農村商業銀行設立了 VR 營業廳，客戶可以在此瀏覽資訊、自行購物。

說到支付的法幣就必須提到美元，美元是世界上大多數人所認可的貨幣。元宇宙中使用美元，那麼非美籍的人們恐怕不會同意。但使用其他國家的貨幣相比於美元更可能不會得到大部分人的認可。比特幣支持者認為比特幣有著極高安全可靠性，可以作為元宇宙世界的貨幣。但近期發生了一些事件讓人懷疑它的安全可靠性。如 2021 年 6 月美國最大燃油供應商 Colonial Pipeline 被駭客組織勒索導致石油輸送管癱瘓。Colonial Pipeline 為了恢復正常，付給了駭客 75 個比特幣，當時價

值440萬美元。而後在美國聯邦調查局（FBI）的介入之下，得以追回63.7個比特幣。

比特幣的優勢在於其安全性以及交易不可逆性。但FBI在事後追回了63.7個比特幣，讓人們懷疑比特幣的上述屬性。安全且可靠性高的支付系統，以及廣受大眾所認可的貨幣是元宇宙走向大眾化所需要面對的又一大挑戰。

8-5 技術上的挑戰

從技術方面來看，技術局限性是元宇宙目前發展的最大瓶頸，XR、區塊鏈、人工智慧等相應底層技術距離元宇宙落地應用的需求仍有較大差距。元宇宙產業的成熟，需要大量的基礎研究做支撐。對此，要謹防元宇宙成為一些企業的炒作噱頭，應鼓勵相關企業加強基礎研究，增強技術創新能力，穩步提高相關產業技術的成熟度。

未來人們將通過VR/AR連接進入元宇宙，該技術一定程度上可以解決把虛擬世界「展示」給我們的問題。但如今這個技術只能提供視覺和聽覺訊息，其它感知能力如觸覺、嗅覺、味覺卻不能提供。一個逼真的虛擬世界能讓我們體會其他感知能力，從而增加真實感。如何讓人們體會其他的感知是技術上需要解決的問題。

此外，我們也需要向虛擬世界輸入參數，例如語音、手勢、動作等等。如今的VR/AR主要依靠手拿傳感器（或是穿戴手套）來藉此向虛擬世界輸入參數。這降低了真實感，相比較我們在現實世界並不需要手拿感測器。雖然如今有一些基於機器視覺的手勢，姿勢識別技術開始應用，但也遇到很多現實的問題，比如視野範圍和遮擋的問題。觸覺反饋

亦是一個技術上的問題。如何讓我們的手和身體能夠感受到虛擬世界裡
的物體，似乎如今的科技暫時無法解決。

VR 設備仍存在諸多用戶痛點，未來將依次從經濟性、舒適性、沉
浸性、互通性四方面改善體驗。

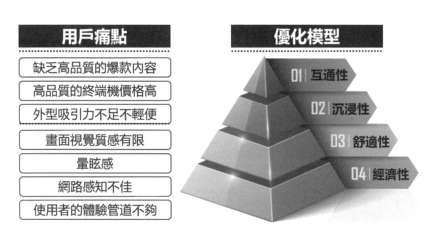

在電影《一級玩家》當中，玩家主要依靠全身都穿上力反饋的服裝
來感知虛擬世界中的物體以及感知。即使大家願意穿全身裝備體驗元宇
宙，但能用這樣一身服裝實現全身體感的技術上仍然是個挑戰。現實世
界人們是否願意購買此服裝來體驗元宇宙也是一個問題。

《一級玩家》電影中的服裝

元宇宙對於算力的高要求也是一個技術上的挑戰。電腦需要運行物理世界的模擬，場景的渲染，和其它人物（包括真實的人物和虛擬人物人工智慧）的互動等等，這些都是龐大的運算量。

開發出匹配上元宇宙運行需要的算力也是一大挑戰。而龐大算力伴隨而來的是能源消耗的問題，越高的算力意味著更高的能耗，高昂的能耗成本最終也將會轉嫁給用戶，最終導致人們進入元宇宙的門檻提高。

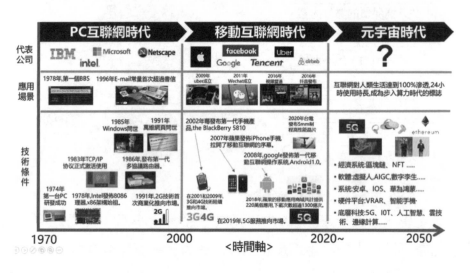

8-6 民眾接受度的挑戰

對於任何一個新興領域而言，社會接受度都是首要考量的關鍵因素。社會對於元宇宙秉持何種態度，是否可以接受，其實質在於元宇宙行業發展所帶來的潛在風險、倫理道德以及實際價值體現等。

人們對於新的科技及技術會有三種反應：我出生就有的科技，本該如此；我年輕時候的科技，偉大革命；我中老之後的科技，異端邪說，元宇宙的誕生正是會讓大部分的中老年人覺得是異端邪說，

以台灣來說，在 1993 年台灣已成為高齡化社會，2018 年轉為高

齡社會，推估將於2025年邁入超高齡社會。老年人口年齡結構快速高齡化，至2070年，老年人口中逾3成為85歲以上長者：2022年，65歲以上老年人口占總人口比率為17.5%，預估於2025年此比率將超過20%，我國將成為超高齡社會。（資料來源：國家發展委員會「中華民國人口推估（2022至2070年）」，2022年8月。）

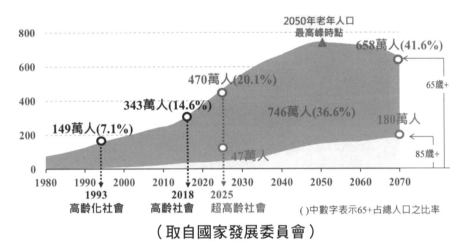

（取自國家發展委員會）

世界人口結構也已漸漸朝高齡化社會移動，元宇宙才剛剛開始，未來要能真正落地在普羅大眾的生活中，還不知道要歷經多少個年頭，對於現在中老年人來說元宇宙的概念就是異端邪說的一種，接受的程度相當地低，這部分也是一大難題，相對的也是巨大的商機，要靠開發商製造屬於中老年人可以接受的元宇宙產品，畢竟目前元宇宙相關的產品在操作上實屬複雜。現在元宇宙所面臨的境況就如同幾年前的人工智慧，如果能夠獲得社會的廣泛認可，那麼元宇宙的發展將更加順利、迅速。

2021年8月時祖克柏推出了「Horizon Workrooms」，一個VR空間讓人「交流互動、攜手合作並集思廣益」，簡單來說就是「用VR開會」。但有兩個問題存在：第一、沒人喜歡開會；第二、誰會想買一個昂貴的VR眼鏡，為的就是開會。這不是說「元宇宙」只能用來開會，

而是想說一些在現實世界中沒趣味的事，在「元宇宙」也是一樣沒趣味，不會因為大家變成虛擬角色就變得更好。與其把這些沒意義的事，以另一個方式在另一個「宇宙」呈現，倒不如直接反思一下這些事的存在價值。

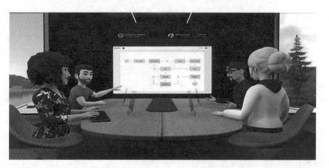

期間就已證明並不必要，在家工作例如「元宇宙」內的產品發布會，和電腦前看產品發布會的分別在哪？例如回辦公室上班這件事，在疫情期間時或許更有效率。「元宇宙」的出現或者會變成戴上令人不舒服的VR眼鏡或是進入虛擬空間造成的不適感，其實對完成工作並沒有任何效果，甚至於造成反效果。人們對於元宇宙的接受度能否跟得上元宇宙的發展速度也是一個挑戰。為此，Forrester Research（美國一家諮詢公司）進行了調查。樣本包含了1,263接受調查的人，當中572名來自美國；691名來自英國。

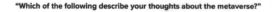

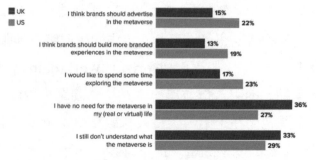

"Which of the following describe your thoughts about the metaverse?"

	UK	US
I think brands should advertise in the metaverse	15%	22%
I think brands should build more branded experiences in the metaverse	13%	19%
I would like to spend some time exploring the metaverse	17%	23%
I have no need for the metaverse in my (real or virtual) life	36%	27%
I still don't understand what the metaverse is	33%	29%

Source: Forrester Research, Inc. Unauthorized reproduction, citation, or distribution prohibited.

該調查結果顯示，27%的美國人以及36%的英國人覺得元宇宙是個可有可無的事物，對於無論是現實世界或是他們個人的虛擬體驗都毫無影響。而有29%美國人以及33%的英國人不知道什麼是元宇宙。僅有13%的英國人以及19%的美國人認為企業應該大力拓展元宇宙的世界以及提升元宇宙的體驗等。有23%的美國人和17%的英國人願意花時間來體驗元宇宙。

　　Loup Fund（一個追蹤開發尖端技術，包括人工智慧、金融科技、機器人、自動駕駛和電動汽車以及VR/AR的基金公司）進行了一個調研來研究人們對於元宇宙的看法。

　　當中，69%的人們認為如果虛擬世界的體驗優於現實世界的話，願意在虛擬世界中花費相比於現實世界更多的時間。

　　有52.4%的人們認為把時間花在現實世界中相比於虛擬世界更加的有意義。可見，即使科技的提升使得元宇宙的體驗感上升到足以媲美真實甚至超過世界，人們仍然覺得將時間花在現實世界更加有意義。就好

比以往的人們覺得將時間花在滑手機上是浪費時間，但如今人們許多時間都花在滑手機上。元宇宙如何提供價值，讓人們投注時間在其中，而不覺得是浪費時間，是一個挑戰。

8-7 高投入和商業的壟斷性的挑戰

在任何社會，只要有人類群體存在的地方，都難免出現統治與被統治，以及壟斷與反壟斷、治理與衝突等矛盾。從目前來看，元宇宙具有避免被少數力量壟斷的可能性。元宇宙的形成並不是一個簡單的過程，資金投入是一筆不菲的費用，高資金投入意味著資本力量將主導元宇宙市場，會形成壟斷局面，獲取「統治權」。如何保障元宇宙世界的民主自由、公平正義，建立和諧共存的規則和秩序將是一道待解難題。

臉書為了配合元宇宙（metaverse）發展計畫，Facebook於2021年10月28日的Facebook Connect大會上宣布將公司改名為「Meta」。不過，隨之而來的網絡爭議亦風起雲湧，更多人擔心的是，祖克柏進軍元宇宙的野心，會令其對未來虛擬世界的「控制權」更加無遠弗屆。

臉書改名為Meta後，原本的Facebook、Instagram、Messenger、WhatsApp和Oculus將歸屬Meta旗下。Facebook新公司名稱取自希臘文Meta，帶有超越的意思。祖克柏認為，元宇宙就像當年一開始發展社交網絡時一樣，成為另一個帶領人類進入虛擬社交領域的里程碑。不過，網絡世界對祖克柏這次重大業務改動和重組，有著不同看法。很多人擔心，祖克柏將其科網媒體王國擴展至元宇宙領域，將進一步增加其對網絡生態及未來虛擬世界的「壟斷」及「控制權」。

在祖克柏宣布進軍元宇宙時，區塊鏈社群便開始大反擊，受關注和

衝擊最大的肯定是全球各地的區塊鏈社群參與者。因為在於他們來說，元宇宙將是區塊鏈產業普及化的主要管道。各種與區塊鏈相關的概念，如以公共帳本記錄所有權證明的非同質化代幣NFT、利用智能合約實現各種金融交易活動的去中心化金融（DeFi）工具，都能在以元宇宙的生態框架下進行。在區塊鏈社群的角度來看，元宇宙的本質，理應是去中心化，虛擬空間裡的架構、社會秩序與財政規範應該由社群共同治理原則所達成。祖克柏這次以Meta之名進軍元宇宙，並提出要建立諸如「Horizon Marketplace」讓玩家買賣3D虛擬物品的類NFT交易平台等等，這些設想顯然與區塊鏈社群的原意南轅北轍，當然，祖克柏總會堅持向外界強調：「未來的元宇宙世界，是屬於大家的」。

公共區塊鏈平台以太坊（Ethereum）共同創辦人布特林（Vitalik Buterin）認為，祖克柏的元宇宙布局注定會失敗，因為他試圖將社交媒體時代的成功做法，即平台單一化，嘗試放諸於下個階段的網絡世界，認為是走錯了捷徑。

布特林認為更加致命的是Facebook的聲望問題。「Facebook的問題是，現已沒有太多人信任他們了。」過去幾年，Facebook聲名劣跡斑斑，要外界再次投祖克柏信任一票，也許還需要一點時間。

除了區塊鏈社群以外，其實更多人是擔憂，Facebook的元宇宙計

畫，會否令其網絡壟斷長臂加以延伸。祖克柏在Connect大會上只展示了其元宇宙設想的部分示範內容，如通過全AR/VR通訊工具與家人朋友溝通、遙距卻「近身」的辦公會議空間Horizon Workrooms、虛實結合的家居Horizon Home、配合全像投影的虛擬演唱會等，這些都可說是搭建了元宇宙的雛形。但內裡的實際操作內容，以及各種元宇宙項目衍生的問題，還有待新誕生的Meta予以解答。

譬如，日後在元宇宙世界裡，各種錢財消費、虛擬資產轉讓等，究竟能否使用在現實世界流通的法定貨幣？在元宇宙的框架下，只要資產擁有權、轉讓權等都是虛擬化的，以虛擬單位計價，的確不太需要用上法定貨幣，如果是這樣，Facebook會在元宇宙創建自己的元宇宙貨幣嗎？在2019年，Facebook早就公開昭示要發行自家的數字加密貨幣Libra，無奈還未開始就被各國政府狙擊，比特幣社群更對其窮追猛打。

又譬如，元宇宙內的身份認證如何進行？使用者需具備「實名」嗎？這些爭議其實早在社交媒體時代已經出現，但當元宇宙到來，人們將更加沉浸於網絡虛擬世界。這些爭議，將會來得更加切身緊迫，而且更加全面圍繞著未來人類的生活圈子。而且在媒體和監管機構真正能夠了解元宇宙之前，祖克柏可能早就得以享受比社交媒體年代更豐碩的利潤。《彭博社》評論記者Leonid Bershidsky如此寫道：「對於祖克柏來說，實現元宇宙夢想的最重大難關，也許不是在於技術，而是在於人心。」

元宇宙建設是個高投入的工程。在2021年4月12日舉辦的GTC（全球性人工智慧技術大會）大會上，輝達（NVIDIA）創辦人兼執行長黃仁勳穿著標誌性的皮夾克，在自家的廚房裡做了主題演講且介紹自家新推出的產品。

黃仁勳在GTC大會上

而在8月的SIGGRAPH 2021大會上，輝達透露GTC大會有幾秒穿插了「假的」黃仁勳以及背景。30多位工作人員先使用RTX光線追蹤技術掃描黃仁勳，拍攝幾千張各種角度的黃仁勳以及廚房照片，在輝達開發的虛擬協作平台Omniverse中建模「廚房」，最後通過AI結合，以假亂真。

僅僅只是一個影片就需要大量的人力物力，更何況是搭建一個世界，這就使得元宇宙是個高投入的產業。財大氣粗的Facebook就宣布將投入大量的錢財打造元宇宙，但其他中小企業恐怕就沒有此資本來與大企業競爭了。這就使得元宇宙容易成為只有大企業才玩得起的產業，這勢必將加劇元宇宙的商業壟斷性。

騰訊也是「元宇宙第一股」Roblox的股東之一。字節跳動在與騰訊進行一系列競爭之後90多億元的價格收購VR硬體廠商Pico，布局元宇宙。輝達推出的Omniverse則是號稱工程師的元宇宙，BMW、Volvo、愛立信等集團都與輝達達成合作，在該平台設計測試產品或是生產線。Facebook則是宣布未來每年以50億美元的規模持續投入建設

開發元宇宙。元宇宙的建設都已成了大企業的「資本遊戲」，在這些高投入的競爭下，中小企業都難以在元宇宙產業中生存。這些世界巨頭都在不斷地砸錢做基礎建設，也只有世界級的巨頭有這能力，但將來這些也會是被壟斷的項目。

如2020年，蘋果與遊戲業巨頭Epic打起了官司，後者指責蘋果這家世界級巨頭沒有良心，主要表現在所有通過AppStore發布應用的開發者都要繳納30%的「抽成」，而Epic認為這不但是對開發者的剝削，更是赤裸裸的壟斷市場行為。

2021年，這場大戲似乎要在「元宇宙」平台的鼻祖Roblox身上再現了。

最近，國外著名遊戲媒體PeopleMakeGames突然在視頻裡劍指Roblox，認為該平台正在剝削開發者。具體來說，Roblox在允許用戶在其平台創造遊戲並獲取收益的同時，又通過抽成機制、提現門檻等規則「掠奪」了其中的絕大部分。據專業人士估算，Roblox單筆抽成的真實總比例為75%（含微交易抽成），遠高於應用行業常見的12%～30%。

另外，Roblox還為開發者設定了提現門檻，最低金額為10萬Robux（該平台通用的虛擬幣），但開發者在支付完提現抽成（65%）

後只能拿到350美元。該系列政策不但拿走了開發者的大部分利潤，還導致中低端開發者只能將收益滯留在平台內。另外，即便有開發者勉強達到提現門檻，但在面對高額提成時往往會退而求其次，選擇繼續開發或者正常遊玩，但這些都需要Robux來支撐。

更要命的是，普通用戶如果想在遊戲裡購買10萬Robux，則需花費1000美元。眾所周知，Roblox平台擁有一套專屬「貨幣機制」，Robux虛擬幣的總量會受到嚴格控制。而且之前有兩位用戶的一進一出就「憑空消失」了650美元。相對於絞盡腦汁做遊戲的開發者，Roblox真可謂躺著數錢，而這還不算普通用戶和開發者用戶繳納的訂閱費。

而且Roblox很喜歡用「觸達數百萬玩家」、「在遊戲裡賺大錢」、「創造任何事物」等口號來吸引玩家。這些在成年人眼中略帶浮誇的詞語，卻能吸引無數青少年用戶加入。

Roblox目前是全球最大的多人在線創作遊戲。至2019年，已有超過500萬的青少年開發者使用Roblox開發3D、VR等數字內容，其吸引的月活躍玩家超過1億。在Roblox平台上，用戶可以設計自己的遊戲、物品、T恤和衣服，以及遊玩自己和其他開發者創建的各種不同類型的遊戲。

2021年3月份，Roblox在紐交所掛牌上市，公司計畫出售1.967億股，預計募集資金10億美元。在股價最高時，Roblox市值達到了410億美元，為遊戲業巨頭Ubisoft（育碧）的七倍，僅低於行業老大任天堂。對於公司的上佳表現，Roblox營銷副總裁TamiBhaumik曾表示：「從一開始，我們就是想讓一些孩子為其他孩子開發遊戲」。正是這個特殊的目標，也讓Roblox的用戶群體格外低齡化：據一項截至2020年8月的調查顯示，在美國，16歲以下的兒童中有一半在玩Roblox。得益於龐大的用戶基數，Roblox的遊戲數量也達到了驚人的2,000萬。要

知道，Steam上也只有將近55000款遊戲，但平台提成卻僅有30%。

任何領域中的「巨頭」都逃脫不了批評和指責，而道德甚至法律層面的醜聞也屢見不鮮。目前對於Rolblox的行為定性是非常困難的，因為這個平台裡的盈利效率完全取決於創作者作品的好壞。

8-8 維繫與現實世界的正面互動的挑戰

在迎來元宇宙時代後，人們可以同時生活在真實世界與虛擬世界，這將使得人的神經感知延伸與意識擴展。元宇宙的形成與發展，需要與現實世界實現正面互動，實現兩個世界從理念、技術到文化層面的互補和平衡，形成新的文明生態，而要做到這些並不容易。

延伸下來的問題，是關於溝通的距離。很多人不喜歡打電話，因為感覺「迫得很近」，相反打短訊就舒服得多。同理，在很多網上討論的場合，正是因為使用文字，這種距離感才令人暢所欲言。結果，很多人指網絡能看到人隱藏的一面，正因為網絡這個「場域」與現實世界有所不同。每個場域都規定了各自特有的價值觀，擁有各自特有的調控原則。可以把「場域」一個又一個遊戲，各有規則、勝負、溝通方式，只是「場域」彼此聯繫同時又相對獨立，跟「遊戲」各自獨立不同。「元宇宙」這個新的場域，能否改變人的行為？直覺上可以，但感覺沒有網絡那麼強力，原因在於「元宇宙」沒有網絡的那種距離感和延遲感。

因為在「元宇宙」一切都變得很即時，其實就是面對面，那過去令人舒適的距離感就消失了。如果要即時反應，很多時候都會選擇做回「自己」，畢竟待人接物的態度、語調、身體姿勢等等習慣可謂深入骨髓，不是「想甩就甩」。

不同的人都能塑造「元宇宙」內的溝通規則，又會被「元宇宙」內的溝通規則塑造，但礙於「即時接觸」，可塑造的規模就不夠網絡大。也就是說，別幻想一個在任何「場域」都內向的人，直接跳到「元宇宙」這個「場域」就變得外向。

　　有些人可能會因為對自己身體有所不滿，所以在「元宇宙」內「換了身軀」後，脫胎換骨成了另一個人。但對於某些人來說，走到「元宇宙」街上找個人聊天的難度，其實跟在彌敦道隨便找個人閒聊一樣難。

　　每個人都以為自己在虛擬世界能做第二個自己，做另一個我，但當「元宇宙」的法規和社會規範定立下來，你的行為在哪個宇宙都會相差無幾。原因在於，這個虛擬身份跟現實的你，仍是同一個你；更重要的一點是，「元宇宙」（虛擬）必定會和「原宇宙」（現實）掛鉤。

　　有人可能會不認同，因為很多人在《GTA》中會亂殺路人，現實中卻不會這樣做。當然，一個有理智的人能分清遊戲和現實。但假如你在遊戲內的行為，在現實中要負上責任的話，不要說殺人，連搶車你也不會做。《GTA》中之所以大家都能十惡不赦，是因為明顯《GTA》世界和現實世界是斷裂的。

（遊戲《GTA》內犯罪是家常便飯）

343

元宇宙會有以上問題，可能是因為需要實名登記，或者說，本來在「元宇宙」中就需要對方「知道你是誰」。你要在「元宇宙」上班、上學、看演唱會等等，肯定要讓人知道你是誰才可以。既然別人都知你是誰，你還能暢所欲言？

或者可以在某些聊天室中設定為大家都是「無名者」，因此你可以在這聊天室中自由奔放地做自己，不論這個自己是所謂「你的本性」，還是「裝出來的另一人格」。這一種溝通在未來可能會越來越普及，但這些聊天室的「場域」在普及後又會是什麼模樣？也挺令人期待。

「元宇宙」在社交方面的問題，是我懷疑「元宇宙」與「原宇宙」究竟有多緊密，不論是指身份上，還是人與人的社會規範及距離感上也是。越緊密的話，我懷疑行為就越不會有改變。

8-9 政府的挑戰

從政府來看，元宇宙不僅是重要的新興產業，也是需要重視的社會治理領域。伴隨著元宇宙產業的快速發展，隨之而來的將是一系列新的問題和挑戰。

在台灣「元宇宙」題材發燒，前行政院長陳冲認為在全球都在討論元宇宙，包涵元宇宙中的重要元素虛擬通貨，台灣政府只管防制洗錢，沒有任何前瞻性管理，已慢了不只一拍。對此，金管會主委黃天牧在立法院財委會表示，金管會推出證券型代幣（STO）相關法規已兩年，至今仍無人申請，證期局目前正在檢討，有可能進一步放寬。STO即依法申請發行的證券型代幣，金管會於2019年時規定，若募資規模在3千萬元以上，即必須申請為STO，納入證交法管理，商品具有投資性及流

動性，視為有價證券，而且投資者必須是專業投資人，對單一 STO 投資上限 30 萬元等，但由於規定相對嚴格，從 2019 年至今，無人提出申請。

而元宇宙熱翻天，各概念股顧盼自雄，虛擬世界與現實世界有可能產生連結，元宇宙想像空間也因而大為增加，但台灣對虛擬通貨，也就是加密貨幣，卻尚未賦予正式的法律地位，業務主管機關也不清楚，只限於洗錢防制方面這部分非常的消極，至於積極的輔導，就看不到了，而這一切卻已經是慢了不只一拍。

對於政府與元宇宙的關係，微軟總裁史密夫（Brad Smith）認為，科技行業需要配合監管機構，認真對待政府部門和民眾的關切，又表示「元宇宙」概念應該避免炒作。

史密夫警告稱，對於監管機構的措施，科技公司不能僅僅是口頭上支持，而實際上採取抗拒態度。政府部門會看到這點，這將不利整個行業，企業需要更加認清現實。

他同時表示，應該防止圍繞元宇宙的炒作。所有人都在談論元宇宙，這並不像是人去世後上天堂。我們都將生活在現實世界中，與他人在一起。他又呼籲，元宇宙的發展需要更多的合作和互通性。元宇宙近日成為全球熱話，各大科企爭相開拓相關業務。微軟稍早時宣布，將為旗下團隊協作軟件 Microsoft Teams 加入元宇宙技術，2022 年上半年推出全新虛擬會議軟件 Mesh for Microsoft Teams；Facebook 2021 年 10 月 28 日亦正式宣布改名為「Meta」，配合未來聚焦元宇宙開發計畫。

元宇宙會是一種怎樣的存在？元宇宙，從字面上看，英文原詞 Metaverse 由 Meta ＋ Verse 組成，Meta 指超前，Verse 由 Universe 演化而來，無論是在原小說《雪崩》中，還是今天諸多討論中，元宇宙都

被描述為與現實世界有交集，但又高度獨立的平行世界，它是虛擬的，但同時也是真實的，通過VR、AR、人工智慧、區塊鏈等技術，現實中的你，可以以另一種身份活在元宇宙裡。事實上，無論人們賦予元宇宙何種想像，構建它的本質依然是資料和演算法。數位化是毋庸置疑的未來，如同當年的電氣化，它一定是人類世界進入下一個階段的基礎設施，萬物數字化，就在不久的將來。但資本不要期待，它會和網際網路一樣有「野蠻生長」的機會。很簡單的道理，同樣的坑，沒人會踩第二次。也就是說，從誕生起，元宇宙很有可能會被各國政府口頭警告後納入監管範圍，放任式的發展是不可能的。

此外，如同網際網路在統一TCP/IP協議後才真正互聯互通，元宇宙裡必須先有共識，奇異點才會到來。否則每個網際網路公司、遊戲公司在已有生態圈裡打造的「虛擬人生」，不過是一場規模更大的遊戲罷了。正如網際網路打造了「地球村」，元宇宙的實現，也必須依賴於各國對人工智慧的治理形成共識，這樣才有可能應對未來30年，甚至50年後，新科技暴發後帶來的社會問題。但在當前複雜的國際形勢中，必然需要形成更合理的機制以及全面的協調，又豈是幾年內就可以實現。因此，元宇宙應該是一個由政府、企業、網際網路原住民共同建設和發展的第二空間，甚至有的國家早已做好準備。

👍 8-10 行業標準的挑戰

元宇宙到底是什麼？為何各大數字科技巨頭紛紛入局元宇宙？從行業標準方面來看，只有像互聯網那樣通過一系列標準和協議來定義元宇宙，才能實現元宇宙不同生態系統的大連接。對此，應加強元宇宙標準

統籌規劃，引導和鼓勵科技巨頭之間展開標準化合作，支持企業進行技術、硬件、軟件、服務、內容等行業標準的研制工作，積極地參與制定元宇宙的全球性標準。

很可惜目前尚無公認定義，準確地說，元宇宙不是一個新的概念，它更像是一個經典概念的重生，是在延展實境（XR）、區塊鏈、雲計算、數字孿生等新技術下的概念具化。

1992年，美國著名科幻大師尼爾·斯蒂芬森在其小說《雪崩》中這樣描述元宇宙：「戴上耳機和目鏡，找到連接終端，就能夠以虛擬分身的方式進入由計算機模擬、與真實世界平行的虛擬空間。」當然，核心概念缺乏公認的定義是前沿科技領域的一個普遍現象。元宇宙雖然備受各方關注和期待，但同樣沒有一個公認的定義。回歸概念本質，可以認為元宇宙是在傳統網絡空間基礎上，伴隨多種數位技術成熟度的提升，構建形成的既映射於、又獨立於現實世界的虛擬世界。同時，元宇宙並非一個簡單的虛擬空間，而是把網絡、硬體終端和用戶囊括進一個永續的、廣覆蓋的虛擬現實系統之中，系統中既有現實世界的數字化複製物，也有虛擬世界的創造物。

國際上標準化的過程。絕大多數重大的標準都是因為很多廠家看到某項技術有廣闊的市場，所以有幾家有影響力的公司會領頭成立該技術的標準化的組織，希望通過標準化的過程將市場做大、做成熟。這些標準化組織其實都是一個至少程序上公平、可以通過一定程序自由討論、基於一些規範的流程共用知識並最終達成一致，這就是最終制定的標準。標準化是行業做大的必要過程：標準化絕對不是一個零和博弈，通過標準化組織的活動和影響力可以吸引到更多相關行業的廠家甚至國家加入，擴大市場規模。

例如，當初的IPv6作為下一代Internet的通信標準，如果還能吸引到其他領域比如做感測器的廠家加入，那麼符合IPv6標準產品就可以直接和所有感測器通過一個協議通信；如果能吸引到某個國家把IPv6列為國家標準，那麼產品就可以更快取得這個國家的市場份額。標準化是尋找盟軍的過程：一個廣闊的市場裡面一定有很多玩家，即使像IBM或者Intel這樣的巨無霸，也不能在這個市場裡獨吞所有份額，一個健康的生態系統裡既有大魚，也有蝦米。標準制定的過程在擴大影響同時也會吸引別的廠家來支援自己的技術，舉例來講，Intel的處理器再強，雲計算的軟體平台總要有人做吧？而IBM的軟體架構再強，也很難想像IBM會做出應用軟體覆蓋遊戲到社交網路的所有行業吧？標準化是搶奪地盤的過程：沒有某個功能只有唯一的一種方式實現，而且就如同人無完人，很有可能各個實現方式都有各自的優缺點。標準化組織就是大家比武的擂台。各家都把自己的對某個功能的建議實現方式提出來，通過討論達到幾種實現方式的妥協和統一。

如當年WLAN標準802.11n難產，就是幾家各不相讓，都認為自己的實現方式有優勢。最終的結果就是802.11n標準扛著draft（草稿）標籤走了n年，誰都沒有撿到便宜。標準化是自我修煉的過程：沒有誰一上來就把所有自家的技術都做到天衣無縫，通過標準化的過程可以大家一起配合把技術做完善。上述的擂台比武的過程，就是各廠家把研究部門的研究成果拿到台上接受大家質疑，並針對質疑不斷完善自己的技術方案，回家撰寫專利保護這些技術方案，再拿到台上比武，直到方案成熟……的這樣一個過程。Intel說我的處理器就是雲平台的標準處理器，那麼有的廠家就說，你看雲平台都要支援AES加密演算法保證資料安全，別的處理器都支持，你怎麼沒有呢？於是Intel工程師趕緊回

家搞一套加密演算法指令集，把一些關鍵指令用專利保護起來。標準化是相互磨合的過程：標準化過程中會涉及到互通性驗證，各個廠家按照同一個標準做的產品，能不能互相聯通呢？例如，你家做的無線網卡能不能和我家的無線路由器接通呢？你家做的雲平台能不能在我的處理器上跑起來呢？在標準制定過程中會有互通性驗證的環節，各家把原型拿到實驗室互聯互通，共同改進技術和完善標準。保證最終技術放到市場上最終用戶體驗會非常好。國際上標準制定的過程實際上是大家以一個開放心態建立一個技術領域/行業的生態系統的過程，在這個過程中大家的關係是競爭共贏的。

　　當前，關於元宇宙的一切都還在爭論中，從不同視角去分析會得到差異性極大的結論，但元宇宙所具有的基本特徵則已得到業界的普遍認可。

元宇宙的
發展與應用

01 時代的變革

1-1 元宇宙大門已打開，且工業和互聯網的下個方向就是元宇宙

　　元宇宙或是工業和互聯網的下一次大變革方向：每一次大革新都劃分一個時代，推動整個文明發展。人們的生活、體驗、價值認知都會發生天翻地覆的改變。元宇宙是互聯網的下個階段較好理解，它是新的流量生態；而元宇宙也是工業的下一次變革方向。

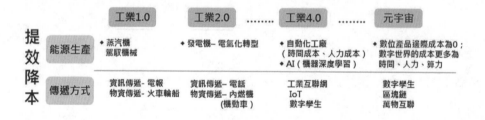

★ **元宇宙的變革是由無數技術/應用落地的節點們組成的，而我們現在已處於元宇宙時代的早期階段，但元宇宙仍離我們很遠**：就像移動互聯網時代，iphone3G 或被認為是時代標誌性的拐點，其實本質上 iphone3G 的背後存在複雜的技術/應用鏈條環環相扣：2G，第一無線網路上商用的誕生；3G 流量時代的生態如 ios App Store，移動端的網頁、硬體如 3G 晶片（英飛淩等）、無線網路服務商（AT&T 等）、

基礎設施建設；而IOS生態的軟體應用是由Java，Html，Unity等底層工具發展推動；半導體（如台積電的晶片）；手機硬體等（攝像頭、電池）。

★ **我們已步入元宇宙時代科技/技術和應用的自迴圈中**：時代的變革/或科技的反覆運算，是底層技術推動應用/軟體的反覆運算，然後市場需求的提升反哺底層技術，科技持續進步反覆運算，這是一個迴圈。不是先有雞還是先有蛋的問題，應用/或軟體在一個時代發展初期就是科技進步的催化劑。

★ **元宇宙的不可預測性，技術反覆運算的可預測性**：正如同19世紀無法預測電力將如何徹底改變世界，早期互聯網時代的我們無法預測行動網路時代具體的模樣。

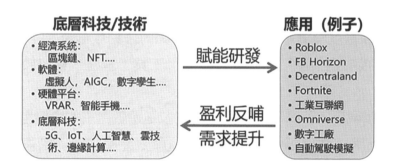

1-2 元宇宙不一定有最精確定義，但科技發展方向是可預測的

★ **一千個人心中有一千個元宇宙**：基於元宇宙的不可預測性，我們或許無法給出最精確的定義；但是科技的大致發展方向是可追尋/可預測的。通過回顧工業2.0和行動網路時代，我們認為比起最精確的定義，探討元宇宙的發展方向和元宇宙可能存在的誤區更為重要。

★ **發展方向：**元宇宙應當是一個100%滲透，24小時使用的環繞式流量生態/互聯網形態。如果說移動互聯網時代使得人們從只能在家裡、辦公室中使用PC有線網路接入互聯網轉變為人們隨時隨地使用智慧設備（手機、平板等）接入互聯網，那麼元宇宙的發展方向應當是100%滲透，萬物互聯，24小時使用的互聯網。

★ **元宇宙可能存在的理解誤區：**

　　◎ 元宇宙不是VR

　　◎ 元宇宙不是遊戲

　　◎ 元宇宙不是3D虛擬世界UGC平台（Roblox）

　　◎ 元宇宙不是Unity、Unreal、Omniverse

　　◎ 元宇宙不是《一級玩家》

★ **就像是智慧手機、行動App、抖音等視頻UGC平台、底層開發工具等不是移動互聯網一樣。**元宇宙，正如同移動互聯網或者工業2.0的變革一樣，是集應用、硬件、產品、工具、基建、科技於一身的綜合體。

　　◎ 《頭號玩家》裡的綠洲呈現的更多是遊戲為主的虛擬世界，滿足人們極致的娛樂＋社交需求；這僅是元宇宙第一階段的一個展望，僅是元宇宙的一部分。

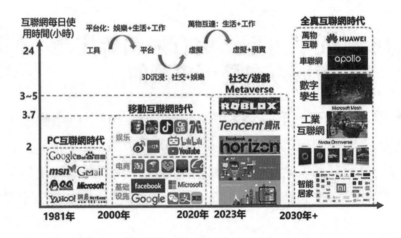

1-3 元宇宙的必然性,第三次革命

　　元宇宙代表著第三次生產力革命,資訊革命、或者稱其為元宇宙革命。算力時代下,生產力的質變是主體發生變化,機器能創造生產力價值,核心勞動力為 AI 所替代。而這一切的前提是,Real World AI 能發展到這個智能化級別;而一個各維度擬真的虛擬世界,現實世界的平行宇宙,或將成為人工智慧訓練效率和成本的拐點。在算力時代,主體的改變,則需要一個打通人與人、人與機器、機器與機器的交互/溝通底層環境,而這個環境必然是打通虛擬與現實的。所以不論是人工智慧反覆運算,還是底層的資料/資訊交互的生態,都驗證了元宇宙的必然性。

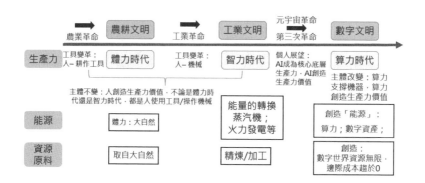

1-4 元宇宙將會是人類未來的數位化生存

　　元宇宙本身沒有標準的定義,元宇宙是未來 20 年的下一代互聯網,是人類未來的數位化生存。元宇宙內涵不局限於互聯網,是一系列高新技術的「連點成線」,可能帶來超越人們想像力的新物種。回望過去 20 年,互聯網已經深刻改變人類的日常生活和經濟結構;展望未來 20 年,元宇宙將更加深遠地影響人類社會,重塑數位經濟體系。元宇宙聯通現

實世界和虛擬世界，是人類數位化生存遷移的載體，提升體驗和效率、延展人的創造力和更多可能。

| 1980 網際網路 | ⇨ | 2000 電子商務 | ⇨ | 2010 移動互聯 | ⇨ | 2010 應用生態 | ⇨ | 2040 元宇宙 |

在向元宇宙探索和發展的過程中，互聯網、物聯網、AR/VR、智慧可穿戴設備、3D圖形渲染、AI人工智慧、高性能計算、雲計算等各行各業都將持續出現產品創新和商業模式創新。發展路徑中的不斷進步，以及終極元宇宙的廣闊想像力，這些都將帶來產業極大的終極機遇。目前應用於未來元宇宙的單點技術創新逐漸出現，人們重新燃起對未來數位化生存願景的憧憬和想像。這個發展過程將是一個單點創新，並不斷出現連點成線的融合模式，這樣的發展是漸進式過程。

如果《一級玩家》中的「綠洲」有諸多體驗成為現實，將會給人類生活帶來巨大的改變和經濟結構重塑，而我們已經在過去20年的互聯網發展中見證過一次類似的改變。

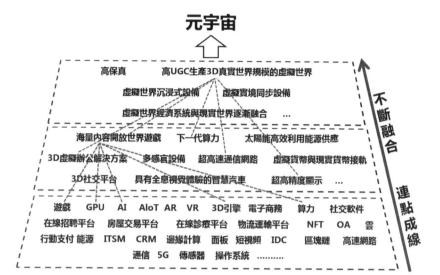

★ 元宇宙時代無物不虛擬、無物不現實,虛擬與現實的區分將失去意義

★ 元宇宙將以虛實融合的方式深刻改變現有社會的組織與運作

★ 元宇宙不會以虛擬生活替代現實生活,而會形成虛實二維的新型生活方式

★ 元宇宙不會以虛擬社會關係取代現實中的社會關係,而會催生線上線下一體的新型社會關係

★ 元宇宙並不會以虛擬經濟取代實體經濟,而會從虛擬維度賦予實體經濟新的活力

★ 隨著虛實融合的深入,元宇宙中的新型違法犯罪形式將對監管工作形成巨大挑戰

1-5 虛擬化數字化

元宇宙趨勢的發展可以分為兩個虛擬化，一為人類財富虛擬化、二為人類生活的虛擬化。

 人類財富的虛擬化

區塊鏈技術的誕生產生了一種新興的資產「數字資產」。這種數字資產和現有互聯網應用中出現的虛擬商品有本質的不同：在互聯網應用中出現的各類虛擬商品其屬性、價值及所有權等完全取決於運營和創造這類資產的中心化機構或公司。一旦這些中心化機構或公司在運營上無法持續或受到外力介入，則這類虛擬商品的屬性、價值及所有權等將受到影響。

因此這類虛擬商品的功能存在固有的、難以改變的局限性，其在價值和共識上將難以取得最廣泛的認同和認可，當然也就無法實現價值的最大化。

而基於區塊鏈技術產生的數字資產無論是比特幣、以太幣還是基於ERC-20、ERC-721等通證標準實現的通證資產，在技術上實現了對資產屬性、所有權等的保障，使得這類數字資產的屬性、所有權等不受侵犯和干擾，不再依賴於協力廠商仲介機構的介入，更進一步還實現了這類數字資產，在區塊鏈上的全球網路自由流轉和交易，這將使得數字資產無論在價值和共識上都能取得以往虛擬商品所無法取得的最高程度、最廣範圍的認同。互聯網的發展使得人類社會的生活方式逐漸走向數位化，區塊鏈技術的發展將使得人類社會的財富形式逐漸走向虛擬化。當然我們並不是說不要未來社會中實體財富，而是指虛擬財富將在未來社會中扮演越來越重要的角色。

人類生活的虛擬化

唯物主義哲學認為：「物質第一性，意識第二性，物質決定意識，意識是物質世界發展的產物，它是人腦對客觀事物的反映」。

辯證唯物主義的真理是普世適用的，無論在工業革命時代還是在區塊鏈革命時代，皆是如此。如果說人類社會的財富形式將在區塊鏈革命的帶領下逐漸虛擬化，那麼未來虛擬化的財富也將影響人類的意識形態，我們用更通俗的話來說，就是伴隨著財富形式的虛擬化，人類社會的生活也將虛擬化。圍繞著虛擬化的財富，將衍生出一系列全新的意識形態、價值觀，並由此發展出虛擬社會中全新的行為準則、道德標準等多構建虛擬社會的核心要素這一切都意味著元宇宙中的文化、價值等觀念將徹底重塑。

02 元宇宙需警惕資本剝削

　　在遊戲世界中誰被剝削？是電競選手？是遊戲解說？是遊戲直播？是遊戲代練？其實每個用戶都是玩工（Playbor），用戶遊玩（Play）的每分每秒都是在勞動（Labor），而生產資料被牢牢禁錮在平台手裡，千千萬萬的普通使用者，是數位時代的無產階級，遊玩與勞動邊界的模糊，遮蔽了資本的剝削性，例如臉書，臉書的瀏覽量那麼的多，廣告的收費如此的高，原因都在於你我在臉書中分享的資訊而吸引中多的用戶，臉書所有內容的創作幾乎都不是臉書本身，但是所有的好處都被臉書拿走，臉書也沒有支付任何一分錢給創作者，這個就是平台的隱蔽剝削。資本家付出的報酬遠小於用戶勞動創造的價值。

基於區塊鏈搭建的去中心化
世界，是否能推翻這一迴圈？

2-1 去中心化機制≠去中心化結果

組織邏輯→分配結果

★ **組織邏輯：**元宇宙的底層是P2P點對點互聯的網路，從而在邏輯上繞過了對平台仲介的需求，對建立在集中化、科層化原則的組織結構形成了挑戰。

★ **分配結果：**在實踐中，虛擬貨幣的持有量越來越向大戶和機構傾斜，這又帶來分配結果上的中心化和壟斷。

內容生產邏輯 → 市場競爭結果

★ **內容生產邏輯：**作為「大規模參與式媒介」，使得元宇宙的主要推動力將來自用戶，而不是公司。元宇宙是無數人共同創作的結晶。

★ **市場競爭結果：**在內容市場趨向充分競爭的過程中，資本將尋找優秀的內容創作者予以支援。如果平台沒有可觀的變現機制，優質內容與大型資本的綁定將越來越牢固。

 2-2 元宇宙將打開巨大市場空間

內捲競爭是存量市場飽和的結果，而每一次人類新疆域的開拓，都是從「存量市場」中發現「增量市場」的過程。「內捲」這個始於農業

生產領域的概念，在網絡傳播和再演繹中已經泛指了各行各業以及個體發展的一種生產或投入「過密」，然而最後沒有得到發展的狀態。「內捲」與「躺平」是當下90後甚至00後們常常掛在嘴邊的詞。一個指向「過度競爭」，一個代表「退出競爭」，這兩個截然相反的詞語折射出年輕一代對社會競爭白熱化的挫折感。

而元宇宙似乎是內捲化的出路，智慧手機不香了，更酷的設備即將普及。手機的流量紅利已過，存量的競爭比不過增量競爭。

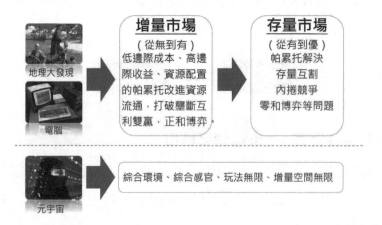

知識補充

▶ **增量時代（從無到有）：流量＝新增用戶；存量時代（從有到優）：流量＝使用者時間**

▶ 帕累托最優是指在不減少一方福利的情況下，就不可能增加另外一方的福利。而帕累托改進是指在不減少一方的福利時，通過改變現有的資源配置而提高另一方的福利。

帕累托改進可以在資源或市場失效的情況下實現。在資源閒置的情況

下，一些人可以生產更多並中受益，但又不會損害另外一些人的利益。在市場失效的情況下，一項正確的措施可以消減福利損失而使整個社會受益。

➤ 零和賽局（英語：zero-sum game），又稱零和遊戲或零和博弈，與非零和賽局相對，是賽局理論的一個概念，屬非合作賽局。零和賽局表示所有賽局方的利益之和為零或一個常數，即一方有所得，其他方必有所失。在零和賽局中，賽局各方是不合作的。非零和賽局表示在不同策略組合下各賽局方的得益之和是不確定的變數，故又稱之為變和賽局。如果某些戰略的選取可以使各方利益之和變大，同時又能使各方的利益得到增加，那麼，就可能出現參加方相互合作的局面。

隨著人口紅利的成長，互聯網產品由關注使用者增量到關注用戶存量，換句話說，就是以前關注的是那些需求沒有被滿足被實現，馬上跑步進場，用最少的開發時間實現最基本的功能，先去滿足用戶的需求，這種互聯網對傳統行業的降維打擊簡直就是越級打怪，所以，那時候考慮更多的並不是什麼用戶體驗這些，而是考慮什麼需求沒有被滿足。進入存量用戶時代，思考的層面是同一維度的，以前降維打擊、野蠻生長的手法已經不太適合，我們要做的是如何更好滿足這個需求，需要比別人做得更好做得更差異化，來吸引別人的用戶過來。隨著互聯網的發展，線下的需求基本都被互聯網化，目前所有行業已經基本處於同一維度，存量時代的需求已經比較明確了，舊的需求都已經被滿足，新的需求很難被創造出來，需要考慮的更多的是用戶的體驗，用戶價值和效率的提高。替換成本也成為了獲客最大障礙；也就是產品價值＝（新體驗—舊體驗）—替換成本，如果我們新體驗沒有大幅度地突破性增大，產

品的價值就很難體現。判斷一個產品或是市場是使用者成長還是用戶存量，最好的一個條件就是判斷是否是有新的需求出現，這個需求是否已經有人實現了，一個新的需求被發現或被創造出來，這個需求就是用戶成長的，可以馬上跑步進場，快速反覆運算形成先發效應搶佔市場。如果這個需求已經被人實現了。並且已經形成了一定的頭部效應，那麼就是存量時代。

例如手機市場：智慧手機潮開始的時候，小米出來了，所有人都想用智慧手機，小米面對的就是一個增量市場，市面上所有人都沒有智慧手機，如何讓用戶買到智慧手機是關鍵。智慧手機發展到現在，每一個人都有一台智慧手機，人們會更換手機，這個時候，小米面對的就是存量市場，如何讓需要換手機的使用者換成小米，從有到優，是關鍵。阿里小貸的信貸業務，對於銀行來說是新的，即從無到有，是增量市場；銀行本來就有貸款業務，這部分和阿里小貸沒有直接衝突，即存量市場。

除了產品的角度去思考「增量」或「存量」用戶外，我們還要在運營上面去思考。互聯網經濟也叫眼球經濟，什麼東西能吸引用戶的注意力，消磨用戶的時間，讓使用者停留在你產品上的時間越久，你能獲取的利益價值就越大。在增量時代，提升已有使用者的使用時長幅度不及新增一個使用者的大（這裡的新用戶是特指初次進入該需求的新用戶），而且獲客成本較低，也就是說，新增一個單位使用時間的成本更低，所以更多考慮的是新的用戶。而到了存量時代，新增一個用戶的成本已經很高，或者已經沒有這些新使用者的進入了，產品使用的總時間不能靠新用戶得到大幅度的提升，只能去搶佔別的產品的使用者時間或者延長單個用戶的使用時間。這裡要注意的是搶佔別的產品的使用者時

間不僅僅局限於同類產品或者滿足同需求的產品，因為每個使用者的線上時長基本是一定的，每人每天最多就24小時的時間，用戶的時間被搶佔了，就沒有時間使用你的產品。比如現在的抖音，作為時間的大殺器，已經搶走了很多原本屬於遊戲和逛淘寶的時間，使這些軟體的使用者流量大幅度降低；同時延長用戶時間也已經達到了極限，當年PC時代，平均用戶線上時長是5小時左右，現在的線上時長達到了11小時，在沒有新的硬體或者交互出現之前，用戶線上時長很難突破；產品所處的市場競爭程度不一樣，我們所思考的層面也不一樣。

03 元宇宙重點發展方向

　　儘管元宇宙已經初步顯示出其巨大的潛力，各大互聯網公司以及各個區塊鏈項目紛紛入局元宇宙，但是從各種意義上來說，元宇宙的發展依舊十分早期。未來，元宇宙還將在多個方面進一步發展才能達到我們最終期望的樣子，以下是屬於元宇宙未來的重點發展方向。

3-1 硬體層面的進化

　　儘管PC、智慧手機上已經有許多帶有元宇宙屬性的應用，但是，當前的應用還未體現出元宇宙在展示方面的優勢。如今，引領元宇宙中展示的前沿硬件中，以AR（擴增實境）/VR（虛擬實境）/MR（混合實境）　先頭部隊。但是就這些最前沿的硬件設備來說，在性能方面依舊受到嚴重的制約，最直接的問題是顯示功能和計算不足。目前VR中的顯示效果最好，高清度已經達到4K，甚至個別設備能達到8K級別，但是這裡還有一個刷新率的問題，儘管一些設備的刷新率已經能達到144Hz，但是距離達到人眼級別的分辨率還是很難，或者說即使能達到人眼分辨率，但是這樣的設備其價格一定是高不可攀，無法作為一般商業級產品普及。

　　另外，由於VR是使用電腦設備作為運算端，其性能是受制於電腦

的設備的。即使是當前頂尖的3090顯卡配合比較高配的電腦，這樣的性能能夠以最高畫質4K分辨率144Hz運行幾乎所有的大型遊戲了，然而VR的畫面是雙眼畫面，意味著要渲染兩個4K分辨率144Hz的屏幕，這樣的性能需求明顯不是當下的電腦能夠提供的。而以AR中的代表Hololens2和MR中的代表Magic Leap來說，由於需要考慮與現實的環境交互，如需要掃描周圍環境並建立座標系和模型所以需要更多的計算，以至於其反應速度和顯示的畫面效果都大打折扣，在VR已經步入4K畫面的時候，由於性能的限制AR和MR的畫面還處在很初級的畫面，難以顯示複雜的3D模型。而從Hololens高昂的價格和Magic Leap慘淡的銷量，我們可以明白一點，現有的顯示技術無法支撐起一款成熟的消費級AR/MR產品，AR和MR要想像VR一樣能夠走入更多人家裡還有更遠的路要走。

另外，除了作為圖像輸出的顯示器層面，對於設備的信息輸入的硬體以及反饋的設備也需要進一步探索。現有的VR輸入方式，有傳統的遊戲手柄，有不同VR廠商所設計的觸控手柄，也有的是動作捕捉技術。但是，一方面輸入的方式仍在探索，還未形成類似遊戲手柄那樣足夠強的共識，另一方面，這些手柄或者動作捕捉的反饋效果幾乎沒有，當前VR的體驗大部分只停留在現實中輸入，虛擬世界中反饋的單個層面。

目前像《一級玩家》中的主角所穿著的帶有反饋效果的體感衣，以虛擬世界中的輸入反饋到現實中這個層面，市面上僅有個別廠家在嘗試，已經有手部、身體和頭部的反饋效果，但整體反饋的顆粒度還遠遠達不到電影裡的那種，這是VR硬體的一大缺陷之一，但有缺陷意味著有潛力，硬體層面做到現實世界與虛擬世界能雙向反饋才是元宇宙未來最完整的形態。

當然VR/AR/MR只是元宇宙展示中的其中幾個思路，或許，我們還可以等待伊隆‧馬斯克的腦機接口成功。

3-2 基礎設施的建設

沒有4G、5G的升級，也就沒有如今繁榮的移動應用生態，前端應用的發展是會受到基礎設施的制約的。對於元宇宙來說，要達到構建更好的生態，以及保證用戶能更好的使用，網絡的進一步提升是十分必要的。但正如現在手機的發展是不斷地將更好的硬件集成到手機上，這一條集成之路也走到底了。華為也在考慮另外一種解決方案，讓我們的手機或者說未來的智能設備脫離硬件的枷鎖。在5G甚至是未來6G這樣的高速網絡的基礎之上，把這些智能設備的運算端放到雲服務器上，讓智能設備只充當一個顯示端，如此一來便可進一步提升設備的顯示能力，運行的性能以及讓設備更加輕便易用。或許隨著基礎設施的建設，我們拿在手上的手機或者未來配備的VR/AR/MR設備也只是個顯示器，這樣的新思路，或許會反超現有的技術路線，成為元宇宙未來的技術支撐。

3-3 軟件層面的迭代

除了硬體方面的問題，元宇宙還缺少大量的軟件支持。其實從Roblox以工具入門，進而衍生出2,000萬個遊戲，從而成為最大的元宇宙平台可以看出，工具能夠帶來的龐大生產力。然而一個好的工具是十分難得的，這也是為什麼目前全球最火爆的兩款沙盒類遊戲Roblox和

Minecraft，其人物畫面和建築風格都比較偏抽象，而不是偏寫實的建模和更精細的人設。因為更高要求的畫面對性能要求也更高，對設計人員的水平要求也更高，而所構建的要素還要考慮製作周期和渲染難度等問題。所以，對於元宇宙來說，構建元宇宙的虛擬世界，需要更優質的軟件支持。一方面這樣的工具是否會在未來誕生，另一方面，我們可以考慮用另一種思路來解決這個問題，比如使用AI來製作虛擬世界所需要的龐大的基礎素材，以此為基礎，再推出一個更易用的前端，把複雜的構建交給AI實現，讓設計者負責創意和設計部分。目前，全球走在這方面前沿的是一家成立於2018年的rctAI公司，擅長在不同類型和題材的遊戲場景中，rctAI公司為遊戲開發者打造的一系列解決方案，覆蓋了遊戲的全生命周期，包含智能內容生成、智能測試、智能數據運營、智能投放等類型。也期待有更多的解決方案為元宇宙的虛擬世界提供支持。

3-4 內容方面的支持

　　儘管元宇宙在VR/AR/MR等前沿技術方面的內容有許多不足，甚至有一些困境，如裝機量不足，就難以吸引更多內容和遊戲製作者，而缺少這些內容和遊戲支持，又更難吸引人購買，裝機量又提不上去。因此，我們需要更多關於元宇宙的內容呈現，而這可能是內容創業者們的下一個藍海賽道。但是當前的元宇宙在PC層面，已經有類似Roblox和區塊鏈遊戲比如Axie Infinity這樣的成功案例在前，相信這樣的造富效應會助推資本願意投重金去支持元宇宙在VR/AR/MR方面的發展，從而打破現有的僵局。

關於元宇宙的未來發展，就好比「哈姆雷特」一般，一千個讀者或許就有一千個哈姆雷特，但站在一個歷史的交匯口，我們可以肉眼看見一些主流的價值呈現，以及一些似乎可以想像和期待的機會點，而這些機會點僅僅是勾勒的輪廓，我們也只是探險家，而不是預言家。

當然，想要預言未來，最好的狀態是瞭解的它的過去和當下，這便是目前元宇宙的狀態。

3-5 以時間來區分，元宇宙可能演進的三個階段

基於我們目前的理解，元宇宙的演進可能會經歷以下三個階段。需要強調的是，元宇宙階段的演化與元宇宙概念本身的存續仍然存在巨大的不確定性，我們建議投資者密切關注基礎科學和底層技術的演進以及互聯網監管的發展趨勢，適時調整投資決策。

第一階段 ▶ 虛實結合

在元宇宙的初級階段，現有物理世界的生產過程和需求結構尚未改變，線上與線下融合的商業模式將繼續以沉浸式體驗的方式加速進化。以購買衣物為例，早期我們通過在電商平台上流覽圖文評價的方式獲取平面資訊，買家秀與賣家秀成為調侃話題；如今短視頻以及直播帶貨成為風潮，立體化互動式呈現衣物在不同模特上的效果，降低資訊的偏誤；未來在AR/VR技術的加持之下，我們有望直接看到衣服在自己身上呈現的視覺效果，從而做出更滿意的購買決策。從表面上看，沉浸感是一種豐富感官體驗的形式，而從內核上分析，沉浸式體驗其實秉承著

和區塊鏈類似的屬性，即充分獲取盡可能多真實有用的資訊，以此促進虛擬體驗與現實世界的交互。由此可見，這一階段投資的關鍵領域在於沉浸式體驗的工具以及具有品牌合作能力的O2O龍頭，目前多元化業務傍身的互聯網龍頭企業仍是主要受益對象。而隨著AR/VR進入商用階段，消費級產品的普及也將帶給整個產業鏈廣泛的投資機遇。

 ## 第二階段 ▶ 虛實相生

數字化技術不僅將虛擬世界變得更真實，還將改造物理世界的生產過程。Mob研究院的數據顯示，截至2020年12月，受疫情影響，全年人均每天使用手機時長達到了5.72小時，除去睡覺時間（假設8小時）大約佔全天時間的36%。我們預測在第二階段人們在虛擬空間的時間佔比有望上升至60%，一方面，人工智慧、大數據、工業智慧化等先進技術極大提升了生產效率，現實世界的勞動力需求銳減；另一方面，虛擬世界的內涵不斷豐富，不僅是娛樂，我們的工作生活也逐步向元宇宙遷移。人工智慧、仿生人、基礎引擎等相關業務將正式進入商用變現階段。

 ## 第三階段 ▶ 虛即是實

元宇宙的終極形態是人類永生，即人類借助腦機介面的交互技術上傳整個大腦到虛擬空間，而徹底擺脫物理軀殼的束縛。屆時，人類在虛擬空間的時間佔比可能接近100%，而人類的生理需求也將不斷降低，取而代之是完整的精神意識。這一狀態下，目前物理世界關於衣食住行的生產可能將完全失去意義，元宇宙甚至不需要再在虛擬世界類比現實種種，而是直接向人類神經元提供相應效果的感官刺激，但這也必將面臨道德倫理的重審。在「脫碳入矽」的過程中，人類或許最終能在技術突破下克服對自身存在的恐懼，進化為更高維的生命體。

04 元宇宙的工業應用前景

　　儘管元宇宙概念最初產生於科幻小說，並且很快應用於遊戲、媒體等行業。但它是否將應用於工業企業，例如構建下一代智慧製造和智慧供應鏈，目前已諸多企業已投入相關製造、研發，元宇宙的工業應用是肯定會被顛覆的一個行業，元宇宙不再是科幻小說，我們的物理世界和虛擬世界已經開始快速融合。這種顛覆在工業領域創造了大量我們過去無法想像的機會。

4-1 微軟的企業元宇宙與百威英博一起創造未來的啤酒廠

　　微軟的企業元宇宙應用程式的技術堆疊現已可用，它實現了跨行業的突破性轉型：流程製造、零售、供應鏈、能源和醫療保健。百威英博就是一個很好的例子。百威英博在全球擁有200多家啤酒廠和150,000多名員工，是世界上最大的啤酒製造商。他們致力於最高標準的品質和一致性，他們是過程製造方面的專家，他們正在利用這個堆疊來顯著改變他們的運營。

（元宇宙解決方案）

　　AB InBev 使用 Azure 數字孿生為其啤酒廠和供應鏈創建了一個全面的數位化模型。與他們的物理環境同步，數位化模型是即時的、最新的。這反映了啤酒的天然成分和釀造過程之間的複雜關係。並使百威英博的釀酒師能夠根據活動條件進行調整。這也為一線操作員提供了品質和可追溯性資訊的綜合視圖，幫助他們在包裝過程中保持機器的正常執行時間。

　　百威英博還使用了深度強化學習系統來幫助包裝線操作員檢測並自動補償複雜操作中的瓶頸。他們甚至在他們的數位孿生上使用混合現實進行遠端協助，從而促進跨地域的有效知識共用。該技術堆疊提供的控制和優化使百威英博能夠確保每次都為客戶提供完美的啜飲，同時仍然滿足他們大膽的業務和可持續發展目標。

4-2　Nvidia Omniverse 和 3D HTML

　　像微軟將其元宇宙產品稱為「企業元宇宙」一樣，輝達稱其 Nvidia

Omniverse為「工程師的元宇宙」。在2021年8月舉辦的線上電腦圖形學年度會議上，Nvidia宣布擴展其Omniverse平台。Omniverse於2019年3月推出，它是「一個開放的協作平台，用於簡化即時圖形的工作室工作流程」。基本上，它允許工程師通過共同處理該產品的數位化來協作構建物理產品。所以它與微軟有著相同的「數字孿生」理念。這無疑為智能製造的產品3D設計開闢了一條新路。

Omniverse基於Pixar開發的開源技術，被稱為通用場景描述（USD）。在Nvidia的演講中，Nvidia Omniverse副總裁Richard Kerris將USD描述為「3D的HTML」。他補充說，包括蘋果在內的許多其他公司都支持USD。「就像從HTML1.0到HTML 5的旅程一樣」他繼續說道，「USD將繼續從今天的新生狀態演變為對虛擬世界的更完整的定義。

在演示期間，Kerris將Omniverse定位為「連接開放的元宇宙」。這表明Nvidia將Omniverse視為網路流覽器的3D等價物。可以想像一個3D的流覽器將會為未來的數位工業及其它行業（醫療、零售等）帶來無限的可能。

👍 4-3 強化現實員工培訓

目前正在進行數位化轉型的任何行業的最終目標是創建新的商業模式，以提高其生產力、安全性和盈利能力。雖然大多數企業熱衷於「如何使他們的機器和流程更智慧」，但忽略了一個非常嚴重的事實，即「根據 Gartner，2018 年，只有 20% 的員工擁有當前角色和未來職業所需的技能」。為了保持 / 提高競爭優勢，工廠的培訓部門必須採用替代培訓方法，以準確的關鍵績效指標（KPI）來真正跟蹤培訓效率。

統計資料和案例研究證明，大多數員工都是實踐型學習者，他們 70% 的技能和知識來自體驗式學習。但是，在現實中，僅憑經驗瞭解工廠的每個生產流程和緊急情況將是一個很長的學習曲線。要獲得 20 年經驗的運營商的效率，我們需要等待 20 年。因此，真正的挑戰在於有效減少操作員熟練的時間。

這是組織必須對非常規培訓模型和相應投資做出戰略決策的地方。作為他們數位化轉型路線圖的一部分，考慮投資於數字資產、3D 網格模型和 IP 等無形資產創建至關重要。這些與有形投資（例如升級機器）同等重要。這些是大多數工業 4.0 解決方案的構建塊，包括虛擬和增強現實培訓模組以及沉浸式數位學生類比。

除了對中斷的恐懼之外，決策還受到常見障礙的阻礙，例如缺乏技術知識、定義的混淆、投資回報率的不確定性和文化因素。對員工培訓的傳統思維，例如課堂培訓、進修課程、小組討論和模型，在未來永遠無法維持企業的發展。在為時已晚之前，企業需要考慮採用更強大、更智慧的培訓方法，即使用沉浸式 VR/AR 技術。

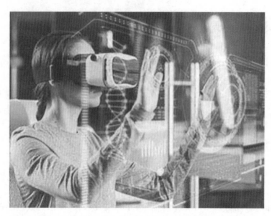

（元宇宙使用沉浸式VR/AR技術智慧的培訓方法）

我們通過雙目立體視覺360度觀看我們的物理世界。視覺線索在我們對環境的理解中起著重要作用。非視覺線索，例如通過來自四肢和肌肉的神經元的運動感（動覺學）、方向和平衡感測器，這也有助於在頭部運動時穩定眼睛（前庭）和本體感覺，一種提供位置感的潛意識空間以及聽覺、觸覺、嗅覺等也有助於我們的身體體驗。一旦用戶被傳送到虛擬工廠，他就可以與機器交互/操作機器並以完全相同的方式學習東西，就像他在在職培訓/實踐中學習一樣。體驗式學習是虛擬實境（VR）和擴增實境（AR）培訓模組巨大有效性背後的秘訣。

4-4 MFG助力智慧製造去中心化

MFG是Smart MFG創建的ERC20加密貨幣代幣，用於供應鏈和製造智能合約。MFG可用於生態系統中越來越多的案例：

★ 供應鏈數位化轉型激勵和獎勵計畫

★ 激勵新業務並優化整個供應鏈的結果

★ 智慧支付，材料、商品和服務的無邊界支付

★ 供應鏈代幣化（NFT）

★ 在合作夥伴平台（如SyncFab）上對真實世界的硬體/資產進行權杖化，以實現IP保護和反欺詐

★ 供應鏈DeFi（去中心化金融）

前瞻性用例：

★ Smart MFG的一項激動人心的新發展，即通過區塊鏈可以增強傳統的供應鏈金融方法，例如貿易、金融、保理和貼現，以提高供應鏈的效率。

★ 流動性提供者（LP）獎勵

★ NFT市場面向3D建模師、工業設計師、機械工程師、收藏家等的NFT市場。使用者可以將物理和虛擬資產代幣化，以進行數位記錄保存、所有權、存儲、轉讓和銷售。

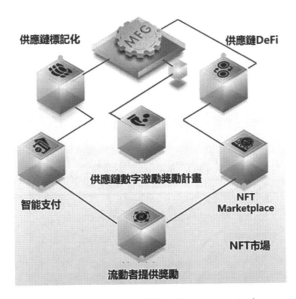

（MFG助力智慧製造去中心化）

4-5　未來的供應鏈解決方案

在虛擬空間達到協同和協作，香港的一家公司 metaversesolution. com 正在探索如何用元宇宙構建未來的供應鏈解決方案。世界在變，供應鏈也在變。在過去的5年裡，全球化一直是主導的、推動經濟的力量。今天，出現了一個新的主要經濟驅動力：數位時代。連線性和計算能力的增強使距離變得更小，而且這種趨勢將繼續下去。以2.5千億位元組/天的速度形成的數位元的世界就在我們的手中，它是「元宇宙」。在一個空間中，在人類的一生中，我們建立了一個由不斷增加的深度和豐富性組成的數字自我。許多人正在為公司的業務和環境付出巨大的代價飛往全球，親自會見公司供應鏈中的關鍵利益相關者。這家公司指出：只要我們是人類，就總是需要有意義的個人接觸。親自見面的頻率和原因時會發生變化。元宇宙提供了一種有意義的替代方案，其中遠端協作將變得直觀和當地語系化。從今天開始嘗試用元宇宙技術在虛擬空間構建未來的供應鏈協同和協作。

該公司使用來自 RealWear 的新 XR 設備進入元宇宙。HMT-1 是一個強大的工具，它能夠使工程師和 QA 人員在現場與遠端團隊進行互動。它不僅能夠跟蹤和流式傳輸佩戴者的運動和視野，而且還能夠接收語音指令或通過發送到佩戴者頭戴式設備顯示器的圖像。

（RealWear：連接設備外部）

4-6 數位化基礎是企業元宇宙創新成功的保證

元宇宙可看作是數位化的基礎設施的新的層次，並可能使得數位化基礎設施產生革命性的變化（虛擬空間／虛擬世界）。該新的層次是建立在以下新興的數位技術的基礎之上：

★ 雲計算和邊緣計算

★ 5G

★ 物聯網（IoT）及感測器技術

★ 數字孿生

★ 人工智慧及高級分析

★ VR、AR、MR及腦機接口軟體和硬體

★ NFT和區塊鏈等

因此數位化基礎是企業元宇宙創新成功的保證。

05 建議國家推動若干元宇宙相關技術與行業發展

目前，大規模元宇宙的產品化還十分遙遠，但虛實融合已是互聯網發展的大趨勢。因此建議：

★ **推動元宇宙相關專精特新技術發展，如：** VR、AR、雲計算、大數據、物聯網、人工智慧、數位孿生、智能硬體。

★ **推動元宇宙相關行業發展，如：** 智能城市、智能園區、智能汽車、電子商務、數位旅遊、教育類遊戲、心理治療、老人陪伴、潮流時尚品牌。

★ **推動台灣元宇宙產業全球化：** 鼓勵民間參與、開放市場對接、提供資金補助、引進國外技術及資源、對於元宇宙相關法律盡速立法、修法至完備、培養元宇宙相關人才等。

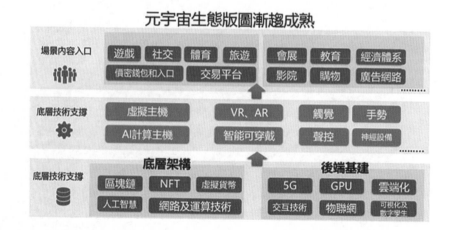

元宇宙生態版圖漸趨成熟

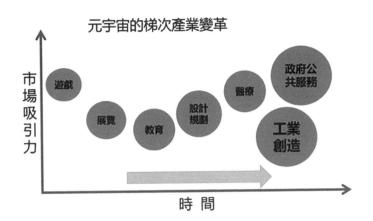

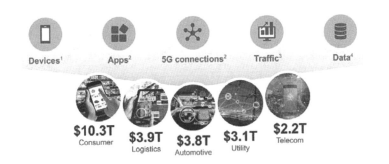

06 元宇宙投資的九大觀點

　　元宇宙也像極了2016年區塊鏈剛剛步入大眾視野的樣子，而一轉眼，區塊鏈已經從概念成為了可落地、可應用的技術，而元宇宙它不是單純的技術，它更像是一個場景、一個和Web3.0一樣宏大的概念，甚至區塊鏈也是其中的一個重要構成環節。

　　這些零零散散、在朦朧間浮現的場景和價值呈現，值得我們花費更多心思去探索和了解，而這也正是我們「元宇宙之心」所踐行的目標和方向，畢竟大幕已經拉開，我們看到了一個奇異點的臨近。但當前元宇宙產業處於「亞健康」狀態，由於元宇宙產業還處於初期發展階段，具有新興產業的不成熟、不穩定的特徵也是合理的，未來發展不僅要靠技術創新引領，還需要制度創新（包括正式制度和非正式制度創新）的共同作用，才能實現產業健康發展。

觀點一 元宇宙發展近似互聯網

　　Facebook更名Meta全面轉向元宇宙，引發資本市場關注。元宇宙的終極形態將指向人類的數位化生存，對社會產生深遠的影響，但需要較長時間。過去20年，互聯網改變人類生活，將人和人的交流數位化；未來20年乃至更久，元宇宙將把人與社會的關係數位化。元宇宙將呈

現漸進式發展，單點技術創新不斷出現和融合、「連點成線」，從產業各方面向元宇宙靠近。如同20年前難以精準預測互聯網發展，我們無法準確判斷未來元宇宙的形態，但最終元宇宙可能包含如下特徵：

★ **特徵一**、3D沉浸式體驗；

★ **特徵二**、人和社會關係數位化；

★ **特徵三**、物理和數位世界交會；

★ **特徵四**、海量使用者創作內容；

★ **特徵五**、數字資產價值顯現等；

當前全球科技巨頭陸續布局元宇宙相關產業，有望推動VR/AR、AI、雲、PUGC遊戲平台、數字人等領域持續漸進式發展。中長期看，元宇宙的投資機會包括：GPU、3D圖形引擎、雲計算和IDC、高速無線通訊、互聯網和遊戲公司平台、數字孿生城市、產業元宇宙、太陽能等可持續能源等。

觀點二 臉書值得期待

從FB.US到MVRS.US：不只是Facebook名稱改變，更是對20～30年之後數位化生存願景。2021年7月，祖克柏在多個場合表示，未來幾年，Facebook將從一家社交媒體公司轉變為元宇宙公司。2021年10月28日的Facebook Connect大會上，祖克柏宣布公司改名Meta，未來將以元宇宙為先，同時宣布了Horizon Home、下一代VR設備等內容。祖克柏在演講中稱，Meta將「元宇宙」視為技術的下一個前沿，人們將在那裡生活、工作和娛樂，但也承認這將需要5年至10年的時間才能成為主流。Meta在2014年以20億美元收購了Oculus。Oculus Quest 2從2020年9月發售至今，累計銷量超過400萬台。

觀點三　元宇宙將重塑技術及經濟

　　元宇宙沒有標準定義，元宇宙是未來20年的下一代互聯網，是人類未來的數字化生存。元宇宙是一系列技術的「連點成線」，能夠帶來超越想像的潛力，驅動產品創新和商業模式創新。終極的元宇宙將包含：互聯網、物聯網、AR/VR、3D圖形渲染、AI人工智慧、高性能計算、雲計算等技術。我們判斷終極元宇宙尚需極大的技術進步和產業創新，可能要到20～30年之後才有可能實現，屆時更多工作和生活將數位化、線上時間顯著成長、3D數位世界、高智慧度AI等都將帶來人類數位經濟高度繁盛。終極元宇宙將是科技與人文的結合，是科技對人的體驗和效率賦能，是技術對經濟和社會的重塑。

觀點四　元宇宙終極場景

　　元宇宙終極場景可能的特點：3D沉浸式體驗、人和社會關係數位元化、物理和數位世界交會、海量使用者創作內容、數字資產價值顯現等。

1. 元宇宙能夠給用戶帶來沉浸式的互聯網體驗，從2D到3D，從平面視覺到更豐富的感官體驗；

2. 元宇宙中，人機交互水準達到或超越人和人的交互體驗，從「社會關係的數位化」到「人與世界的關係數位化」；

3. 物理世界和數位元世界的交集越來越大，直至重合乃至超越，同樣，數位世界也將顯著反作用於現實世界；

4. 互聯網內容從PGC到UGC，互聯網公司從平台向基礎設施發展，用戶既是消費者也能成為生產者；

5. 數字資產將不只是物理世界實物資產的數位化，原生於數位世界的虛擬資產也將顯現出更多價值，會產生更宏大的數位經濟規模。

觀點五　全球科技巨頭布局元宇宙相關產業

1. Facebook改名Meta全面轉向元宇宙，在VR/AR終端、虛擬實境平台、內容等持續投入，是最全面的元宇宙布局者；
2. 騰訊對Epic Games投資，持續投入內容和社交，布局全真互聯網；
3. Roblox在PUGC遊戲資產領域的探索，實現遊戲生產者和消費者的經濟閉環；
4. 輝達Omniverse在人機交互視覺領域的探索和GTC發布會的嘗試；
5. 字節跳動收購Pico，拓展VR版圖；
6. 蘋果高度看好AR發展，於2023年6月的全球開發者大會（WWDC）上公布了名為「Vision Pro」的產品。全球科技巨頭從各方向陸續布局元宇宙，探索可能性，有望進一步推動產業漸進式發展。

觀點六　投資機遇

　　優勢企業在關鍵領域具有顯著優勢，產業鏈多環節孕育投資機遇。遊戲和社交可能是元宇宙早期落地的使用者端產品形態，但中長期看，最具備投資價值的領域仍在頭部公司具有較強技術和市場優勢的關鍵領域，如GPU領域中的輝達、圖形引擎公司Epic和Unity等。VR/AR有望競爭元宇宙核心終端設備，建議多關注Facebook、蘋果、小米等手機和科技硬體公司的硬體基礎和軟體工具創新。此外，元宇宙基礎設施如雲計算、IDC、5G、低軌衛星等領域優勢公司亦長期受益於數位化

進程，值得持續關注。在應用層，我們最先看到的突破可能來自於騰訊、字節跳動（抖音）、Facebook、百度等科網巨頭在遊戲、社交、廣告等領域的探索。此外，元宇宙對電力能源的消耗，中長期需要尋找更穩定的可持續能源，特斯拉SolarCity在太陽能和儲能領域的探索亦值得關注。

👍 觀點七 風險因素

元宇宙初期產品往往爭議較大，商業化效果具有較強不確定性；全球各國對元宇宙的政策和監管的不確定性；AI、圖形引擎、高速無線通訊等各方面技術都有可能影響元宇宙發展進程，相關技術進程亦具有不確定性；向PUGC和UGC及AIGC的轉變給互聯網平台帶來更迭和挑戰；元宇宙和數位世界對於電力能源的消耗，需要更多可持續能源和儲能基礎設施，亦給未來能源結構帶來挑戰等。

👍 觀點八 投資觀點

當前距離終極元宇宙還有較長的發展路徑，亦具有較多不確定性，但元宇宙是人類未來的數位化生存，將對社會產生深遠的影響，帶來極大的產業終極機遇。在漸進式發展過程中，我們將在各方面持續看到單點創新的出現及融合，不斷向終極元宇宙靠近，並持續帶來投資機會。當前時間點，很難看出元宇宙的短期受益的投資標的，但中長期，我們看好由此帶來的相關領域投資機會，如：輝達、Epic、Unity、特斯拉、騰訊、字節跳動、米哈遊、Facebook、蘋果、微軟、亞馬遜、谷歌、阿里巴巴、Roblox、百度、小米等公司。同時，我們也要注意到，在

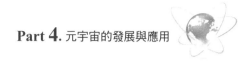

一級市場上，還有更多年輕公司在相關領域進行創新和嘗試，預計這些公司亦可能在未來登陸資本市場，帶來投資機會。

觀點九　元宇宙產業生態系統健康度觀點

 生產性

① 市場規模小，只有少量領先型用戶，難以產生大規模經濟效益。

② 相關新興技術的基礎研究投入多，但技術成果轉化能力不高，即基礎創新尚可，落地應用不夠。

③ 產業成長能力較強，具有一定發展潛力。

 穩健性

① 潛在主導設計相互競爭，不確定性高。

② 核心產品種類少、性能不穩定。

③ 缺乏統一的標準體系，潛在標準相互競爭。

④ 輿論泡沫仍然存在。

 組織結構

① 核心企業尚未明確。

② 配套投入企業數量少，與核心企業處於搜尋、協調過程。

③ 仲介組織數量少，水準較低。

 服務功能

① 技術、資金、創業等相關支撐要素短缺。

② 政策缺位，監管體系不完善。

 適應性

① 產品具有獨特價值，但價格較高或產品適用性受限，若發展完善，對社會貢獻程度較高。

② 對其他產業生態系統發展具有促進作用，但也可能對一些傳統產業造成衝擊。

③ 元宇宙產業發展伴隨著大規模資料中心和超算中心的建立，可能會帶來能耗問題。

 公平性

① 公平性理念還需要加強，極需打造公平的競爭環境。

② 元宇宙產業發展必須依賴於產業生態系統中各主體的相互配合與共同支撐，需要構建系統主體間合理的利益分配機制。

關注元宇宙概念下底層技術的相關公司列表如下：

	公司	代碼		公司	代碼
引擎工具	Unity	U.N	雲計算	amazon	AMZN.O
	Roblox	RBLX.N		阿里雲	BABA.N/9988.HK
	Epic	未上市		IBM	IBM.N
算力	Nvidia	NVDA.O		Microsoft	MSFT.O
	Intel	INTC.O		HUAWEI	未上市
	AMD	AMD.O		百度雲	BIDU.O/9888.HK
	Tesla	TSLA.O		Adobe	ADBE.O
區塊鏈	Square	SO.N		騰訊雲	0700.HK
	Coinbase	COIN.O		Google	GOOG.O/GOOGL.O
硬體平台	Facebook	FB.O		Oracle	ORCL.N
	Google	GOOGL.O	晶片	Oualcomm	QCOM.O
	Apple	AAPL.O		AMD	AMD.O
	Sony	SONY.N		Nvidia	NVDA.O
	Microsoft	MSFT.O		台積電	TSM.N/2330.TW
	Snapchat	SNAP.N		瑞芯薇	603893.SH
軟件+應用	騰訊	0700.HK		全志科技	300458.SZ
	字節跳動	未上市			
	Bilibili	BILI.O/9626.HK			

	公司	代碼
人工智慧	商湯科技	待上市中
	雲從科技	7月20日科創板上市過會
	依圖科技	未上市
	曠世科技	9月9日科創板上市過會
	科大訊飛	002230.SZ
	百度	BIDU.O/9888.HK
	小米	1810.HK
	Microsoft	MSFT.O
	搜狗	SOGO.N
	騰訊	0700.HK
	HUAWEI	未上市
顯示	京東方A	000725.SZ
	索尼	6758.JP
光學	舜宇光學	2382.HK
	聯創電子	002036.SZ
傳感器	韋爾股份	603501.SH
空間定位	奇景光電	HIMX.O

	公司	代碼
光通信	亨通光電	600487.SH
	中天科技	600522.SH
	中際旭創	300308.SZ
	新易盛	300502SZ
	天孚通信	300394 SZ
	光迅科技	002281.SZ
	博創科技	300548.SZ
IDC	科華數據	002335.SZ
	光環新風	300383.SZ
	佳力圖	603912.SH
	數據港	603881.SH
	奧飛敬媒	300738 SZ
	英維克	002837.SZ
ODM OEM	聞泰科技	600745.SH
	欣旺達	300207.SZ
	歌爾股份	002241 SZ
UI/OS	中科創達	300496.SZ

	公司	代碼
交換機 路由器	紫光股份	000938.SZ
	平治信息	300571.SZ
	星網銳捷	002396.SZ
通信模組 物/車聯網	廣和通	300638.SZ
	移遠通信	603236.SH
	移為通信	300590.SZ
	美格智能	002881.SZ
	拓邦股份	002139.SZ
	漢威科技	300007.SZ
	威勝信息	688100.SH
	四方光電	688665.SH
	和而泰	002402.SZ
	鴻泉物聯	688288.SH
	映翰通	688080.SH
工業軟件 數字孿生	賽意信息	300687.S7
	能科股份	603859.SH
網路設備	中興通訊	000063.SZ

	公司	代碼
通信	潤建股份	002929.SZ
遊戲	網易	9999.HK/NTES.O
	心動公司	2400.HK
	完美世界	002624.SZ
影視	數字王國	0547.HK
	愛奇藝	1Q.O
	芒果超媒體	300413.SZ
VR AR 核心元件	AAC	02018.HK
	GIS-KY	6456.TW
	LG	LPLN
	Nidec	6594JP/NJ.N
	NWB	NBW.N
	伯恩	未上市
	高偉電子	01415.HK
	歌爾股份	002241 SZ
	國光電器	002045.SZ
	和碩聯合科技	4938.TW

	公司	代碼
VR AR 核心元件	鴻海科技	2317.TW
	佳凌	4976.TW
	宏達國際電子	2498.TW
	藍特光學	600127.SH
	領益智造	002600.SZ
	美律實業	2439.TW
	歐菲光	002456.SZ
	鵬鼎控股	002938.SZ
	全志科技	300458.SZ
	瑞聲科技	02018.HK
	玉晶光	3046.TW
	長盈精密	300115.SZ
	兆威機電	003021.SZ
	藍思科技	300433.SZ

07 元宇宙產業的十大風險

目前元宇宙仍為一個未開發的投資寶地，裡頭充滿許多投資機會，看似隨意的項目都有機會有高獲利，但投資高獲利往往伴隨著就是投資高風險，在此特別羅列出來在元宇宙產業發展中的十大風險：

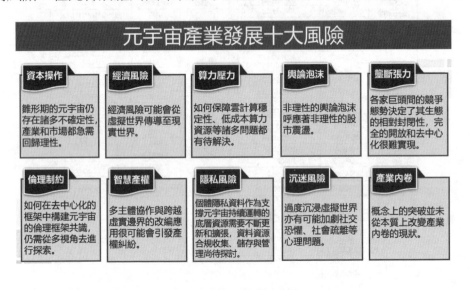

元宇宙產業發展十大風險

資本操作	經濟風險	算力壓力	輿論泡沫	壟斷張力
雛形期的元宇宙仍存在諸多不確定性，產業和市場都急需回歸理性。	經濟風險可能會從虛擬世界傳導至現實世界。	如何保障雲計算穩定性、低成本算力資源等諸多問題都有待解決。	非理性的輿論泡沫呼應著非理性的股市震盪。	各家巨頭間的競爭態勢決定了其生態的相對封閉性，完全的開放和去中心化很難實現。
倫理制約	智慧產權	隱私風險	沉迷風險	產業內卷
如何在去中心化的框架中構建元宇宙的倫理框架共識，仍需從多視角去進行探索。	多主體協作與跨越虛實邊界的改編應用很可能會引發產權糾紛。	個體隱私資料作為支撐元宇宙持續運轉的底層資源需要不斷更新和擴張，資料資源合規收集、儲存與管理尚待探討。	過度沉浸虛擬世界亦有可能加劇社交恐懼、社會疏離等心理問題。	概念上的突破並未從本質上改變產業內卷的現狀。

👍 風險一 資本操作

雛形期的元宇宙仍存在諸多不確定性，產業和市場都急需回歸理性。而通過創造新概念、炒作新風口、吸引新投資進一步謀取高回報，已成為資本逐利的慣性操作。虛擬貨幣作為元宇宙的經濟系統支撐，在

元宇宙概念炒作加持下幣價也出現持續震盪，背後國際資本金融收割操作嫌疑突顯。從拉升股價到減持嫌疑，從概念炒作到資本操作，從市場追捧到監管介入，雛形期的元宇宙仍存在諸多不確定性，產業和市場都極需回歸理性。

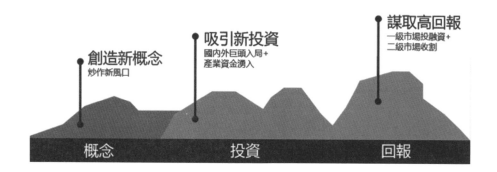

巨頭入場，市場信心驅動

字節跳動就以1億元投資元宇宙概念公司代碼乾坤，其主要產品包括青少年社交和ＵＧＣ平台《重啟世界》。
2021年4月

Facebook推出了VR會議軟體Horizon Workrooms，讓用戶以「數位人」分身進行線上VR會議。
2021年8月

8月11日，輝達（NVIDIA）宣佈，全球首個為元宇宙建立提供基礎的模擬和協作平台Omniverse，將向數百萬新用戶開放。
2021年8月

2021年8月
百度世界大會上設置了VR分會場，推出一款基於5G、百度雲手機技術和全新升級的「希壤」虛擬空間多人互動平台，讓無法親身到場的人們可以體驗這場科技盛會的虛擬空間。

2021年8月
VR創業公司Pico（小鳥看看）在全員信中披露，該公司被字節跳動收購。但這筆交易的價格並未公佈，有媒體報導稱50億元，也有消息稱達到了90億元。

👍 風險二 **經濟風險**

經濟風險可能會從虛擬世界傳導至現實世界。雖然元宇宙中的貨幣體系、經濟體系並不完全和現實經濟掛鉤，但在一定程度上可通過虛擬

貨幣實現和現實經濟的聯動。當元宇宙世界中的虛擬貨幣相對於法幣出現巨大價值波動時，經濟風險會從虛擬世界傳導至現實世界。元宇宙在一定程度上也為巨型資本的金融收割行為提供了更為隱蔽的操縱空間，金融監管也必須從現實世界拓展至虛擬世界。

美國等：虛擬幣→ 法幣 聯動波動　　VS　　中國：代幣，單向轉化

👍 風險三　算力壓力

　　如何保障雲計算穩定性、低成本算力資源等諸多問題都有待解決。元宇宙是大型多人線上遊戲、開放式任務、可編輯世界、XR 入口、AI 內容生成、經濟系統、社交系統、化身系統、去中心化認證系統、現實場景等多重要素的集合體。這也使得其本身運作對演算法和算力有極高的要求：穩定性、可持續性、低成本……

👍 風險四 輿論泡沫

在資本吹捧下，非理性的輿論泡沫呼應著非理性的股市震盪，但從產業發展現實來看，目前元宇宙產業仍處於「社交＋遊戲」場景應用的打基礎階段，還遠未實現全產業覆蓋和生態開放、經濟自轉、虛實互通的理想狀態。目前元宇宙的概念布局仍集中於 XR 及遊戲社交領域，技術生態和內容生態都尚未成熟，場景入口也有待拓寬，理想願景和現實發展間仍存在漫長的「去泡沫化」過程。

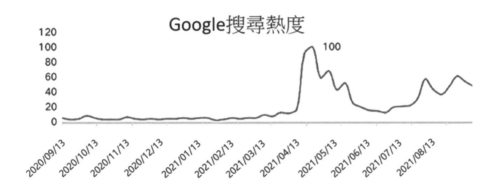

從世界範圍來看，中國對「元宇宙」的搜索量最高，從搜索熱度來看，2021 年 4 月 18 日的搜索熱度達到峰值，相關事件：

★ 4 月 13 日，Epic Games 獲得 10 億美元投資。

★ 4 月 20 日，遊戲引擎研發商代碼乾坤（號稱「中國版 Roblox」）
　　獲字節跳動近 1 億人民幣的戰略投資。

關注度與股市波動形成強聯動，2021 年 9 月 8 日，「元宇宙」概念強勢上攻，概念板塊中 25 檔個股集體飆升。自從字節跳動收購中國 VR 廠商 Pico 的消息傳出之後，「元宇宙」熱度從一級市場傳導至二級市場。

在2021年9月9日，元宇宙概念股登上微博熱搜。搜索NFT、XR、遊戲等此類名詞頻繁出現，但八成網民持中立態度，整體而言市場關注度較高：

★ **積極觀點認為（約10%）**：其投資價值較大。自三月以來，部分元宇宙股票價值上漲較快；與VR、AR等新技術相關，是未來科技的發展方向。提早布局，未來收益可翻倍。

★ **中立觀點認為（約80%）**：部分網友保持觀望，認為當前「元宇宙」仍然處於概念階段，距離落地可能還要3～5年。

★ **批判觀點認為（約10%）**：一方面，認為「元宇宙」這樣的新詞遮蔽了當前科技發展停滯的現實，部分公司借此吸金的行為是在「割韭菜」。另一方面，網友認為，如果不是炒作，企業沒有必要那麼高調地宣布仍在研發中的遊戲計畫。

風險五 壟斷張力

各家巨頭間的競爭態勢決定了其生態的相對封閉性，完全的開放和去中心化很難實現。

監管層面的中心化

元宇宙世界和現實社會一樣，需要完整的貨幣系統、經濟秩序、社會規則、管理制度、文化體系甚至法律約束，其涉及的約束邊界都需要中心化組織的參與和監管，元宇宙的公共性和社會性使得完全去中心化在一定程度上成為了一個偽命題。

產業布局層面的中心化

各家巨頭間的競爭態勢決定了其生態的相對封閉性，完全開放和去中心化很難實現。

去中心化願景
去中心化的運作邏輯和價值基礎

去中心的實現
中心化、層級化、壟斷性的組織結構

風險六　倫理制約

如何在去中心化的框架中構建元宇宙的倫理框架共識，仍需從多視角去進行探索。理想概念中元宇宙是高自由度、高開放度、高包容度的「類烏托邦」世界。作為各種社會關係的超現實集合體，當中的道德準則、權力結構、分配邏輯、組織形態等複雜規則也需要有明確定義和規範。而高自由度不意味著行為的不受約束，高開放度也並非邊界的無限泛化，如何在去中心化的框架中構建元宇宙的倫理框架共識，仍需從多視角去進行探索。

風險七　智慧產權

多主體協作與跨越虛實邊界的改編應用很可能會引發產權糾紛。智慧產權問題可以說是網際空間中一直存在的一個「頑疾」，雖然區塊鏈技術為認證、確權、追責提供了技術可能性，但在元宇宙空間大量的 UGC 生成和跨虛實邊界的 IP 應用加劇了智慧產權管理的複雜性和混淆性。元宇宙是一個集體共用空間，幾乎所有人都是這個世界的創作者，

這也衍生了大量多人協作作品，這種協作關係存在一定的隨機性和不穩定性，對於這種協作作品和團體著作權人需要有確權規則。而元宇宙中的虛擬數字人、物品、場景等元素很可能是來自或者改編於現實世界對應實體，這種跨越虛實邊界的改編應用很可能會引發智慧產權糾紛，包括人物肖像權、音樂、圖片、著作版權等。

「團體著作權」：多人協作創作 ⟶ ⟵ 跨越虛實邊界的著作權確權與追責

風險八 隱私風險

個體隱私資料作為支撐元宇宙持續運轉的底層資源需要不斷更新和擴張，資料資源合規收集、儲存與管理尚待探討。元宇宙作為一個超越現實的虛擬空間，需要對使用者的身份屬性、生理反應、行為路徑、社會關係、人際交互、財產資源、所處場景甚至是情感狀態和腦波模式等資訊進行細顆粒度挖掘和即時同步。這對個體資料規模、種類、顆粒度和時效性提出了更高層面的要求，個體隱私資料作為支撐元宇宙持續運轉的底層資源需要不斷更新和擴張，這些資料資源如何收集、儲存與管理？如何合理授權和合規應用？如何避免被盜取或濫用？如何實現確權和追責？如何防範元宇宙形態下基於資料的新型犯罪形式？

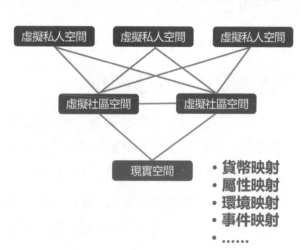

風險九 沉迷風險

　　過度沉浸虛擬世界亦有可能加劇社交恐懼、社會疏離等心理問題。元宇宙因具沉浸體驗及其對現實的「補償效應」而具備天然的「成癮性」，雖然我們的願景是讓人們在虛實之間自如切換，但沉迷風險必然存在，這與近期國家對遊戲等產業的監管加碼也相呼應。另一方面，倘若虛擬世界的價值理念、交互邏輯、運轉規則和現實世界出現明顯分化甚至是異化、對立，使得沉浸在虛擬世界中的人對現實世界產生不滿、憎恨、仇視等負面情緒。而過度沉浸在虛擬世界亦有可能加劇社交恐懼、社會疏離等心理問題，亦或影響婚戀觀、生育率、人際關係等人際問題。

虛實二界的流動交換

風險十 產業內捲

　　概念上的突破並未從本質上改變產業內捲的現狀。元宇宙是遊戲及社交內捲化競爭下的概念產出。人才和用戶資源的搶奪、監管壓力加碼，遊戲及社交的產品模式也逐漸進入瓶頸期，相關互聯網巨頭進入到存量互割和零和博弈階段。內捲態勢下極需一個新概念重新點燃資本和

用戶的想像空間。雖然在新概念加持下階段性實現了資本配置的帕累托改進，但概念上的突破並未從本質上改變產業內捲的現狀。

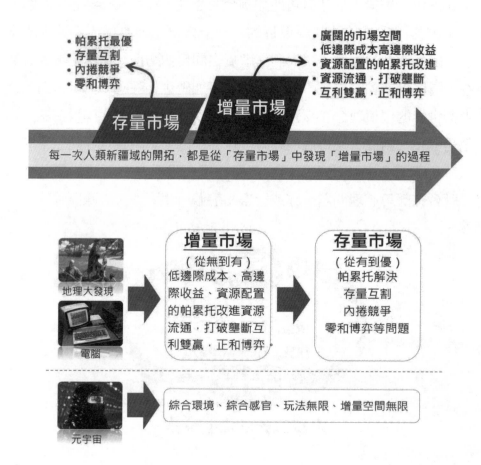

總之目前元宇宙底層技術發展也不如預期：如，❶VR/AR發展不及預期；❷內容生態發展不及預期；❸雲計算發展不及預期。

另外各國的政策制訂也是一大風險，從虛擬貨幣的監管就可以略窺一二，所以區塊鏈政策監管風險，與數位世界涉及到的新政策與監管落地情況也是必須考慮的風險。

Part
5

最值得關注的十大
Web3.0加密貨幣

01 Chainlink（Link）

 簡介

　　想要認識Link幣，首先要了解Link幣的發行方，也就是Chainlink，而Chainlink已經成為加密貨幣領域內預言機系統的老大，許多成功的DeFi協議，例如Aave、yearn.finance和crypto.com，都依賴Chainlink來提供準確的現實世界數據，Link幣的漲跌是取決於鏈上對數據的需求，並且Chainlink要持續保持其預言機的領先地位才能讓Link的價值不斷成長。

　★ **白皮書：**

https://chain.link/whitepaper

　★ **網站：**

https://chain.link/

　★ **即時價格：**

★ **哪裡可以購買：**

 特點

★ Chainlink 的應用非常的廣泛，包括：引用區塊鏈外部世界的市場價格、利率、物聯網數據、GPS、供應鏈數據等等。

★ Chainlink 不需要依賴單一的數據來源，它使用了去中心化的模式來做預言機，而是通過多點的採集以及驗證來保障數據的真實可靠。

★ Chainlink 會給引入數據的驗證節點發獎勵，這個獎勵就是Link幣。

★ Link 幣的價值和 Chainlink 生態系統中的數據需求息息相關，Chainlink 被越多的人使用，Link 幣就越值錢。

筆者還是很看好 Link 幣的未來，但這僅代表筆者個人觀點，投資需謹慎，大家切忌追漲殺跌。

 簡介

那麼什麼是預言機？ Chainlink 主要是在做著什麼事情呢？

鏈上的各個智能合約、GameFi 或是加密貨幣借貸平台都需要及時掌握加密貨幣的報價亦或是要第三方數據來判定結果，因為提供即時的加密貨幣價格亦或是借貸平台需要計算用戶的擔保品的價值是否還足夠，可是這些項目要如何知道目前的加密貨幣價格呢？

這時候正是需要預言機的出現，預言機可以通過彙整各方資訊後得出目前加密貨幣的合理價格，而 Chainlink 正是提供目前即時加密貨幣正確報價的服務的龍頭。

　　例如：假設阿福與大雄對賭一小時後以太幣的漲跌，兩人各投入100美金進入智能合約裡面，但是智能合約需要有人提供給它一小時後的比特幣價格才能判斷誰獲勝。

　　這時候就可以找一個公正且第三方的預言機，如Chainlink，讓他來提供這個一小時後的比特幣價格，以此來判斷誰獲勝。

　　如果今天DeFi項目方採用的第三方數據完全是由一間公司單獨彙整的資訊，這就會讓人擔心這個資訊會不會出錯，亦或是懷疑會不會公司跟駭客合作，讓項目遭受攻擊。

　　在區塊鏈中，數據的公正性與獨立性至關重要，而Chainlink正是解決了中心化問題的去中心化預言機。

　　但Chainlink是如何做到產生公正且正確的第三方應用機制，首先Chainlink會收集第三方的數據提供者資訊，透過統整第三方資訊後排除極端值與錯誤數據後把數據賣給需求方（如DeFi項目、智能合約等）。所以可以把Chainlink想成提供數據服務的平台，只不過是更加及時的資訊，如各類加密貨幣價格，亦提供各項數據服務。除此之外Chainlink還提供GameFi、保險、DeFi、審計等各項業務，利用鏈上預言機滿足各式需求，甚至包含現實的業務範圍。

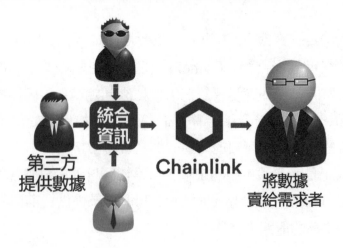

為什麼需要用到預言機？

　　區塊鏈是一個封閉的世界，區塊鏈外部的數據被視為「鏈下」，而已經存儲在區塊鏈上的數據被視為「鏈上」，它們沒辦法和外部世界的數據以及系統進行交互。每個區塊鏈其實都是一個自己的小世界，它只能處理自己世界裡的數據，超出了自己世界之外的數據就超出了它們的認知，如果沒有辦法為區塊鏈提供外部世界的數據，它們就無法與現實世界進行交互，也就很難產生實質性的應用了。所以就需要一個兼容區塊鏈之外的工具，來提供真實的外部數據和信息，而預言機就解決了這個痛點。

1-1 Chainlink 的創新

　　Chainlink 使用了去中心化的模式來做預言機，它不需要依賴單一的數據來源，而是通過多點的採集以及驗證來保障數據的真實可靠。中心化的預言機存在「單點故障問題」，例如：API 數據提供方忽然當機了，數據方為了一己私利惡意竄改數據，駭客攻擊了數據源頭竄改了數據，中心化的預言機提供的數據很有可能因為單點故障而不準確，並導致智能合約執行錯誤的結果。Chainlink 則選擇建立了去中心化的預言機網絡，分散了數據來源，分散了預言機並且使用可靠的硬件服務器，避免了「單點故障問題」，來確保數據的真實可靠。真實可靠的數據源頭是保障區塊鏈實質性應用的基礎，對於 DeFi 來說也是尤為重要。據 DeFi Pulse 的數據統計，目前鎖定在智能合約裡的資產已經超過了 99 億美元，如果數據的真實可靠性出現了問題，會帶來不可估量的損失。

　　假如說我們想知道比特幣的實時報價，我們平常的做法是直接去

coinmarketcap拿數據就好了，但這裡就有個問題，如果coinmarketcap的數據有誤或者是coinmarketcap忽然當機了怎麼辦？也就是我們提到的中心化的預言機會出現的問題，Chainlink為了實現去中心化，會蒐集多種數據來源經過彙總加權才會產生最終的結果，這樣就保證了最終的數據不僅僅只是從單一一個提供方獲取到的。

當智能合約連結了Chainlink想要知道比特幣報價時，Chainlink會隨機選擇不同的Chainlink網絡節點，這些網絡節點都是參與在Chainlink預言機中的報價者，他們每個人都會使用API連結外部數據庫，然後得到比特幣的實時報價，每個節點的報價都有可能不一樣，因此Chainlink還需要對這些資訊進行篩選。報價者們在決定參與報價時，通常需要抵押一部分的Link幣當做押金，如果報價被Chainlink取用，就能得到更多的Link幣作為獎勵，而如果亂報價，則會被收回押金。

1-2 Link幣是什麼？

Link是一個ERC-20代幣，具有額外的ERC-223功能。前面有提到Chainlink會給引入數據的驗證節點發獎勵，這個獎勵就是Link幣，Link幣即為Chainlink推出的項目代幣，以供應整個Chainlink的生態運作。

★ **代幣名稱**：Link
★ **總供應量**：1,000,000,000顆
★ **35% 代幣**：用於Chainlink節點營運商
★ **35% 代幣**：於公開販售中賣出
★ **30% 代幣**：分配給Chainlink團隊供後續開發

1-3 Link 代幣最新分配情況

Chainlink 節點運營商持有 35% 的供應量，團隊持有近 25%，交易所持有 16%。團隊持有的資金旨在引導 Chainlink 項目的開發。團隊、節點或交易所之外的錢包持有的 Link 幣均不超過總量 1% 的。不難看出，Chainlink 團隊擁有的 Link 幣數量足夠他們在市場上操控價格，不過好在團隊是在用心打造 Chainlink 項目，不是割一波韭菜就跑路了，團隊在過去 3 年中僅售出總供應量的 5%，他們持有的 Link 幣的數量從最開始的 30% 下降到了 25%，資金主要是用於 Chainlink 項目的發展。

1-4 Link 幣用途

Chainlink 的運作機制正是需要與 Link 幣相結合，也就是說 Link 幣是串連整個 Chainlink 生態，比如說有數據提供者供應第三方數據給 Chainlink，他們首先要質押一定數量的 Link 數據才能提供，並且如果給出錯誤數據的話，Chainlink 將會把質押的 Link 幣給沒收以示懲罰，然後數據的需求方也需要花費一定的 Link 幣才可以獲得數據，這些 Link 將會分配給數據提供者，讓數據提供者有動力繼續提供正確數據。所以形成了一個封閉循環，只要有越多對數據的需求，那需求方就需要購買 Link 幣來支付費用，推動 Link 幣上漲。而數據提供者也會為了賺取更多了利潤而質押鎖倉 Link 幣，從而使 Link 幣流動性下降，間接推動幣價上漲的動力。

1-5 Link的其他用途，持有者質押挖礦

　　Chainlink也宣布將開發一般用戶的質押功能，除了數據提供方可以質押賺取獲利外，一般用戶也可以選擇質押在可信賴的數據提供方上。當數據提供方的數據被採用時，一般用戶所質押的Link也可以一同獲得獎勵，這樣的功能也完善了一個機制，那便是榮譽機制。因為Chainlink需要判斷哪些數據權重較高，也就是哪些數據比較可信，這時候就引入榮譽機制，所謂的榮譽機制就是，數據提供方的數據提供得「越久」或「越多」，亦或是提供假數據被罰款的金額都會被列入判斷之中，而提供方的榮譽權重就會越重，Chainlink則會優先選擇那些榮譽權重較高的數據，也就是權重越高，獲利的機會越多，而未來持有者的質押也會被判斷到榮譽機制的數據當中，也就是讓整個機制的數據更容易被判斷是否可信，一般持有者也能因此獲利的一個機制。

　　Link幣的價值和Chainlink生態系統中的數據需求息息相關，Chainlink被越多的人使用，Link幣就越值錢。在Chainlink系統中，質押Link幣後可以成為節點為DeFi提供外部數據，成功為智能合約提供數據後可以獲得一定的Link幣獎勵。簡單點理解就是通過賣數據

賺錢，Chainlink上要數據的買方多了，賣方覺得有利可圖，就會增加質押希望賣更多的數據賺更多錢。質押的Link幣數量增加，推高了對Link幣的需求，幣價就會上漲。幣價上漲之後，惡意提供虛假或者錯誤數據的節點就會賠更多的錢，因此作惡的人會更少，形成一個良性循環，Chainlink網絡會變得更可靠更安全。因為Chainlink足夠安全可靠，讓更多的用戶選擇了Chainlink預言機，接著又會吸引更多的人參與到Chainlink的生態中來，形成了一個成長閉環。這是Chainlink理想狀態下的發展方向。

Chainlink令人期待的三點：

1. Chainlink目前是預言機的龍頭老大，有頭部效應的優勢，預期在未來的成績必然越來越好。

數據來源Crytoslate

　　根據Crytoslate整理的預言機排名清單，目前Chainlink的市值遙遙領先，約為第二名Augur的49倍，目前預言機市場上能挑戰Chainlink地位的競爭對手暫時還沒有出現，大部分的主流平台都在使

用Chainlink的預言機。截至目前，Chainlink擁有超過一千個以上的合作夥伴，包括Google的雲平台、甲骨文、Swift轉帳系統、IC3、ioTex、Harshgraph、Ethereum、Cardano、Hedera、Polygon、Arbitrum、Solana等等，Chainlink正在發展一個面向未來的強大生態系統。

圖片來源：Exploring.link

2. 預言機的市場需求會持續成長

　　預言機對於未來的區塊鏈世界是非常重要的，只要智能合約需要外部數據，預言機就會存在，隨著虛擬貨幣世界的發展，會有越來越多的智能合約或者DApp與我們的現實世界產生交互，包括保險，房地產買賣，投票治理，DeFi或者元宇宙等。這些智能合約都會需要外部數據的接入，這會讓虛擬貨幣世界對於預言機的需求越來越高，Chainlink

作為預言機的龍頭老大當然也會受到更多的關注。

3. 對開發者非常友善

利用Chainlink系統，一個專業的開發者只需要花費很少的時間就可以開發出一個去中心化的DeFi項目，如果對Chainlink足夠熟悉，大約10分鐘就夠了，智能合約又有著上鏈後無法更改的特性。這就意味著，一旦開發者們使用了Chainlink作為智能合約的數據接口，就很難更改了，即使後面出現了Chainlink的競爭對手，但是因為鏈上的智能合約無法更改，也不能把Chainlink給替換掉。所以Chainlink一旦被接入一個項目，就穩穩地佔住了市場，競爭對手也無法和它競爭了。

 02 Polkadot（**DOT**）

 簡介

　　Polkadot（DOT）成立於2016年，是Web3.0
領域最受歡迎的項目之一，作為Web3.0互操作性平
台，一般的區塊鏈只有一條大主鏈，且與別的鏈跨鏈
傳送或註冊上不是那麼方便，但波卡Polkadot生態鏈的
目標是成為跨鏈的網路協議，讓跨鏈代幣的轉移和計算都更加容易。波
卡Polkadot是一由多條鏈組合而成的公鏈，以多條鏈的方式解決單條鏈
無法達成的擴展度和速度，而且在波卡Polkadot中的各條鏈之間可以自
我治理，並且互相合作和升級，保有各條鏈的自主和多元，讓整個波卡
生態更加強大。

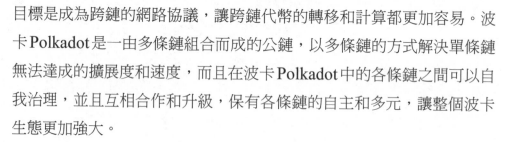

★ **白皮書：**

★ **即時價格：**

★ **哪裡可以購買：**

 特點

1. **參與網絡治理**：DOT持有者擁有在波卡Polkadot上的投票權，投票項目包含決議收取費用、平行鏈是否需要增加或移除等。

2. **參與共識機制**：參與共識機制（PoS）需要質押代幣以確保整個運算的安全和共識，想要透過參與PoS賺取獎勵，首先就要先買入DOT來做質押。

3. **平行鏈綁定**：要成為波卡Polkadot生態中的平行鏈，必須要先綁定一定數量的DOT給波卡Polkadot鎖定，如果說未來要在波卡Polkadot上開發的人越來越多，DOT的持有數量就會成為決定誰可以被發到鏈的競爭條件之一。

詳介

　　波卡是由多鏈共同運作組成的區塊鏈，其中包含了提名制的權益證明以及跨鏈運作協議。簡單來說波卡允許使用者在不同的區塊鏈中傳輸代幣或是資料，讓目前各個區塊鏈只能各自運作的狀況有了改變。其中特色還有除了公有鏈能互相傳輸外，波卡也能讓私有鏈和公有鏈互相協作。

　　波卡鏈的創辦人是前以太坊的CTO及共同創辦人Gavin Wood，他在2016年離開以太坊自己創立波卡，並在2016年10月推出了第一版的波卡白皮書，而波卡也在2017年10月參加當時火熱的ICO，並募得超過1.45億美元這個金額是當時最成功的ICO項目，但波卡團隊可

能也因為這個項目太有名遭到駭客盯上，高達60%的募款資金被駭客凍結無法動用，他們也承認因為這個狀況確實拖慢了波卡區塊鏈的開發進度。

直到2018年他們推出了測試主網，並成功開發出許多重要功能，包括：Substrate、Web Assembly智能合約等，2019～2020開發都在穩步進行也在2020/5月正式推出波卡主網甫一推出就大獲市場支持，目前DOT代幣市值約50億美元在所有加密貨幣中為市值前10名的加密貨幣。

波卡區塊鏈的最大特色是它是由主鏈（Relay Chain）和其他功能型的側鏈（Parachains，Bridges）組成，波卡也設計以下角色來確保區塊鏈的交易安全性和去中心化特質：驗證者（Validators）、提名者（Nominators）、收集者（Collectors）和漁夫（Fishermen），只要透過質押DOT代幣到Polkadot的智能合約中就有機會可以成為上述角色確保波卡區塊鏈安全運行和獲得DOT獎勵。

由於波卡區塊鏈是使用提名制權益證明（Nominated-Proof-Of-Stake – NPoS），所有DOT代幣的持有人都可以當提名者提出一份他信任的驗證者名單，並抵押部分的DOT代幣，如果他提出的名單真的被選為驗證者並做出正確的紀錄，提名人就會收到一筆獎勵，所以如果你是提名人你只要提名有良好聲望和紀錄的驗證者，你就有很大機率會獲得獎勵，等於所有人都被鼓勵去提名你信任的節點作為驗證者。驗證者同樣也需要抵押自己的DOT代幣才能進行驗證，如果表現不好系統會沒收他們質押的DOT，驗證者會在Parachains（側鏈）確認交易資訊，當所有交易資訊都正確後，驗證者會把交易資訊打包到Relay Chain（主鏈）上進行新的區塊出塊和將新區塊加到區塊鏈上。Bridges（側鏈）則是需要跨鏈交易時會經由Bridges作業再記錄到主鏈上。

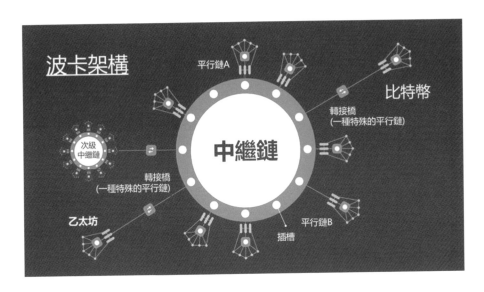

Polkadot 與目前正剛開始運行的以太坊 2.0 不可諱言的在目前的運行機制的設計和社群生態系上有相當多類似的點，例如波卡及以太坊都使用權益證明（Proof-of-stake）、以太坊的分片和波卡的 Parachains 都使用多鏈設計而非以太坊 1.0 的單鏈設計……等。目前波卡和以太坊在使用過程中有四個比較大的不同：

1、交易手續費：以太坊＞波卡

2、每秒交易量（tps）：以太坊＜波卡

3、以太坊比較像是通用的區塊鏈，而波卡可以因不同應用而設計不同區塊鏈

4、以太坊可以很好地和以太坊內其他的應用整合但無法跨鏈，波卡除了可以跟以太坊應用整合還可以跟其他例如比特幣、EOS 等區塊鏈整合應用，目前波卡區塊鏈上開發的項目有 All、All 305、SubstrateBased 96、Tooling 28、Polkadotimpl 5、Wallet 28、Infrastructure 14、Developer 49、Validator 27、Explorer 10、Forum 19、Workshop 17。

03 Filecoin（FIL）

 簡介

　　Filecoin是一個使用區塊鏈技術的去中心化點對點數位儲存空間市場，它構建於星際檔案系統（IPFS）之上，允許用戶租出未使用的硬碟空間，來換取FIL代幣。除了不同區塊鏈網絡之間的互操作性，去中心化儲存也是Web3.0基礎設施的要素。作為該領域的領導者之一，Filecoin（FIL）正致力於實現這一點。作為一個去中心化存儲網絡，Filecoin用戶可以在項目的動態分散式雲端解決方案上託管和檢索他們的數據，該解決方案在區塊鏈上運行。從桌上型電腦上的免費硬碟再到成熟的數據中心，生態系統參與者可以提供他們的硬體儲存服務，並獲得FIL作為交換。雖然加密證明保證用戶的數據隨著時間的推移保持不變並且可以訪問，但該項目將記錄分成許多區塊來安全地儲存它們。

★ **白皮書：**

★ **網站：**

★ **即時價格：**

★ **哪裡可以購買：**

 特點

　　在全球檔案儲存及擷取效率低下的問題上，Filecoin 提供了一個很好的解決方案。它還把權力交到客戶手中，這樣客戶就不太可能被大企業的合約所束縛。Filecoin 是一種區塊鏈經濟，採用的存儲方式是分散式存儲的方法，每個存儲的節點上只存儲一部分的資料，而 Filecoin 通用的演算法和懲罰機制可以有效地保護了資料，可以將資料存儲永久地保存在互聯網上。Filecoin 為 Web3.0 中提供了一種安全高效的資料存儲新模式。作為一種強大的技術，是有助於推動 Web3.0 的環境發展。

Filecoin 的四大特點：

1、存儲是收益，Filecoin 是與 BTC 不同的工作量證明，後者消耗了大量的能量，產生的噪音和污染是與綠色生態環境的宣導是背道而馳的，但是前者只需要提供存儲空間和寬頻，就可以滿足你的需求。

從這個意義上來說，Filecon根本上提高了效率。

2、Filecoin的存儲模式是非常獨特的，在存儲空間中，以便為使用存儲空間的雙方提供公平待遇。

3、隨著IPFS的大規模應用，Filecoin作為IPFS的激勵層得到了越來越多的認可，這進一步推動Filecoin的價格。

4、Fileconin是ETH以來唯一具有革命性技術革新的數位貨幣。在ETH發生期間，許多貨幣的目標是更快，更安全，更廣泛地使用。但是，一些其他貨幣沒有給區塊鏈和社會帶來實際用途。而Filecoin是一區塊鏈資料保存為基礎，為區塊鏈存儲領域打開了新的一扇窗戶。

　　從區塊鏈項目的角度觀察，做為世界頂級明星項目，它自然而然與別的基礎設施建設建立相輔相成競爭優勢。在20億個FIL當中，70%是通過挖礦產生的。這是典型的礦工友好項目。在資料層井噴的情況下，做為底層存儲層，我們可以共同構建Web3.0時代。

詳介

　　Filecoin可以提供極具吸引力的替代方案，用來購買Amazon S3儲存桶、DropBox空間，並受困於相同的雲端儲存合約。藉由合適的基礎設施，任何人均可在 Filecoin網路上買賣儲存空間，同時設定自己的價格並製作自己的合約。Filecoin是一個去中心化儲存網路，任何人皆可出租儲存空間。同樣地任何人皆可在網路上購買儲存空間。重要資料可以拆分，並儲存在世界各地的不同電腦上，這樣就不會只信任一家公司。Filecoin首次引入是在2014年，當時 Juan Benet 發布了白皮書《Filecoin：加密貨幣操作的檔案儲存網路》。此提議是一個類似於比

特幣的區塊鏈網路，但網路中的節點可以儲存資料，由可擷取性證明元件予以保證。Filecoin是由Protocol Labs開發的。Filecoin有時被稱為IPFS之上的激勵層。這只是在說，用戶透過獲得FIL代幣來激發其出租儲存空間的熱情。IPFS是一種點對點資料儲存及擷取協定，使用更為去中心化的方法構建而成。有別於HTTP或HTTPS，它不依賴於中心化伺服器來儲存資料。Filecoin在2017年的ICO中籌集了超過2.5億美元，這在當時創下了紀錄。隨後，Filecoin主網於2020年10月推出。

👍 3-1 Filecoin（FIL）如何運作

Filecoin基礎設施是一個分散式點對點網路，主要目的是為組織及個人提供一種在世界各地儲存資料的新方式。當用戶有免費儲存空間可供使用時，他們就可以成為儲存礦工，基本上就是負責在Filecoin網路上儲存資料。用戶端會支付FIL代幣來儲存及擷取資料。擷取礦工是另一種參與者類別。如您所料，它們促進了用戶端及儲存礦工之間的資料擷取過程，並為其服務接收少量的FIL。Filecoin使用端對端加密方式，而儲存空間提供商無法存取解密金鑰。正因為它是一個去中心化系統，檔案儲存在多個儲存位置上都是安全的。

Filecoin它為企業及消費者提供了一個點對點雲端儲存解決方案。因為同一個項目（儲存空間）可能由不同賣家以不同價格提供，最終受益的可能就是消費者。有時您可能沒有足夠的儲存空間來儲存所有資料，而有時您會有多餘的儲存空間可供出售。這就是Filecoin做出的承諾。在過去幾十年裡，我們儲存及存取資料的方式發生了變化。在商業領域，這已經從現場儲存（公司擁有巨大的伺服器室）轉變為遠端資料

儲存倉庫，以及更多遍佈於全球各地的多元化雲端儲存空間。目前，大多數企業會綜合使用上述各種方式。同樣，隨著對雲端儲存的依賴性變大，消費者資料儲存也發生了變化。這也帶來了雲端儲存市場的超級大鱷，如AWS、HPE和Dell。商業客戶通常僅選擇一個提供商，而且一用就是數年，這就妨礙了競爭。無論儲存空間提供商是何者，Filecoin皆允許想要購買儲存空間的客戶輕鬆找到最划算的交易。這也許會開創出一個競爭更激烈的雲端儲存市場。

　　Filecoin讓消費者可以選擇最好的儲存方案，而不必選擇約束重重的供應商合約，或是隨選儲存的高費率。擁有未使用儲存空間的組織及個人能夠在網路上提供其儲存空間。透過共用他們的資源，他們會獲得FIL獎勵。一開始可能並不明顯，但您也可以構建用於儲存的DApp！這些應用包括消費者儲存應用程式、DeFi應用程式、去中心化影片應用程式等。無論是透過儲存活動在Filecoin網路上消費還是賺取FIL，或者只是交易你的代幣，你都需要一個地方來進行儲存。Filecoin為FIL推薦了三種錢包。Lotus可用於執行Filecoin節點，可綁定到Ledger。Glif錢包是一個基於網頁的介面，如果您不想執行Lotus，也可將其綁定到您的Ledger。Filfox錢包是一種基於網頁的錢包，可將其用於您的代幣。

04 Theta（**THETA**）

 簡介

Theta 是世界上第一個利用區塊鏈技術解決串
流媒體和視頻點播缺點的去中心化視頻網路。Theta
使用點對點網狀網路，任何個人電腦、移動設備或智
能電視上的任何人都可以自願使用他們的空閒頻寬和計
算將視頻轉發給其他用戶，並為他們的貢獻獲得代幣獎勵。Theta 視頻
轉播者是邊緣節點 Edge Nodes（又名 Caching Nodes，緩存節點），
與中心化 CDN 服務器相比，它們在地理上更靠近用戶（電視、電話和
計算機）。因此，Theta Network 為最終用戶提供了卓越的串流媒體、
視頻平台更低的成本以及轉播者自願提供頻寬的獎勵；各方都受益於
Theta 模型。

★ **白皮書：**

★ 網站：

★ 即時價格：

★ 哪裡可以購買：

 特點

　　Theta 的主要概念是去中心化影片傳輸、數據傳輸和邊緣計算，其更高效，低成本的方式，對於參與者來說也更加公平。Theta 特別之處在於顛覆當前集中化形式的影片傳輸媒體產業。

★ **特點1：**代幣作為獎勵措施。Theta 上的代幣會被用於獎勵措施，目的在鼓勵個人用戶共享資源，可以讓這些用戶作為影片傳輸的緩存或中繼節點，這不僅可以提高傳輸影片的品質，解決影片傳輸問題。

★ **特點2：**降低內容傳遞網路（CDN）的成本。只要具足夠的網絡密度，大多數用戶就可以從對等緩存節點中抓取影片，從而使平台降低內容傳遞網路（CDN）的成本。

 詳介

★ **代幣名稱：**THETA

★ **出時間**：2018年
★ **團隊**：Theta Lab
★ **總量**：1,000,000,000
★ **代幣用途**：驗證節點

 ## Theta2023年最新發展

Theta Network於2022年12月1日，已完成了主網的第四次升級，邁入Theta 4.0 Metachain的階段，Metachain的概念讓子鏈網路能夠互相連結。Metachain類似於Avalanche的subnet以及Cosmos的appchain等概念，每個平台或Web3.0業務，都可以在Theta生態中擁有自己高度可訂製的子鏈，並具有公鏈的透明度、安全性和可信度。軟體開發工具包（SDK）將與Metachain一起推出，這將使開發人員能夠高效地創建自己的subnet。媒體也將能夠將該鏈與Theta的所有Web3.0工具整合，包括存儲和基於NFT形式的影音內容。

 ## Theta的發展歷程

Theta由廣告和遊戲初創公司相關的連續創業者Mitch Liu在2017年時所創立，他同時亦是直播方面的專家。Theta最初只是一個影音平台，提供許多不同類型的內容，例如電影、電視、電子競技、音樂等。

Theta團隊於2017年舉辦私募代幣以啟動此項目，2019年時主網正式上線，隨後也推出了去中心化的實況平台theta.tv。Theta透過區塊鏈的特性在該平台上推出專屬NFTs，而表情圖案、使用者的徽章等，都會經過特別設計後上鏈，讓直播平台NFTs的展示及收集場所。

Theta的特點在於有三種節點確保區塊鏈運作。Theta專門是為了影片以及數據流而設計，其區塊鏈使用BFT共識機制，讓數千節點可一起參與共識過程，與此同時處理每秒大量的交易。Theta的生態中包含治理代幣Theta及原生代幣TFUEL，在Theta內設置三種節點，即可確保區塊鏈能正常運作。

★ **節點1**：驗證節點（Validator Nodes）驗證節點會負責處理鏈上的所有交易，想要成為驗證節點就會需要先質押1千萬顆

Theta，但是因為質押要求的門檻過高，所以目前的驗證節點大部分是由大型企業去負責執行。其中包含：Google和Samsong等，而Google的雲端Google Cloud也可以讓使用者直接在雲端上，部署成為Theta節點的服務。

★ **節點2：**管理員節點（Guardian Nodes）：管理員節點主要是負責檢驗驗證節點所處理的每筆交易是否正確，而要成為管理員節點需要質押10萬顆Theta。

★ **節點3：**邊緣節點（Edge Node）：邊緣節點指的是所有提供他們剩餘頻寬的使用者。邊緣節點成功幫助Theta傳輸資料時，獲得相應的TFUEL代幣獎勵，邊緣節點的數量是遠大於管理員節點以及驗證節點，因此邊緣節點在Theta的生態中也佔有一席之地。

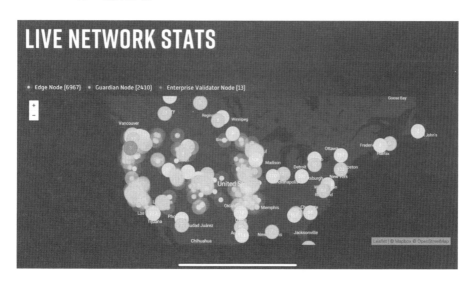

05 Helium （HNT）

 簡介

　　加密貨幣的市場實在是變化莫測，每隔一陣子，就有各式各樣不同的挖礦項目，隨之而生，而你可能有聽說過網頁可以挖礦，手機也可以用來進行挖礦，現在透過熱點的設置，也能進行挖礦，那就是HNT幣，就是一款可以透過設置熱點，來挖取的加密貨幣。

★ 白皮書：

★ 網站：

★ 即時價格：

★ **哪裡可以購買：**

 特點

1、HNT幣的礦機是無線訊號基地台，以協助轉送的流量來加權分配新挖出來的幣。

2、通過Helium公司認證的HNT幣的礦機才有挖出HNT幣的能力。

3、利用該網路訊號開發產品的公司，會在公開市場上買入HNT幣，提供最基本的買量。

4、因Helium公司創造出來的特殊規則，HNT幣的價值高低不會影響網路環境的資料傳輸費用。

 詳介

Helium區塊鏈是The People's Network底層分發獎勵的基礎，礦工通過架設LoRa基地台提供網路訊號且加入Helium區塊鏈來挖礦。大原則是訊號涵蓋範圍越大、協助轉送越多流量就可以獲得較高的HNT幣分配量，但現在還是網路架設的早期階段，會另外分配一些獎勵給驗證網路安全性的人員。以下是目前的獎勵分配：

★ **協助資料傳輸**：5成

★ **證明網路安全**：4成

★ **容錯群組**：1成

這比例會隨著網路基礎建設的完整來調整，參與者為發起人、被考

驗的基地台及證人基地台（可多個）。發起人可以不用是基地台（但能連上Helium區塊鏈的裝置通常有訊號發射能力）。

流程是發起人先選定目標基地台，讀取他提供的地理資訊，利用非對稱加密演算法給出不同資訊到目標基地台及周邊的基地台，周邊的基地台即證人。目標基地台收到訊號後要通過無線訊號傳輸資訊給周邊的證人，證人則把發起人給的資料和目標基地台傳過來的資料做比較，兩個一致的話即證明了目標基地台的地理資訊正確無誤。獎勵的分配：周邊基地台（證人）約分走當中的3/4，目標基地台1/5，剩下的一點點給發起人。所以說你要架設礦機，最好不要孤立一個點，要在收得到其他基地台訊號的地方架設，不然就和這份獎勵無緣。

分散式系統因參加者彼此信任的問題，最大交易速度一定遠不如中心化系統。共識容錯群組就是各P2P區塊鏈上常見的交易加速方案，犧牲一點點的安全性來讓單位時間的最大交易量能大幅提升。在Helium區塊鏈上也實做了共識容錯系統，採Honey Badger of BFT演算法，鼓勵大家組隊共享交易資料，降低每筆交易佔用的網路流量。目前是16個基地台可以組一隊，隊內共享每個周期挖出的HNT幣，然後再額外有一筆所有隊伍均分的獎勵。

👍 5-1　HNT幣的礦機

只有經過Helium公司認證的製造商生產的礦機才有資格挖出HNT幣，合格的礦機都會在官網貼出來。購入礦機時請注意服務頻段，由於每個國家的自由頻段不同，你買錯機型用到專用頻段的話，除了無法和同地區其他礦機進行溝通，也有可能面臨干擾專用頻段的罰款。

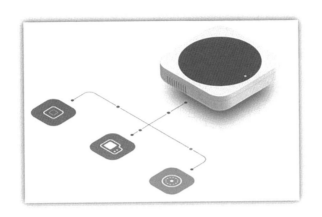

在2020年時曾有一段時間開放自建礦機可挖出HNT幣，但隨著製造商的產能穩定後這個優惠就取消了，看起來未來也不可能重新開放。當時民間自製的礦機或用同樣方式製造的新礦機，現在就只能當成訊號延伸器使用。多數的礦機都採用有線的方式來連結網際網路，但為了求LoRa訊號的廣度，很有可能需要把基地台架在難以拉網路線的住家角落，所以有些廠商就生產了使用WiFi或電信網路來取代有線網路的機型，不過耗電會比走有線網路多一些。選購時思考一下自身條件再看各機型的IO規格來決定要買哪個機型。

礦機的構造都非常簡單，一個LoRa訊號收發器加上Raspberry Pi就能跑了，現在要做訊號延伸器也是照這個模式製作。LoRa訊號收發器的核心處理器都是Semtech（SMTC，NASDAQ）這間公司設計的，這間公司是LoRa聯盟的主持人，也是LoRa晶片出貨量最大的公司。Semtech的晶片會由模組廠加上各項必要的電子元件製成LoRa訊號收發模組，系統廠再把模組整合Raspberry Pi這類微型電腦來製造礦機。目前各礦機內最常見的模組是中國的瑞科慧聯（RAKwireless）製造的，他同時也是出貨量最大的礦機生產商。隨著Helium區塊鏈的成長，越

來越多的廠商想加入生產礦機的行列。而台灣也有一間公司申請：普羅通信BROWAN，是上市公司正文科技（4906）的子公司。普羅通信本身就是有LoRa產品經驗的公司，加上礦機構造簡單，順利生產應該不成問題。LoRa系列晶片並不是個毛利很高的產品，在2020年和2021年的晶片荒裡，它並不是會被優先生產的晶片，現在的缺機漲價情形除了礦工大量加入外，也有源頭晶片不足的狀況在。

挖礦分配及發行量

HNT幣的總發行量約2.23億枚，2019年的8月起算每月發行500萬枚，每兩年減半。另外還有一個依鏈上交易狀況額外加碼的發行量，設計來讓2.23億枚發行完後仍有一定的獎勵來鼓勵資料傳輸者。

挖出來的幣的最終分配目標是79%給有進行資科傳輸的基地台、15%歸Helium公司、6%給共識群組。但在初期階段，基地台的地理資訊正確性相當重要，所以先以30%給有進行資科傳輸的基地台、29%給證明網路安全性的鏈上活動、35%歸Helium公司、6%給共識群組的比例下去分。之後逐年加大數據傳輸分得的比例，20年後以網路安全性的部分就歸零，以最前面講的固值來分配獎勵。

可以看到Helium公司不管在初期或後期都拿走了相當大比例的HNT幣。不過HNT幣不是PoS幣，持有再多幣都影響不了區塊的產出，持有看起來純粹只是公司財務考量，還有必要時燒幣來宣示通縮穩定市價。Helium區塊鏈上的交易都是通過燒幣來當手續費進行，雖然會通過加碼獎勵來重鑄，但不會新產出比消耗量還大的幣量。時間拉到無限來看HNT幣是個總數逐漸減少的幣。

5-2 HNT幣的使用方式

　　Helium區塊鏈，和其他鏈一樣支援跨鏈交易，有基本的智能合約的功能。Helium區塊鏈上所有的非挖礦交易都要以Data Credits為單位來繳交手續費。Data Credits通過銷毀HNT幣來獲得，每單位HNT幣可換得多少Data Credits以當時的市價來決定。Data Credits必須要固定在每單位$0.00001美金，Helium公司為此設了一個分散式系統來緊盯HNT幣在各大交易所的價格，來讓每個時段銷毀的HNT幣可以依美金的市值來換得固定單價的Data Credits。HNT幣換成Data Credits後就換不回HNT幣，也不能交易出去，就只能留在自己的錢包中使用。通過Helium區塊鏈轉送的LoRa封包，每24bytes要花費1個Data Credit，低消為1個。這樣一來通過The People's Network來製作應用的公司就可以簡單的估算流量成本，不會因為HNT幣的市價而影響使用該網路的意願。這些應用製作的公司也成了HNT幣交易市場上的買入造市商，因為最後使用時都會以美金計價，不論價格高或低，他們都會買入固定美金金額的HNT幣然後立刻換成等同美金的Data Credits。這個模式保證了Helium區塊鏈一定程度的基本價值，在鏈上放應用的公司會周期性地把美金投入到Helium區塊鏈中，即該周期內的礦工依資料傳輸量來分配該時段投入的美金，保障了礦工最基本的收入，而HNT幣的投機者所拉抬起來的價格則是礦工額外的收入加碼。流量費和炒作價格這兩個價格可以用股票市場上的淨值（股東權益）及市價來看，LoRa應用公司所付出的流量費和手續費即是該時間周期鏈的淨值，而交易所的成交價所算出來的則是市值。官方有提供網站來觀看HNT幣及Data Credits的各項數據，目前每30天消耗等同1百萬美金的Data Credits。

06 The Graph（GRT）

 簡介

　　在區塊鏈領域中為缺乏去中心化索引和查詢的
軟體提供了可行的解決方案，The Graph 項目推出
之前，開發人員不得不求助於集中式伺服器來處理和
收集數據，並為此過程開發自己的方法。作為 Web3.0
基礎設施中的一個關鍵元素，Graph 允許加密項目和開發人員利用稱為
子圖的不可變應用程式介面（API）以去中心化的方式從外部來源提取
數據，由於在增強生態系統去中心化、降低複雜性和提供更好的整體用
戶體驗的重要好處。

★ 白皮書：

★ 網站：

★ 即時價格：

★ 哪裡可以購買：

 詳介

GRT基本資料

★ **釋出時間**：2020年10月

★ **總供應量**：10,000,000,000

★ **代幣用途**：質押、要求索引

The Graph是由Yaniv Tal、Brandon Ramirez和Jannis Pohlmann三人於2018年時創辦。Yaniv Tal是The Graph的主要負責人，過去曾在API開發工具公司MuleSoft任職，並且在此認識Brandon跟Jannis。他們過去也曾共同創辦一家開發工具新創公司，主要負責API的堆疊。因此都很熟悉API工具。2017年7月，Yaniv有了在區塊鏈上建構索引API的構想，他們在2018年成功組建了一支團隊，並在2018年創辦了The Graph，The Graph主網在2020年10月上線，並發起ICO，成功募資約1,200萬美元。

6-1 The Graph 的運作模式

The Graph 的索引協議需要依靠四種角色來維持協議的運作，分別為：Developer、Indexer、Curator 還有 Delegator。

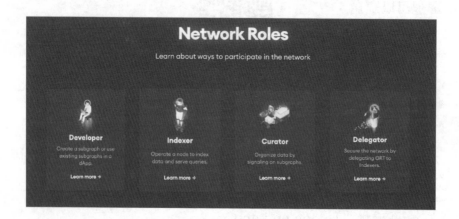

 角色 1 ▶Developer

Developer 負責創造 subgraph 或是從 DApp 中開啟 API 連接到現有的 subgraph 中。subgraph 是指子索引，它將協助 The Graph 紀錄數據在以太坊上的位置，以及儲存方式。

 角色 2 ▶Indexer

Indexer 是 The Graph 協議中的節點營運商，需要質押至少 100,000 的 GRT 代幣。Indexer 會負責提供索引的建立與查詢，並收取部分手續費作為收入。

如果 Indexer 提供錯誤的索引，系統會從質押的 GRT 中扣除部分代幣作為懲罰，以維持數據資料的正確性。

角色 3 ▶ Curator

Curator在The Graph的運作系統中非常重要，它將扮演領航員的角色，引導索引連接到正確的資料。

Curator必須評估Developer創造出來的subgraph是否可以採用，並在值得信任的subgraph上做標記，告訴Indexer可以引用這些subgraph作為索引。Curator可以拿到部分手續費用作為正確標記subgraph的獎勵。

然而，若是想成為Curator，必須注意風險。由於每個人都可以成為Developer創建subgraph，所以必須審慎地檢視subgraph是否可以成為值得信任的索引，再加上每次標記都必須花費GRT，因此若是錯誤地標記了不合適的subgraph，可能會導致使用者拿不到GRT收益。

 ## 角色 4 ▶ Delegator

Delegator的角色是提供給有意願維護網路運行，但是無法獨自完成的人一個參與網路維護的機會。Delegator可以將手中的GRT出借給Indexer，提供他們所需要質押的GRT，並收取部分利息作為收入。

 ## GRT代幣

GRT幣／GRT代幣的總供應量為10,000,000,000枚。The Graph在2020年10月時正式發行治理代幣GRT，將4.2%的GRT售出給公開社群。剩下的代幣分配方式如下：

- 3.15%的GRT幣會空投給參與測試網的早期用戶。
- 3.15%的GRT幣會作為獎勵分配給標記了高品質subgraph的Curator。
- 34%的GRT幣會投放給支持者。

- 23%的GRT幣會留給團隊與項目初期參與投資的投資人。

- 6.3%的GRT幣被售出，其中4.2%在公開銷售中售出，剩下的2.1%則被賣給社群。

- 8%的GRT幣會被用來協助The Graph去中心化發展。

- 2.1%的GRT幣會被用來啟動教育計畫，培養新血。

- 0.35%的GRT幣會被用來獎勵找到漏洞，協助維護協議安全性的使用者。

- 20.3%的GRT幣則分配給GRT幣基金會，讓基金會得以有足夠的資金維護與更新協議。

GRT用途：參與網路運作

1. **質押**：使用者如果想要參與GRT網路運作，必須要持有GRT代幣。質押超過100,000顆GRT可以成為Indexer，維護網路的同時賺取手續費收益。

2. **標記subgraph**：Curator如果想要標記值得信任的subgraph，藉以引導Indexer使用該索引，就必須花費GRT標記subgraph。

3. **取得數據**：使用者可以付出一定數量的GRT，透過The Graph搜尋想要的資料。

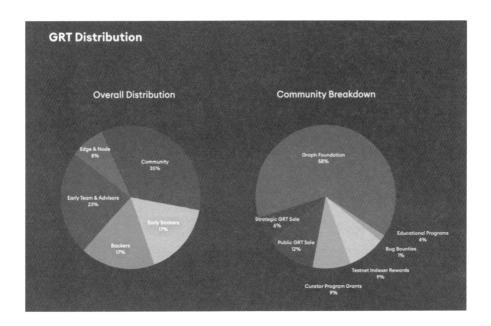

07　BitTorrent（BTT）

 簡介

　　早在 Web3.0 出現之前，甚至在比特幣誕生之前，BitTorrent 就已經是去中心化計算架構的先驅應用程序。BitTorrent 是元老級的下載工具，之後的 BT 下載就是從 BitTorrent 的縮寫來的，這個資料和文檔共用的業務由布拉姆科恩（Bram Cohen）在 2001 年創立，自從那時開始，它便已經成功發展成為最受歡迎的去中心化應用之一。雖然有許多文檔共用的應用程序，但根據使用者數量、服務品質和所有存儲檔案的總大小而言，BitTorrent 成為了世界上最大的去中心化文檔共用應用程序。

★ **白皮書：**

★ **網站：**

★ **即時價格：**

★ **哪裡可以購買：**

 詳介

- ★ **通證協議：** TRC-10
- ★ **開始時間：** 2019/01/28　23：00
- ★ **硬頂：** 7,200,000USD
- ★ **總供給量：** 9900億顆BTT
- ★ **公募價格：** 1 BTT＝0.00012USD（由於只開放BNB與TRX，實際匯率今天公布）
- ★ **公募佔總供應量：** 6%（594億顆BTT）
- ★ **最低投資限額：** 10萬BTT（120USD）
- ★ **最高投資限額：** 20,000USD

※BTT將於眾籌結束後15天發放，眾籌無鎖倉。

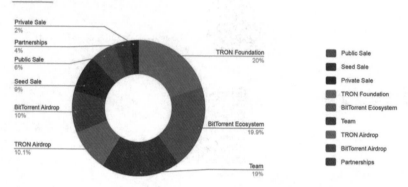

TOKEN ALLOCATION

BT下載的設計，最大的問題就是缺乏誘因讓用戶當播種者。由於
BT下載會降低網速，當用戶完成下載之後，幾乎都會直接關閉BT下載
程式，這會導致種子數量減少、上傳分享的頻寬也因此降低，導致檔案
下載速度低下，在沒有經濟激勵的情況下，沒有人願意開啟BT程式，
奉獻自己消耗的頻寬。而BitTorrent發行的通證BTT，最直接的影響，
就是為BitTorrent協議添加了激勵機制BitTorrent Speed。BitTorrent
Speed是一項新功能，將集成到未來的BitTorrent和uTorrent客戶端，
並使用戶能夠在網路中出價與交易，以換取對種子的優先持續訪問權。
在理想的狀況下，檔案分享者將選擇播種更長時間，從而為所有BT網
路參與者提供經濟獎勵和更快的下載速度。

👍 7-1 BitTorrent 如何運作

BitTorrent是一個去中心化的計算架構程序，用於分發和存儲資
料。它的工作方式是將人們上傳的文檔分解成若干片段，再將這些片段
存儲在網絡中的若干節點上，然後在下載檔案的用戶電腦上重新組裝該

文檔。BitTorrent用戶扮演著兩個角色，大家稱之為「種子「和「同行
人」。分享資料的用戶稱為種子，而收到所要求的零碎文檔的用戶被稱
為同行人。一旦一個同行人成功下載了所有零散的資料，再重新構成一
個完整的文檔時，該用戶就會自動成為種子，協助分享同一文檔，並同
時擴大整個網絡生態系統。

　　儘管BitTorrent很受歡迎，但在大多數情況下它的發展並不容易。
它掙扎了很久才找到買家，主要是因為它沒有可行的商業模式來產生可
靠的收入來源。這種情況隨著BTT的創立而大幅改變。BitTorrent系
統的基本機制沒有受到引入其原生代幣BTT的影響，但它確實給網絡
增加了一層數字貨幣經濟學。BTT是建基於TRC-10協定，該協定與
Tron區塊鏈協議一起工作。提供文檔共用下載的種子用戶會得到BTT
代幣的獎勵。由於它不需要任何昂貴的硬件，因此任何人都可以加入
BitTorrent網絡作為生態系統中的種子並開始賺取BTT。一旦服務提供
者從請求者那裡得到一個標價，交易就會發生。這個過程在帳本上啟動
了所謂的支付通道，並開始雙方的交易。這個過程中的每一步都涉及驗
證措施，直到請求者確認交易完成為止。在圍繞其ICO的炒作冷卻後的
大部分時間裡，BTT一直在一個狹窄的範圍內交易。但自2021年初以
來，該數字貨幣似乎重新獲得了動力，在兩個月內從0.0004634美元飆
升至0.01068美元，上漲了2200%。此後，它回落到0.003907美元，
但總體而言，大多數數字貨幣分析師對其前景都表示積極。

　　一些人認為，該數字貨幣可以在今年某個時候達到1美分的估值，
而大多數人則預計它每年的價格都會上升，至少會到2028年，屆時
BitTorrent基金會將根據ICO期間流傳的路線圖，解鎖更多的數字貨幣。

08 Basic Attention Token（BAT）

 簡介

　　被稱為Java Script之父的火狐瀏覽器聯合創始人Brendan Eich踏足區塊鏈，創辦了Basic Attention Token及Brave瀏覽器項目，Basic Attention Token是一個基於區塊鏈的數位廣告平台，而Brave是一個具有高度安全性、快速和擁有微支付（micropayment）功能的區塊鏈瀏覽器。

★ 白皮書：

★ 網站：

★ 即時價格：

★ 哪裡可以購買：

 特點

　　BAT 能夠讀取我們隱私的所有平台廣告內容屏蔽，還給我們一個乾淨的瀏覽空間，然後自己當廣告中介，跟廣告商收取廣告費用後再分發給像我們這樣的內容商或是你們使用 Brave 的用戶。BAT 主要是基於區塊鏈去中心化、透明、高度隱私的特點，將用戶的注意力進行統計，並創建一個全新的在線廣告市場，所以 BAT 既是廣告主支付廣告費用的中介，也是用戶觀看內容、獲得注意力獎勵的中介，同時也是發行商向內容創作者付款的中介。簡單的來說就是廣告商根據 BAT 的區塊鏈數據跟我們發放精確的廣告，而我們若選擇【希望】觀看到廣告，就能獲得 BAT 幣（我們也能完全關掉）。

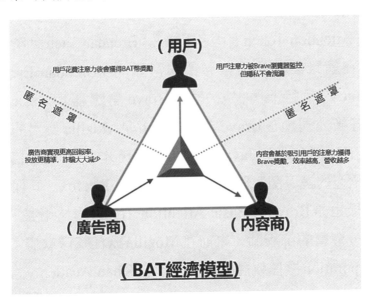

詳介

　　Basic Attention Token，又稱BAT，是一種推動全新區塊鏈數位廣告平台的代幣，旨在公平地獎勵用戶的注意力，同時也讓廣告主的廣告花費得到更好的回報。該用戶體驗係由Brave瀏覽器提供，用戶可以觀看保護用戶隱私的廣告，並因此得到BAT獎勵。另一方面，廣告主可以遞送精準廣告，以最大化廣告互動，降低因為廣告詐騙或濫用造成的損失。Basic Attention Token本身是這個廣告生態系中的獎勵單位，並在廣告主、出版商與用戶間交換。廣告主為其廣告活動支付BAT代幣。在其預算中有一小部分分配給廣告主，而70%會分給用戶；這過程中免除了通常會造成廣告成本增加的中間人，改善廣告的成本效率。Basic Attention Token於2017年推出，隨後舉辦了一場史上最快完售的首次代幣發行（ICO），該平台在一分鐘之內就募得3,500萬美元。此後，該專案透過Brave獎勵計畫，對大多數國家的用戶推出基於注意力的廣告體驗。

　　Basic Attention Token有兩名創辦人：Brendan Eich與Brian Bondy，這兩位在網路瀏覽軟體業界都非常知名。Brendan Eich是Brave Software,Inc的執行長，該公司是Brave瀏覽器與Basic Attention Token的幕後公司。在Brave之前，Eich是Mozilla公司的創辦人兼技術長，在1995年發明JavaScript。他同時也在2004年協助推出世界上最受歡迎的網頁瀏覽器之一，即Mozilla Firefox。同樣的，Brian Bondy同樣也是Brave與Basic Attention Token的技術長。Bondy是個經驗十分豐富的工程師，之前在Mozilla擔任資深軟體工程師，在Corel Corporation擔任軟體開發者，也在Khan Academy當過軟體開發負責人。Eich和Bondy兩人加起來的軟體開發經驗超過50年。Basic

Attention Token官網中列出了總共16名團隊成員，其中許多都有開發、工程與研究背景。

　　Basic Attention Token 的主要用途，就是在執行 Brave Ads 廣告活動時作為支付用代幣。截至 2020 年 11 月，廣告主必須承諾每月至少 2,500 美元的廣告支出，才能推出其廣告活動；但目前正在開發一個可以降低門檻的自助服務平台。目前，廣告預算必須完全以 Basic Attention Token 來支付，廣告主可以在多個第三方交易平台取得代幣。其中，Brave 會收取一小部分佣金，其餘則分給出版商與用戶。Basic Attention Token 和 Brave 生態系有個主要的特色，就是獎勵還沒加入其網路的用戶，包括網站與個別的 Twitter 用戶。這些用戶可在其平台安全註冊，並且收取累積的小費。包括 Basic Attention Token 與 Brave 瀏覽器，推出都達成了顯著的用戶採用率。截至 2020 年 10 月，Brave 瀏覽器有 2,050 萬每月活躍用戶數，而 Basic Attention Token 則擁有超過 36.8 萬個不重覆錢包。

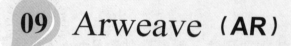
09 Arweave（AR）

 簡介

在 Web2.0 的架構中，全世界的人類都以極低
的成本享受到飛躍的高科技，像是各種方便的通訊
科技、雲端資料儲存等等，乍看之下是一件增進全
人類福祉的事情，但卻有一點是需要我們有所意識的，
這段期間在人類享受高科技的同時，也使得這些提供高科技的公司快速
壯大，當我們絕大多數的資料都儲存在雲端、或是面對掌握許多個資
的 Google 和 Facebook 時，他們掌握的資料數據足以讓他們隨時更動合
約內容，用戶只能選擇接受；面對高度中心化的網路科技和資料儲存，
Arweave 這間提供去中心化雲端儲存的公司應運而生。

★ 白皮書：

★ 網站：

★ 即時價格：

★ 哪裡可以購買：

 特點

　　在Web2.0的網路架構中，資料儲存公司的領先者像是GCP、AWS和Azure都提供了安全、運算和資料儲存的應用服務給使用者；但在Web3.0中，只有Arweave能夠持續提供儲存資料的應用。Rweave獨特的點在於它架構出永存網路（PermaWeb），提供給用戶能夠永久儲存資料的空間，永久儲存資料的反例能夠很好地強化「永久儲存」在我們腦中的概念：現在有許多NFT被存放在IPFS當中，但是問題就在於，這些儲存在IPFS中的NFT，可能在未來的某一天會不見或是遺失。但如果將這些NFT儲存在Arweave上，這些NFT就會一直都在。而且Arweave是針對提供永久儲存的服務收取固定費用，而不用與AWS等競爭對手競價，可以想像得到，隨著Web3.0的成熟，Arweave透過網路效應的影響，將很有可能在未來的某一天超越AWS的規模，甚至可以說，當前並沒有其他候選人（公司），能夠像Arweave這樣具有如此鮮明的先行優勢。

 詳介

　　Arweave的儲存機制是建立在一種特別的共識演算法：Proof of

445

Access之上，想要挖AR幣的礦工們需要儲存某一些資料，才能通過憑證而獲得獎勵的AR幣；因此，從你上傳了希望儲存的資料開始，就會持續有成千上萬的礦工的伺服器幫你備份已獲得獎勵，依靠這樣的共識演算基礎，Arweave就能夠實現兼具去中心化和永續儲存的想法。去中心化儲存是一個非常龐大，也非常容易被忽略的主題。Arweave的現在估值是25億美元，但有可能在未來五年實現1500億美元以上的價值，這使得投資AR幣有可能是相當好的投資之一。現今的資料儲存產業可以說是相當有願景的產業之一，儘管儲存成本會隨時間下降，這些營運資料儲存的公司仍然位居世界總市值前列，這也使得資料儲存的市場一直都被少數玩家掌控著。當其他想要分一杯羹的公司在嘗試進入市場時，就會遇到非常強烈的障礙，換句話說，在資料儲存這個行業，一旦你取得領導地位，擁有較為龐大的客戶數量和穩定的平台，就能夠較容易地保持領先好一段時間，其他競爭者需要花費龐大的成本才能保持在這項行業中的競爭力，在此期間內，這個領先的公司已經依靠資料儲存賺進了大筆錢財。

　　Arweave常常被拿來與著名的去中心化存儲平台Filecoin比較。Filecoin由Protocol Labs於2014年創立。而Protocol Labs也是星際文件系統（IPFS）的幕後團隊。IPFS是基於內容尋址的去中心化存儲技術協議。與中心化網絡根據服務器位置來定位不同，IPFS通過數據內容尋址。通過一些內容標識符，用戶可以彼此之間共享文件。Filecoin則充當IPFS的經濟層，用來激勵節點託管IPFS數據。Arweave和Filecoin之間的經濟模型在很多方面都不同。Filecoin採用即用即付模式，與AWS和Google Cloud非常相似。並且與Arweave不同的是，Filecoin主要提供臨時存儲解決方案，而不是永久解決方案。此外，在

Filecoin的協議中，用戶和節點之間有數千種不同的合約，每一種都有不同的存儲條款（例如價格、持續時間、複製次數等）。相比之下，Arweave就只有一種合約：數據永久保存。

	ⓐ arweave	**Ⓕ Filecoin**
經濟模式	一次付款，永久保存	按次計費 ✓ 存儲一次性支付 ✓ 未來按每次檢索請求支付
資料複製	SPoRA： 礦工需要證明之前區塊的存取權限（隨機生成的）來開採新的區塊	✓ 複製證明：節點證明資料在存儲處理後已被複製到專用存儲空間上 ✓ 時空證明：驗證者持續檢查節點在一段時間內存儲資料
合約方式	一種在使用者和協定之間永久存儲資料的合約	數千個不同的存儲合同，在價格、持續時間、複製等方面有不同的條款
資料存儲	礦工將選擇存儲哪個資料；被激勵去存儲更多和更稀有的數據	合約規定的存儲資料的內容
競爭品替代品	IPFS	Web2.0：亞馬遜網站服務、Google雲、阿里巴巴雲等 Web3.0：Sia、Storj、Swarm、SAFE

因此，筆者不認為Arweave會直接與Filecoin（以及其它類似的協議）競爭。甚至認為他們的解決方案可能還可以互補。在某些情況下，一次性付費來永久存儲會更划算；而在其他情況下，為短期存儲付費更有意義。事實上，很難找到另一個與Arweave價值主張類似的平台。IPFS最接近，但如果沒有經濟激勵，文件就會從IPFS的網路中刪除。例如，Infura的IPFS固定服務會刪除六個月內未訪問的用戶的數據。

在存儲狀態方面，Arweave也逐漸成為了其他區塊鏈的備份標準，最近Solona有了一些在Arweave與Solar間跨鏈橋的數據紀錄，我們也可以猜測在不久的未來，其他L1的區塊鏈也能與Arweave同樣進行跨鏈橋數據紀錄、儲存，這也將會為Arweave的使用量帶來好幾個量級的飛躍。

	Arweave	Filecoin	Sia
代幣代號	AR	FIL	SC
主網發行	2018年6月	2020年10月	2015年6月
付款	One-Time	Contract-based	Contract-based
已募集(US$)	22mn	257mn	9.6mn
網路規模(TB)	21	34,680	1,920
節點數量	362	700	664
價格(US$)	51.23	63.81	0.01813
迴圈供應(mn)	50	114	49,133
市值(USSmn)	2,567	7,295	891
30天收益(USS)	220,457	29,563	277
市值/30天收益運行率	957	20,283	264,753

Arweave在Metaverse和儲存狀態方面，將會隨著加密技術以快速創新而有更大幅度地成長，Arweave的整體潛在市場包含了：

★ Web3.0應用程式

★ 狀態存儲

★ NFTs

★ 利潤分享代幣（PSTs）

是相當驚人且龐大的！

10 Siacoin（SC）

 簡介

　　Sia的設計目的是讓雲儲存去中心化。相比較傳統的雲儲存方式，去中心化的Sia系統能夠使雲儲存更安全、更快捷、更低成本。

★ **白皮書：**

★ **網站：**

★ **即時價格：**

★ **哪裡可以購買：**

詳介

★ **發行總量**：52601332991

★ **流通數量**：51477015000

★ **流通率**：97.86%

★ **流通市值**：1.214億

★ **完全稀釋後市值**：1.241億

★ **流通占全球總市值**：0.01478%

第一個基於區塊鏈技術的去中心化存儲平台。該平台的目的是利用遍佈全世界的那些未被充分使用的硬碟，建立一個比傳統的雲存儲提供商更可靠以及更便宜的資料存儲市場。在這個平台中，存儲資料的使用者要將Siacoin支付給空間提供商。使用者可以將自己電腦硬碟的存儲空間進行出租，同時將獲得一定的Siacoin作為報酬，而擁有Siacoin的人則可以租賃其他使用者的硬碟存儲空間。

使用了三個策略來保障資料安全。在加密方面，雲存儲平台中的資料都是被加密過的，只有下載之後才能解密，由此，資料的隱私權將能得到保證；在檔案備份方面，一份檔案並非只是交給一台電腦進行備份，而是有很多託管主機參與其中；在獎勵代幣方面，智能合約被應用其中，即使雙方不線上也能完成交易。

上傳者可以自由選擇他們所使用的節點，這意味著他們可以只用那些他們認為可信的節點。去中心化是指把上傳的一個檔案分成許多小塊並把每個小塊存放在不同的電腦節點上。每一個託管主機都受到加密合約的約束。當一個檔案上載時，同時形成的合約將確保託管主機只有在完成後才能拿到支付款。託管主機也需要提交一定的押金，如果一個託管主機沒有完成合約，它不僅得不到支付款，還會失去押金。

Web4.0

01 Web4.0概述

Web4.0的演進是基於Web技術的不斷發展和變革。以下先說明Web4.0演進的背景和概述：

Web1.0：Web的最初階段，主要以靜態網頁展示為主，用戶僅能被動瀏覽網頁內容。

Web2.0：Web的第二個階段，開始出現互動性和社交化的特點。用戶可以主動參與創作、分享和協作，社交媒體、網路應用和協作工具迅速發展。

Web3.0：Web的第三個階段，強調數據的連接、語義化和智能化。人工智慧、大數據和物聯網等技術應用，推動了更加智能的網絡應用和服務。

Web4.0代表著Web的新一輪演進，其主要目標是提供更高水平的智能化、互動性和個性化。Web4.0強調融合了人工智慧、機器學習、物聯網和語義理解等技術，使得Web能夠更好地理解和應對用戶的需求，提供更智能、個性化的服務。

在Web4.0中，智能化是一個重要特點。人工智慧技術的應用使得網絡能夠進一步理解和分析數據，提供更加智能的搜索、推薦和個性化服務。同時，物聯網技術的整合使得網絡能夠與各種智能設備和嵌入式系統進行互聯互通，實現更智能和便捷的應用場景。另外，Web4.0也

強調數據的語義理解和應用。通過對數據的意義和上下文的理解，Web能夠提供更準確和有價值的資訊，並實現更智能的搜索和推薦功能。Web4.0的演進是基於對現有Web技術和應用的不斷優化和創新，以適應不斷變化的用戶需求和科技發展。

Web4.0的目標是建立一個更加智慧和互聯的網絡環境，為用戶提供更多元化、個性化的服務體驗。它不僅關注用戶與網絡之間的互動，還注重網絡內部數據和系統之間的連接和智能化。隨著物聯網技術的發展，Web4.0的範圍也擴大到物理世界的各個領域，包括智慧城市、智能交通、智能製造等。Web4.0的實現需要依靠多個技術和標準的支持，包括人工智慧、機器學習、大數據分析、物聯網、語義理解、區塊鏈等。這些技術的結合和應用將推動Web4.0的發展，並帶來更多創新的應用場景和商業機會。

總結來說，Web4.0的發展將依賴於多領域技術的融合和創新，並推動網絡應用的不斷升級和改進。隨著科技的不斷進步和用戶需求的不斷演變，Web4.0將繼續推動Web技術和應用的發展，為用戶帶來更好的網絡體驗和價值。

1-1 Web4.0 的定義和重要性

Web4.0是Web的第四個演進階段，也被稱為下一代Web。它代表了對Web技術和應用的進一步發展和創新，以實現更高級別的智能化、互動性和個性化。Web4.0的重要性體現在以下幾個方面：

★ **智能化**：Web4.0將人工智慧（AI）和機器學習等技術融合到Web中，

使得網絡能夠更好地理解和處理用戶的需求。通過分析大數據、自動學習和智能推薦，Web4.0可以提供更智能化的服務和個性化的體驗。

★ **互動性**：Web4.0注重用戶與網絡的互動和參與。通過引入社交媒體、協作工具和虛擬現實等技術，Web4.0創造了更多的互動機會和體驗，使用戶能夠更主動地參與到網絡中，共享資訊、協作合作並參與社交交流。

★ **個性化**：Web4.0致力於提供更個性化的服務。通過分析用戶的興趣、行為和上下文信息，Web4.0能夠根據用戶的需求和偏好，向其推薦相關內容和訂製化的服務。這種個性化的體驗能夠提升用戶滿意度，並提供更精準的信息和服務。

★ **跨平台和互聯性**：Web4.0支持多設備和多平台的無縫互聯。無論是在桌面電腦、行動裝置還是其他智能設備上，用戶都可以方便地訪問和使用Web4.0的服務。這種跨平台的互聯性提供了更靈活和便捷的使用體驗。

★ **創新和商業機會**：Web4.0為創新和商業機會提供了廣闊的空間。通過結合人工智慧、物聯網、大數據分析等前沿技術，Web4.0創造了新的應用場景和商業模式，促進了各行各業的創新和發展。

Web4.0的定義和重要性在於其能夠提供更智能、互動和個性化的網絡體驗，推動創新和商業機會的發展。它代表了Web技術的進一步演進，將影響人們的生活、工作和社交方式，並在多個領域帶來巨大的潛力和機遇。

02 Web4.0 的特點

2-1 智能化

　　人工智慧（Artificial Intelligence，AI）和區塊鏈（Blockchain）是兩個獨立但相互關聯的技術，它們在不同領域中有著廣泛的應用。以下是關於人工智慧和區塊鏈之間關係的一些觀點：

★ **數據共享和隱私保護**：區塊鏈技術提供了一種去中心化的分散式數據存儲和共享方式。透過區塊鏈，用戶可以安全地共享和交換數據，同時確保數據的完整性和隱私。這對於人工智慧算法的訓練和改進至關重要，因為它們需要大量的數據來進行學習。

★ **增強信任和可驗證性**：區塊鏈的一個重要特點是透明和不可竄改的數據記錄。這種特性使得人工智慧系統的執行過程和結果可以被驗證和追溯，增加了對系統的信任度。例如，在人工智慧應用中，可以使用區塊鏈來追蹤和驗證數據的來源、算法的執行過程和結果。

★ **分散式人工智慧**：區塊鏈可以用於構建分散式人工智慧平台。通過將人工智慧算法和模型部署在區塊鏈上，可以實現去中心化的計算和應用，使得人工智慧能力更廣泛地分佈在網絡中的節點上，提高效率和可擴展性。

★ **智能合約和自動化**：區塊鏈上的智能合約是一種自動執行的合約，其中的條款和條件可以由代碼表示。智能合約可以與人工智慧系統

結合，實現自動化的執行和交互。例如，可以使用智能合約來驅動人工智慧機器人進行交易、提供服務或與其他系統進行互動。

★ **數據市場和激勵機制：**區塊鏈可以建立去中心化的數據市場，讓數據擁有者可以將數據出售或授權給需要的人工智慧算法使用。區塊鏈的智能合約可以確保數據的安全性、可追溯性和付款機制。這樣的激勵機制有助於促進數據共享，同時保護數據擁有者的權益。

★ **增強安全和防範攻擊：**區塊鏈的分散式性質和加密特性可以提供更高的安全性，這對於保護人工智慧系統免受攻擊和數據竄改至關重要。人工智慧算法可以使用區塊鏈來驗證數據的完整性和真實性，同時防範數據竄改和惡意攻擊。

★ **聯邦學習和隱私保護：**聯邦學習是一種分散式的機器學習方法，可以在多個參與者之間共享模型參數而不共享原始數據。區塊鏈可以作為一種安全的媒介，協助參與者進行模型參數的共享和合併，同時保護數據的隱私。

★ **去中心化身份和信任管理：**區塊鏈技術可以提供去中心化的身份管理和信任機制。個人可以擁有自己的數位身份，並通過區塊鏈進行驗證和授權。這樣的身份管理系統可以應用於人工智慧應用中，確保數據的歸屬和使用權限，同時減少中間商和中心機構的依賴。

★ **去中心化的機器學習模型市場：**區塊鏈可以用於建立去中心化的機器學習模型市場，讓模型開發者可以出售、許可或共享他們的機器學習模型。區塊鏈的智能合約可以用於自動化模型許可、支付和使用權限的管理，並確保交易的透明性和可靠性。

★ **去中心化的人工智慧驗證和審計：**區塊鏈可以用於建立去中心化的驗證和審計機制，用於驗證人工智慧模型的執行和結果。通過將人

工智慧算法和結果上鏈，可以提供可驗證性和透明度，從而增加對人工智慧系統的信任。

★ **區塊鏈驅動的分散式人工智慧應用：**區塊鏈和智能合約的特性使得人工智慧應用可以在去中心化的環境中運行，不依賴於單一實體或機構。這種分散化的架構有助於提高系統的彈性、可擴展性和抗故障能力。

　　總體而言，人工智慧和區塊鏈的結合可以在數據共享、安全性、信任和可驗證性等方面帶來許多潛在的好處。它們互相補充並形成一個強大的技術組合，將在未來的許多領域帶來創新和改變。

2-2 機器學習

　　區塊鏈和機器學習之間存在一些關聯和互動，區塊鏈與機器學習的關聯性如下：

★ **數據的可信度和完整性：**區塊鏈提供了數據的分散、不可竄改的記錄，這對於機器學習模型的訓練和結果具有重要意義。區塊鏈可以確保數據的可信度和完整性，防止數據被竄改或竄改，這對於機器學習算法的準確性和可靠性至關重要。

★ **數據共享和隱私保護：**區塊鏈可以提供安全的數據共享機制，使不同組織和實體能夠在共享數據的同時保護個人隱私。這種共享機制可以使得機器學習模型能夠獲得更多的數據進行訓練，提高預測和分析的準確性，同時保護數據的隱私不被濫用。

★ **數據準備和預處理：**機器學習的一個關鍵步驟是數據準備和預處理，以使其適用於模型訓練。區塊鏈可以提供一個分散的數據存儲和驗

證機制，減少數據的不一致性和錯誤。這有助於改善機器學習的訓練效果，提高模型的準確性和穩定性。

★ **模型共享和驗證：**區塊鏈可以作為機器學習模型的分發和共享平台。模型可以在區塊鏈上進行驗證和交易，使得模型的使用和應用變得更加透明和可信。這樣可以促進模型的廣泛應用和技術進步。

2-3 嵌入式

Web4.0嵌入式是指在Web4.0環境中嵌入的智能化和連接性的嵌入式系統。嵌入式系統是指被嵌入到設備或系統中的計算機系統，用於控制和監測設備的運行。在Web4.0中，嵌入式系統通常具有以下特點：

★ **連接性：**Web4.0嵌入式系統具備強大的連接性能力，可以通過網絡與其他設備和系統進行通信和交互。它們可以通過互聯網連接到雲端平台，實現數據的共享和遠程控制。

★ **智能化：**Web4.0嵌入式系統擁有智能化的能力，能夠通過內置的感測器、分析算法和人工智慧技術，對數據進行分析和判斷，實現自主的決策和行動。

★ **小型化：**Web4.0嵌入式系統通常具有小型化的特點，體積小巧且功耗低。這使得它們可以被嵌入到各種設備中，實現設備的智能化和連接性。

★ **多功能性：**Web4.0嵌入式系統具有多功能性，能夠實現多種不同的應用。它們可以被應用於智能家居、智能城市、智能交通等領域，提供各種不同的服務和功能。

Web4.0嵌入式系統的應用範圍非常廣泛。例如，在智能家居中，

嵌入式系統能控制家電設備、監測家庭環境,實現智能化的居家體驗;在智能城市中,嵌入式系統可以監控交通流量、管理能源消耗,實現城市的智能化和可持續發展。Web4.0嵌入式系統的出現和發展,將推動各個領域的智能化和連接性,實現更高效、智能和便捷的應用和服務。

2-4 語義化

　　Web4.0的語義化是指在Web上對數據進行語義理解和應用的能力。這意味著不僅僅對數據進行機械性的處理,更重要的是能夠理解數據的含義、關聯和上下文,以實現更智能、準確和個性化的服務。語義化的主要特點如下:

★ **語義理解:**Web4.0致力於實現對數據的語義理解。通過使用語義技術,如本體論和知識圖譜,網絡能夠理解數據的含義、關係和屬性,從而實現更深入的分析和處理。

★ **數據關聯:**Web4.0能夠將數據進行關聯,建立起數據之間的關係。這種關聯能夠幫助網絡更好地理解數據的上下文,從而提供更準確和有價值的信息。

★ **語義搜索:**Web4.0的語義化使得搜索引擎能夠進行更智能的搜索。通過理解用戶的搜索意圖和上下文,網絡能夠提供更相關和精準的搜索結果,幫助用戶更快地找到所需的信息。

★ **智能推薦:**Web4.0的語義化也促進了智能推薦系統的發展。通過分析用戶的偏好、行為和上下文信息,網絡能夠為用戶提供個性化的推薦內容和服務,使得用戶能夠更好地探索和發現相關的資訊和產品。

Web4.0的語義化是指對數據進行語義理解和應用的能力，使得網絡能夠更好地理解數據的含義、關聯和上下文，從而提供更智能、準確和個性化的服務，包括語義理解、數據關聯、語義搜索和智能推薦等方面的發展。

2-5 跨平台

Web4.0的跨平台特點主要體現在多設備和多平台的無縫互聯以及個人化和便捷的使用體驗上。

★ **多設備的無縫互聯：** Web4.0支持多設備之間的無縫互聯。無論是在桌面電腦、手機、平板還是其他智能裝置上，用戶都可以方便地訪問和使用Web4.0的服務，享受一致的使用體驗。用戶可以在不同設備上進行操作和訪問，而不需要中斷或重複操作，實現設備之間的無縫切換。

★ **多平台的無縫互聯：** Web4.0支持多平台之間的無縫互聯。不同的操作系統、瀏覽器和應用平台之間能夠實現相互連接和通信。用戶可以在不同平台上訪問和使用Web4.0的服務，而不需要受限於特定的平台或環境，提供了更大的自由度和靈活性。

★ **個人化的使用體驗：** Web4.0致力於提供個人化和訂製化的使用體驗。通過分析用戶的偏好、行為和上下文信息，Web4.0能夠根據用戶的需求和習慣，提供相應的個性化內容和服務。無論在哪個設備或平台上，用戶都能夠享受到符合自己需求和喜好的訂製化體驗。

★ **便捷的使用體驗：** Web4.0追求便捷和無縫的使用體驗。用戶可以通

過簡單的操作和直觀的界面，輕鬆地訪問和使用Web4.0的服務。無論是搜索資訊、訪問社交媒體、購物還是其他線上活動，用戶都能夠享受到便捷、快速和高效的使用體驗。

　　總結來說，Web4.0的跨平台特點體現在多設備和多平台的無縫互聯以及個人化和便捷的使用體驗上。用戶能夠在不同設備和平台上自由切換和使用Web4.0的服務，而無需中斷操作或面臨不兼容的問題。同時，Web4.0還提供個人化的使用體驗，根據用戶的偏好和需求，提供相應的訂製化內容和服務。這使得用戶可以在任何設備和平台上享受到符合自己需求和喜好的個性化體驗。此外，Web4.0致力於提供便捷的使用體驗，通過簡單的操作和直觀的界面，用戶能夠輕鬆地訪問和使用Web4.0的服務，提高使用效率和滿意度。

2-6　社交化

　　Web4.0的社交化特點主要體現在用戶之間的社交和協作，以及共享和共同創作的機會上。

★ **用戶之間的社交和協作：**Web4.0提供了豐富的社交功能，使得用戶可以在線上建立社交關係、互動和協作。用戶可以通過社交媒體平台、即時通訊工具和在線社區等途徑，與朋友、家人和同事進行交流、分享資訊和合作項目。這種社交和協作的網絡化特點，加強了用戶之間的聯繫和互動，促進了信息流通和知識共享。

★ **共享和共同創作的機會：**Web4.0提供了共享和共同創作的機會。用戶可以通過在線平台分享和發布自己的創作、作品、知識和專業。這包括在社交媒體上分享照片、視頻、文章等，或在協作平台上參

與群眾創作、開源項目和共同編輯等活動。這種共享和共同創作的
機會使得用戶能夠參與更廣泛的社會交流和創意活動，促進了集體
智慧的發揮和協同工作的實現。

★ **社交化的商業模式：**Web4.0還推動了社交化的商業模式的發展。社
交媒體平台和在線社區成為了商業活動的重要場所，企業可以通過
社交化的營銷和廣告模式，與用戶建立更緊密的聯繫，推廣產品和
服務，實現更精準的市場定位和用戶互動。

　　Web4.0的社交化特點體現在用戶之間的社交和協作，以及共享和
共同創作的機會上。這樣的社交化特點促進了用戶之間的聯繫和互動，
加強了信息流通和知識共享，同時推動了社交化的商業模式發展。

03 Web4.0 的應用

👍 3-1 智慧城市和智能交通系統

　　Web4.0的智慧城市和智能交通系統應用是指在城市管理和交通運輸領域中，運用Web4.0技術實現智能化和數位化的解決方案。智慧城市應用方面：

★ **城市管理**：Web4.0的智慧城市應用提供了城市管理的智能化解決方案。通過集成感知技術、大數據分析和人工智慧等技術，實現城市基礎設施的監控、管理和優化。例如，智能能源管理系統可以實現對能源消耗的監測和調控，提高能源利用效率；智能照明系統可以根據人流量和環境光照自動調節照明亮度，節省能源消耗。

★ **公共服務**：Web4.0的智慧城市應用改善了公共服務的效率和品質。例如，智能交通管理系統可以實現交通信號的優化和交通流量的調控，減少交通擁堵和提高交通效率；智能垃圾管理系統可以實現垃圾桶的智能監測和垃圾收集路線的優化，提高垃圾處理的效率。

智能交通系統應用方面有如下：

★ **交通監控**：Web4.0的智能交通系統應用提供了全面的交通監控和管理。通過感知設備、監控攝像頭和數據分析技術，實現對交通流量、道路狀態和交通事故等信息的實時監控和分析。這有助於交通管理部門做出更快速和準確的決策，提供實時交通信息給用戶，減少交

463

通擁堵和提高交通安全性。

★ **智能交通管理**：Web4.0的智能交通系統應用實現了交通管理的智能化。通過應用智能信號控制、動態車道分配等技術，優化交通信號配時和車道使用，提高交通效率和流動性。此外，智能停車系統可以實現車位的智能監測和導航，提供用戶方便快捷的停車體驗。

★ **智能交通信息服務**：Web4.0的智能交通系統應用提供了個性化和即時的交通信息服務。通過整合多源數據，包括交通監控數據、移動應用數據和社交媒體數據等，提供用戶交通狀況、路線規劃、公共交通信息和出行建議等個性化的交通服務。這使得用戶能夠更好地選擇最佳路線、減少通勤時間和避開交通擁堵。

總結來說，Web4.0的智慧城市和智能交通系統應用利用先進的技術，如感知設備、大數據分析、人工智慧等，實現城市管理和交通運輸領域的智能化和數位化轉型。這些應用提供了城市管理的智能化解決方案，改善公共服務效率和品質；同時，提供全面的交通監控和管理，優化交通流動性和提供個性化的交通信息服務。這些應用的實施能夠提升城市居民的生活品質、改善交通環境，實現智慧城市和智能交通系統的可持續發展。

3-2 智能家居和物聯網應用

Web4.0的智能家居和物聯網應用是指將互聯網和智能技術應用於家居環境中，實現家居設備、家庭用品和家庭系統的智能化連接和控制。

智能家居應用方面有：

★ **智能家居控制**：Web4.0的智能家居應用通過互聯網和無線通信技術，
實現對家居設備的遠程控制和管理。用戶可以通過智慧手機、平板
電腦或聲音助手等設備，控制家居燈光、暖通空調、安全系統、家
電設備等，實現智能化的家居控制和管理。

★ **智能家居自動化**：Web4.0的智能家居應用還可以實現家居系統的自
動化。通過設置場景和條件，家居設備可以根據用戶的習慣和需求，
自動調節燈光、溫度、音樂等，提供個性化的家居體驗。例如，根
據用戶的起床時間，智能家居系統可以自動調整窗簾的開合、開啟
咖啡機，為用戶創造舒適的起床環境。

物聯網應用方面有：

★ **智能家電**：Web4.0的物聯網應用將家電設備與互聯網連接，實現智
能化的控制和管理。例如，智能冰箱可以通過網絡連接，實時監測
食材的存貨情況，提醒用戶購買缺失的食材；智能洗衣機可以從互
聯網獲取洗衣程序和節能建議，提高洗衣效率和能源利用。

★ **家庭安全和監控**：Web4.0的物聯網應用還包括家庭安全和監控系統。
用戶可以通過智能攝像頭、門窗感應器和煙霧報警器等設備，遠程
監控和管理家庭的安全狀態。

3-3 智能製造和供應鏈管理

Web4.0的智能製造和供應鏈管理是指將互聯網和數位技術應用於
製造業和供應鏈管理中，實現生產過程的智能化和數位轉型。

智能製造應用方面有：

★ **數位生產：** Web4.0的智能製造應用將生產過程中的設備、產品和人員連接到互聯網，實現生產過程的監測和控制。通過感測器和物聯網技術，可以實時監測設備的運行狀態、生產數據和能源消耗等信息。這有助於提高生產效率、減少故障時間，並優化生產計畫和資源分配。

★ **智能供應鏈：** Web4.0的智能製造應用還包括供應鏈的智能化管理。通過數據共享和即時通信技術，供應鏈上的各個環節可以實現實時信息交換和協同操作，這有助於提高供應鏈的可見性和協同性，減少庫存、降低運輸成本，並提供更快速和準確的交付服務。

供應鏈管理應用方面有：

★ **物流和運輸管理：** Web4.0的供應鏈管理應用利用物聯網和數據分析技術，實現物流和運輸的智能化管理。通過GPS定位、數據共享和智能路線優化，可以實時追蹤貨物位置、監控運輸狀態，提高物流效率和可靠性。

★ **庫存和資源管理：** Web4.0的供應鏈管理應用提供了智能化的庫存和資源管理解決方案。通過感測技術和大數據分析，可以實時監測庫存水平、預測需求，並提供庫存優化建議。這有助於減少庫存成本、提高庫存周轉率，並確保及時供應。

　　Web4.0的智能製造和供應鏈管理應用利用先進的互聯網和數位技術，實現製造業和供應鏈管理的智能化轉型。這些應用能夠提高生產效率、降低成本、提供更好的產品品質和客戶服務，以及實現供應鏈的可持續發展。

其中，智能製造應用利用數位技術和物聯網連接製造設備和生產過程，提供了實時監測、控制和優化生產的能力。這使得製造商能夠更好地了解生產狀態、預測故障和提前進行維護，以提高生產效率和生產品質。

在供應鏈管理應用方面，Web4.0提供了供應鏈的智能化和數位管理解決方案。這包括物流和運輸管理，通過實時監控和智能路線優化，提高物流效率和準確性；還包括庫存和資源管理，通過數據分析和預測，實現庫存優化和資源利用的最佳化。

智能製造和供應鏈管理的應用帶來了多重好處。它們能夠提高生產效率，減少生產成本和故障時間，提高產品品質和一致性。同時，它們還能夠提供更好的客戶服務，如更準確的交貨日期、個性化的產品訂製和即時的交貨追蹤。此外，智能製造和供應鏈管理的應用還有助於確保供應鏈的可持續發展，如節能減排、減少浪費和資源回收等。

Web4.0的智能製造和供應鏈管理應用以其智能化、數字化和協同化的特點，將製造業和供應鏈管理推向新的境界，提供了更高效、更靈活和更可持續的製造和供應鏈解決方案。

3-4　個人化內容和推薦系統

Web4.0的個人化內容和推薦系統是指利用互聯網和數據分析技術，根據個人的興趣、偏好和行為，提供訂製化的內容和產品推薦。

個人化內容方面有：

★ **個性化信息：**Web4.0的個人化內容應用能夠根據用戶的興趣和偏好，提供相關的新聞、文章、視頻和音樂等內容。通過分析用戶的歷史

瀏覽記錄、點擊行為和社交媒體數據，系統能夠了解用戶的興趣，從而實現個性化的內容推薦。

★ **客製化體驗：**Web4.0的個人化內容應用還能夠提供客製化的使用體驗。根據用戶的設置偏好和個人化需求，系統可以調整界面風格、功能配置和內容排列等，以提供更符合用戶喜好的使用體驗。

推薦系統方面有：

★ **個性化商品推薦：**Web4.0的推薦系統利用機器學習和數據分析技術，根據用戶的購買歷史、點擊行為和偏好，提供個性化的商品推薦。這使得用戶可以更容易找到感興趣的產品，提高購買滿意度。

★ **社交推薦：**Web4.0的推薦系統還可以基於社交關係和社群數據，為用戶提供相應的社交推薦。例如，根據用戶的好友列表、興趣圈子和互動行為，系統可以推薦相關的社交活動、社交應用和社交群組，增強用戶的社交互動體驗。

個人化內容和推薦系統的應用為用戶提供了更加個性化和訂製化的互聯網體驗。用戶可以更輕鬆地尋找到感興趣的內容和產品，同時也為內容提供商和電商平台提供了更好的用戶參與和銷售體驗。Web4.0的個人化內容和推薦系統還具有以下重要特點：

★ **即時性和動態更新：**個人化內容和推薦系統能夠實時監測用戶的行為和興趣變化，並根據最新數據進行推薦和內容更新。這使得用戶可以獲得最新和最相關的內容推薦，提高使用體驗。

★ **隱私保護和個人化控制：**Web4.0的個人化內容和推薦系統注重用戶隱私保護和個人化控制。用戶可以根據個人喜好和需要，自主調整推薦算法和個人化設置，以保護個人信息的安全和隱私。

★ **多維度推薦：**Web4.0的個人化內容和推薦系統不僅考慮用戶的單一

偏好，還考慮多個因素，如上下文信息、社交關係、地理位置等。這使得推薦更加準確和全面，提高了推薦的效果和用戶滿意度。

★ **混合推薦算法**：Web4.0的個人化內容和推薦系統結合了多種推薦算法，如基於內容的推薦、協同過濾、機器學習等。這樣可以充分利用不同算法的優勢，提供更精準、多樣和個性化的推薦結果。

　　Web4.0的個人化內容和推薦系統為用戶提供了更加個性化和訂製化的互聯網體驗。它們能夠提供相關、即時和動態更新的內容推薦，幫助用戶快速找到感興趣的內容和產品。同時，它們也為內容提供商和電商平台提供了更好的用戶參與和銷售機會，促進業務成長和用戶滿意度的提升。

3-5　數位支付和加密貨幣的發展

　　Web4.0的數位支付和加密貨幣的發展是指隨著數位技術的進步和互聯網的普及，支付方式和貨幣形式正經歷著革命性的變化。以下簡述Web4.0的數位支付和加密貨幣的發展：

★ **數位支付**：Web4.0的數位支付是指通過互聯網和移動設備進行的電子支付方式。它將傳統的現金支付和信用卡支付等方式轉變為數位化的支付操作。這種支付方式的優勢包括方便快捷、安全可靠，並且能夠實現跨國支付和即時支付。

★ **行動支付**：Web4.0的行動支付是指使用智慧手機和行動裝置進行的支付方式。它通常通過近場通信（NFC）技術或二維碼掃描等方式實現。行動支付的優勢在於便利性和即時性，用戶只需使用手機進行操作即可完成支付。

★ **加密貨幣**：Web4.0的加密貨幣是指基於區塊鏈技術的數字貨幣形式，最著名的例子是比特幣（Bitcoin）。加密貨幣的特點是去中心化、匿名性和安全性，它們不受特定國家或機構的控制，而是依賴分散的區塊鏈技術保護交易的安全性和可追溯性。

★ **中央銀行數字貨幣（CBDC）**：Web4.0的中央銀行數字貨幣是指由中央銀行發行的數位形式的法定貨幣。與傳統貨幣相比，CBDC基於區塊鏈或分散式帳本技術，具有更高的安全性、透明度和可追溯性。CBDC的發展可以提升支付效率，減少交易成本，並為金融體系提供更強的抗風險能力。

總體而言，Web4.0的數位支付和加密貨幣的發展推動了支付方式的革新和貨幣形式的多樣化。它們提供了更方便、快捷、安全的支付方式，並在國際支付和金融服務中扮演著重要角色。數位支付和加密貨幣的發展對於Web4.0帶來了以下影響：

★ **增強支付便利性**：數位支付和行動支付的普及使得人們可以隨時隨地進行支付，不再受限於傳統的現金或信用卡支付方式。只要有手機或其他行動設備，即可完成交易，無需攜帶大量現金或信用卡。

★ **提升支付安全性**：數位支付和加密貨幣使用了先進的加密技術，使得支付過程更加安全可靠。數據加密和身份驗證技術確保了用戶的支付信息和個人隱私得到保護，減少了支付中的風險。

★ **促進跨境支付**：數位支付和加密貨幣的發展使得跨境支付更加便捷。傳統的跨境支付通常需要經歷複雜的匯款流程和高昂的手續費，而數位支付和加密貨幣可以實現即時、安全、低成本的跨境支付，促進了全球貿易和國際合作。

★ **推動金融創新**：數位支付和加密貨幣的出現促使金融機構和科技公

司進行金融創新。新興的支付服務和金融科技公司不斷推出創新的支付解決方案，從而提高了支付體驗，並引入更多的創新金融服務，如智能合約和分散式金融（DeFi）。

★ **促進網絡經濟發展：** 數位支付和加密貨幣的發展為網絡經濟注入了活力。它們使得在線交易更加便捷，促進了電子商務、共享經濟和在線服務的快速發展，推動了網絡經濟的蓬勃發展。

　　總的來說，Web4.0的數位支付和加密貨幣的發展將支付方式從傳統的現金和信用卡轉向更便捷、安全和多元化的數字形式。它們改變了人們的支付習慣，推動了金融和經濟領域的數位轉型。數位支付和加密貨幣的發展提供了更多的選擇和便利，同時也帶來了一些挑戰和機遇：

★ **挑戰一：** 數位支付和加密貨幣的安全性是一個重要挑戰。隨著數位支付的普及，黑客和詐騙活動也相應增加，這需要不斷加強支付系統的安全性和用戶隱私保護。

★ **機遇一：** 數位支付和加密貨幣的發展為創新業務模式和金融產品提供了機遇。例如，基於區塊鏈技術的去中心化金融（DeFi）應用正在崛起，通過智能合約實現了更多的金融服務和金融包容性。

★ **挑戰二：** 數位支付和加密貨幣的普及還面臨著法規和監管方面的挑戰。政府和監管機構需要制定相應的法規和政策，以保護用戶權益、防範洗錢和金融犯罪等風險。

★ **機遇二：** 數位支付和加密貨幣的發展為跨境支付提供了機遇。傳統的跨境支付往往需要繁瑣的手續和高昂的費用，而數位支付和區塊鏈技術可以實現即時、安全和低成本的跨境支付，促進國際貿易和金融往來。

　　Web4.0的數位支付和加密貨幣的發展正在改變我們的支付方式和金融體系。它們提供了更便捷、安全和創新的支付解決方案，同時也帶來了一些挑戰，需要各方共同努力解決。隨著技術的不斷進步和法規的不斷完善，數位支付和加密貨幣將繼續在Web4.0時代發揮重要作用，推動經濟和社會的進步。

04 Web4.0的影響和未來展望

 4-1 軟體

★ **數位普及**：Web4.0的普及將推動數位技術在社會各個領域的普及，使更多人能夠參與數位化世界，增加數字包容性。

★ **社交和協作**：Web4.0促進了用戶之間的社交和協作，通過社交媒體平台、在線協作工具和虛擬現實技術，人們可以更輕鬆地連接、合作和分享資源。

★ **數字權益**：Web4.0引發了關於數字權益、隱私保護和數字倫理的討論，社會將需要建立相應的法規和政策來保護用戶的權益和隱私。

 4-2 對經濟的影響

★ **數位經濟**：Web4.0推動了網絡經濟的發展，數位技術的應用促進了電子商務、在線服務和共享經濟的蓬勃發展，為經濟成長帶來新的動力。

★ **數位創新**：Web4.0驅動了數位創新的加速，人工智慧、大數據、物聯網等技術的應用帶來了新的商業模式和價值鏈，促進了產業的變革和創新。

★ **工作變革**：Web4.0對就業市場產生了深遠影響，部分傳統工作將面臨被自動化和數位化替代，同時也將出現新的數位技術相關職位和就業機會。

4-3 對未來的展望

★ **數位轉型**：Web4.0將推動更多組織和行業實現數位轉型，通過數位技術提高效率、降低成本、提供更好的服務和產品。

★ **數據驅動的決策**：Web4.0時代將重視數據的收集、分析和應用，數據驅動的決策將成為未來的趨勢。隨著數據的快速成長和數據分析技術的進步，企業和組織將能夠更好地理解市場趨勢、用戶需求和業務運營情況，從而做出更明智的決策和戰略規劃。

4-4 技術和隱私挑戰

　　Web4.0的影響和未來展望帶來了許多新的技術和挑戰，其中包括技術方面的進步和相應的隱私挑戰，說明如下：

 技術挑戰

★ **大數據**：Web4.0時代產生了大量的數據，挖掘和處理這些數據將是一個巨大的技術挑戰。有效地收集、存儲、分析和應用大數據將需要強大的數據基礎設施和相應的數據科學技術。

★ **人工智慧**：Web4.0將大量應用人工智慧和機器學習技術，這涉及到

算法的開發、數據的訓練和模型的優化等方面的挑戰。同時，人工智慧的應用也需要解決倫理和道德問題，如算法偏見和自主決策的透明性等。

★ **物聯網**：Web4.0時代物聯網的發展將產生大量的連接設備和傳感器。這將需要解決物聯網設備的互通性、安全性和隱私保護等問題，同時還需要建立相應的標準和協議。

隱私挑戰

★ **個人隱私**：Web4.0時代的數據收集和分析可能涉及大量的個人信息，這對個人隱私帶來了挑戰。保護個人數據的隱私和安全成為重要課題，需要制定相應的隱私保護法規和技術措施。

★ **數據共享**：Web4.0的發展鼓勵數據的共享和開放，但這也帶來了數據擁有權、數據使用權和數據責任等問題。如何平衡數據的共享和隱私保護之間的關係是一個挑戰。

★ **監管和合規性**：Web4.0涉及到跨國界的數據流動和業務活動，這需要解決不同國家和地區之間的監管和合規性問題。

★ **數據安全**：Web4.0時代的數據安全成為一個關鍵問題。數據的大量生成和傳輸增加了數據被盜竊、操縱或破壞的風險。加強數據的加密、存儲和傳輸安全是一個重要的挑戰。

★ **資訊透明度**：隨著Web4.0的普及，人們將面臨著越來越多的數據和資訊。然而，這也帶來了資訊的過載問題，人們難以識別和評估資訊的真實性和可信度，從而可能影響個人和社會的決策。

★ **倫理和社會影響**：Web4.0的發展引發了一系列倫理和社會影響的問題。例如，人工智慧的自主決策和影響人類工作就業的問題，需要

制定相應的倫理準則和監管機制來解決這些問題。

👍 4-5 Web4.0帶來深遠影響

Web4.0的發展將繼續推動數字技術的創新和應用，並對社會和經濟帶來深遠影響。一方面，它將提供更多的便利、效率和創新機會，推動產業升級和經濟成長。另一方面，我們也需要解決相應的技術挑戰和隱私問題，確保數位技術的發展符合倫理原則、保護用戶的隱私和安全。

隨著技術的不斷發展，Web4.0可能還會帶來更多的變革。例如，更先進的人工智慧和機器學習技術、更完善的物聯網應用、更安全的數據交換和共享機制等。同時，隨著Web4.0的普及，我們也需要重視數位文化和數位素養的培養，以應對數位時代的挑戰和機遇。

總的來說，Web4.0將繼續推動數位轉型，改變我們的生活方式和工作模式。它將為社會和經濟帶來巨大的影響和潛在的好處，包括：

★ **創新和競爭力提升**：Web4.0的技術和應用將促進創新和競爭力的提升。企業和組織可以通過數據分析、智能化和個人化等方式，開發新的產品和服務，提高效率和品質，增強市場競爭力。

★ **效率和生產力提高**：Web4.0的智能化和自動化技術將提高生產力和效率。自動化生產流程、智能供應鏈管理和智能製造等將帶來更高效的生產運營和資源利用，從而降低成本並提高生產力。

★ **個人化和訂製化服務**：Web4.0將帶來個人化和訂製化的服務體驗。通過數據分析和智能推薦系統，企業和平台可以根據用戶的偏好和行為提供個性化的內容、產品和服務，提升用戶的滿意度和忠誠度。

★ **社會和經濟發展**：Web4.0將推動社會和經濟的發展。智慧城市建設、智能交通系統、智能家居和物聯網等應用將提升生活品質、資源利用效率和環境可持續性。

4-6 未來 Web4.0 的發展方向

Web4.0的未來展望將朝著以下方向發展：

★ **更智能化和自主化**：隨著人工智慧和機器學習的不斷發展，Web4.0將越來越智能化和自主化。系統和設備將具備更強大的學習和決策能力，能夠自主進行分析、預測和優化，提供更精準的服務和解決方案。

★ **更深度的數據交互和協作**：Web4.0將促進數據的更深度交互和協作。不僅是設備和系統之間的數據交換，還包括用戶之間的數據共享和協作。這將促進創新和合作，提高效率和品質。

★ **更強大的物聯網應用**：物聯網將成為Web4.0的重要組成部分。未來，物聯網將更廣泛地應用於智慧城市、智能家居、智能交通、智能製造等領域，實現設備和系統之間的無縫連接和智能化管理。

★ **更個性化的使用體驗**：Web4.0將提供更個性化和訂製化的使用體驗。通過數據分析和智能推薦系統，用戶將獲得更符合個人需求和喜好的內容、產品和服務。

★ **更安全和可信的數位環境**：Web4.0將致力於建立更安全和可信的數位環境。這包括加強數據隱私和安全的保護，確保數據的真實性和完整性，並建立可靠的數位身份和身份驗證機制。

★ **更強調可持續發展**：Web4.0將注重可持續發展和環境保護。智慧城

市、智能交通和能源管理等領域將致力於節能減碳、資源優化和環境保護，推動綠色和可持續的發展。

Web4.0的未來發展將不斷探索和應用新的技術和創新，以滿足人們對更智能、高效、個性化和可持續發展的需求。隨著數位技術的不斷演進和應用，Web4.0將持續改變我們的生活方式、工作模式和社會結構，為社會和經濟帶來更多的機遇和挑戰。同時，我們也需要關注相應的倫理和社會問題，確保Web4.0的發展符合道德和公共利益，並保障個人的隱私和數據安全。

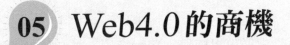

05 Web4.0的商機

　　Web4.0是Web3.0的下一個階段，它將人工智慧、區塊鏈和物聯網等技術融入網際網路，使網際網路更加智能、安全和開放。需要強調的是，這些商機只是基於假設的預測，實際的Web4.0內容和商機將取決於未來技術的發展和市場趨勢的變化。如有必要，請隨時關注相關的行業報告和專家意見，以獲取最新的訊息。Web4.0的出現將帶來新的賺錢商機，包括：

5-1 人工智慧和機器學習服務

　　Web4.0是網際網路的下一個迭代，它將人工智慧、區塊鏈和物聯網等技術融入網際網路，使網際網路更加智能、安全和開放。Web4.0的出現將帶來新的賺錢商機，其中包括人工智慧和機器學習服務。人工智慧和機器學習是Web4.0時代的關鍵技術，它們可以用來自動化許多工作，並提供新的服務和產品。例如，人工智慧可以用來開發聊天機器人、提供個性化建議和診斷疾病。機器學習可以用來訓練語言模型、開發圖像識別算法和提高醫療診斷的準確性。

　　Web4.0的出現將需要大量的人工智慧和機器學習服務，這將為相

479

關企業提供巨大的市場機會。以下是一些Web4.0時代人工智慧和機器學習服務的具體例子：

★ **聊天機器人：**聊天機器人是一種可以模擬人類對話的人工智慧程式，它可以用來提供客戶服務、銷售產品和回答問題。

★ **個性化建議：**人工智慧可以用來分析用戶的數據，並提供個性化的建議，例如商品推薦、旅遊建議和電影推薦。

★ **疾病診斷：**人工智慧可以用來分析醫學數據，並提供疾病診斷，例如癌症診斷和心臟病診斷。

★ **無人駕駛汽車：**人工智慧可以用來開發無人駕駛汽車，這些汽車可以安全地在道路上行駛，並且可以提供更方便的交通方式。

★ **虛擬助理：**人工智慧可以用來開發虛擬助理，這些助理可以提供客戶服務、安排行程和回答問題。

★ **智能家居：**人工智慧可以用來開發智能家居，這些家居可以自動控制燈光、溫度和安全系統。

★ **教育：**人工智慧可以用來開發個性化的教育課程，這些課程可以根據每個學生的學習需求進行調整。

★ **醫療保健：**人工智慧可以用來開發新的醫療診斷和治療方法，並且可以提供更個性化的醫療保健服務。

　　這些只是Web4.0時代人工智慧和機器學習服務的一部分。隨著Web4.0的發展，將會有更多的人工智慧和機器學習服務出現，它們將徹底改變我們的生活方式。

5-2 虛擬實境和擴增實境體驗

　　Web4.0的出現將帶來許多新的賺錢商機，其中包括虛擬實境和擴增實境體驗。虛擬實境（VR）是一種可以讓用戶沉浸在虛擬世界中的技術，它可以用來提供新的娛樂、教育和商業體驗。例如，VR可以用來玩遊戲、觀看電影、參觀博物館，甚至接受虛擬訓練。擴增實境（AR）是一種可以將虛擬信息疊加在現實世界中的技術，它可以用來提供新的娛樂、教育和商業體驗。例如，AR可以用來玩遊戲、學習語言、查看產品信息，甚至進行遠程醫療。Web4.0的出現將需要大量的虛擬實境和擴增實境體驗，這將為相關企業提供巨大的市場機會。以下是一些Web4.0時代VR和AR體驗的具體例子：

★ **虛擬遊戲：** VR可以用來開發新的虛擬遊戲，這些遊戲可以比傳統遊戲更逼真和沉浸式。

★ **虛擬教育：** VR可以用來開發新的虛擬教育課程，這些課程可以比傳統課程更生動和有趣。

★ **虛擬商店：** VR可以用來開發新的虛擬商店，這些商店可以讓用戶在虛擬世界中購物。

★ **虛擬醫療：** VR可以用來開發新的虛擬醫療技術，這些技術可以讓醫生遠程診斷患者，甚至進行手術。

　　這些只是Web4.0時代虛擬實境和擴增實境體驗的一部分。隨著Web4.0的發展，將會有更多的虛擬實境和擴增實境體驗出現。

5-3 數字孿生和虛擬代理人

　　數字孿生是一種虛擬代表，它可以模仿物理世界的物體或系統。數字孿生可以用於各種目的，例如產品設計、流程優化和故障排除。例如，一家汽車製造商可以創建一個數字孿生來模擬新車的性能，以便在生產之前對其進行改進。或者，一家電力公司可以創建一個數字孿生來模擬其電網，以便在出現故障時進行預測和預防。虛擬代理人是一種人工智慧代理，它可以與人類進行互動。虛擬代理人可以用於各種目的，例如客戶服務、教育和娛樂。例如，一家銀行可以創建一個虛擬代理人來回答客戶的銀行問題。或者，一家學校可以創建一個虛擬代理人來提供個性化的學習課程。

　　數字孿生和虛擬代理人是Web4.0時代的兩種新技術，它們將為企業和個人提供新的賺錢商機。例如，一家企業可以創建一個數字孿生來模擬其產品或流程，並使用這些數據來提高效率和降低成本。或者，一個人可以創建一個虛擬代理人來幫助他們完成任務，例如安排約會、訂購雜貨和預訂旅行。

　　隨著Web4.0的發展，數字孿生和虛擬代理人將變得越來越普遍。這些技術將徹底改變我們與網際網路互動的方式，並為企業和個人提供新的賺錢商機。

5-4 數字資產和元宇宙經濟

　　Web4.0是網際網路的下一個迭代，它將人工智慧、區塊鏈和物聯網等技術融入網際網路，使網際網路更加智能、安全和開放。Web4.0的出現將帶來新的賺錢商機，其中包括數字資產和元宇宙經濟。數字資

產是一種存在於數位世界中的資產，它可以是任何東西，包括虛擬貨幣、NFT、遊戲道具、音樂、視頻等。數字資產可以通過多種方式進行交易，包括交易平台、拍賣行和二手市場等。

元宇宙經濟是一種基於元宇宙的經濟體系，它允許用戶在元宇宙中進行交易、購買和銷售商品與服務。元宇宙經濟可以通過多種方式進行運作，包括虛擬貨幣、NFT、遊戲道具等。數字資產和元宇宙經濟是Web4.0時代的兩種新興市場，它們將為企業和個人提供新的賺錢商機。例如，一家企業可以開發新的數字資產，並在交易平台上進行交易。或者，一個人可以創建一個虛擬商店，並在元宇宙中銷售商品和服務。

隨著Web4.0的發展，數字資產和元宇宙經濟將變得越來越普遍。這些市場將徹底改變我們與網際網路互動的方式，並為企業和個人提供新的賺錢商機。

以下是一些Web4.0時代數字資產和元宇宙經濟的具體例子：

★ **虛擬貨幣：**虛擬貨幣是一種存在於數位世界中的數字貨幣，它可以用於在元宇宙中進行交易、購買和銷售商品和服務。例如，比特幣和以太坊是兩種最受歡迎的虛擬貨幣。

★ **NFT：**NFT是一種獨一無二的數字資產，它可以用來代表任何東西，包括藝術作品、音樂、視頻、遊戲道具等。NFT可以通過交易平台、拍賣行和二手市場等進行交易。

★ **遊戲道具：**遊戲道具是一種在遊戲中使用的虛擬物品，它可以用於增強遊戲體驗或提升玩家的地位。遊戲道具可以通過遊戲內商店、交易平台和二手市場等進行交易。

★ **音樂：**音樂是一種在數位世界中存在的藝術作品，它可以用於在元宇宙中進行播放、下載和購買。音樂可以通過交易平台、音樂串流

媒體服務和二手市場等進行交易。

★ **視頻：**視頻是一種在數位世界中存在的視訊作品，它可以用於在元宇宙中進行播放、下載和購買。視頻可以通過交易平台、視訊串流媒體服務和二手市場等進行交易。

這些只是Web4.0時代數字資產和元宇宙經濟的具體例子。隨著Web4.0的發展，數字資產和元宇宙經濟將變得越來越普遍。這些市場將徹底改變我們與網際網路互動的方式，並為企業和個人提供新的賺錢商機。

5-5 數據隱私和安全解決方案

Web4.0是網際網路的下一個迭代，它將人工智慧、區塊鏈和物聯網等技術融入網際網路，使網際網路更加智能、安全和開放。Web4.0的出現將帶來新的賺錢商機，其中包括數據隱私和安全解決方案。

隨著Web4.0的發展，網際網路將變得更加智能，也將變得更加複雜。這將使數據隱私和安全更加重要。企業和個人將需要數據隱私和安全解決方案來保護他們的數據。數據隱私和安全解決方案的市場潛力巨大。根據Frost & Sullivan的一份報告，全球數據隱私和安全市場預計將在2025年達到2100億美元。這一市場的成長將由以下因素驅動：

★ **數據量的增加：**隨著Web4.0的發展，網際網路上的數據量將急劇增加。這將使數據隱私和安全更加難以管理。

★ **數據的價值增加：**數據的價值正在增加。企業和個人正在使用數據來做出決策、開發新產品和服務，以及提高效率。這將使數據成為黑客的目標。

★ **數據隱私法規的收緊：**世界各國正在收緊數據隱私法規。這些法規

將使企業和個人更難以收集和使用數據。

　　數據隱私和安全解決方案的市場潛力巨大。企業和個人需要數據隱私和安全解決方案來保護他們的數據。這為提供數據隱私和安全解決方案的企業提供了新的賺錢商機。

　　以下是一些Web4.0時代數據隱私和安全解決方案的具體例子：

★ **數據加密**：數據加密是一種將數據轉換為無法解讀的格式的技術。數據加密可以防止未經授權的訪問數據。

★ **數據訪問控制**：數據訪問控制是一種控制誰可以訪問數據的技術。數據訪問控制可以防止未經授權的訪問數據。

★ **數據備份**：數據備份是將數據的副本存儲在安全位置的技術。數據備份可以防止數據丟失或損壞。

★ **數據監控**：數據監控是對數據的使用進行監控的技術。數據監控可以識別數據洩露和其他安全問題。

　　這些只是Web4.0時代數據隱私和安全解決方案的具體例子。隨著Web4.0的發展，數據隱私和安全解決方案將變得越來越重要。這為提供數據隱私和安全解決方案的企業提供了新的賺錢商機。

5-6 區塊鏈和加密貨幣服務

　　Web4.0的出現將帶來新的賺錢商機，其中包括區塊鏈和加密貨幣服務。區塊鏈是一種分散式數據庫，它可以用來存儲和傳輸數據。區塊鏈的優點是它是安全、透明和可追溯的。這使得區塊鏈成為許多應用程序的理想平台，包括金融、醫療保健和供應鏈管理。加密貨幣是一種使用區塊鏈技術的數位貨幣。加密貨幣的優點是它是安全、匿名和可追溯

的。這使得加密貨幣成為許多應用程序的理想支付方式，包括線上購物和匯款。

區塊鏈和加密貨幣服務的市場潛力巨大。根據Statista的一份報告，全球區塊鏈市場預計將在2024年達到397億美元。這一市場的成長將由以下因素驅動：

★ **區塊鏈技術的優勢：**區塊鏈技術的優點使其成為許多應用程序的理想平台。

★ **政府的支持：**世界各國政府正在支持區塊鏈技術的發展。

★ **企業的採用：**企業正在採用區塊鏈技術來提高效率和降低成本。

★ **消費者的接受度：**消費者正在接受加密貨幣作為一種支付方式。

區塊鏈和加密貨幣服務的市場潛力巨大。這為提供區塊鏈和加密貨幣服務的企業提供了新的賺錢商機。

以下是一些Web4.0時代區塊鏈和加密貨幣服務的具體例子：

★ **金融服務：**區塊鏈可以用來開發新的金融產品和服務，例如去中心化金融（DeFi）和穩定幣。

★ **醫療保健：**區塊鏈可以用來存儲和傳輸醫療數據，並提高醫療保健的效率和安全性。

★ **供應鏈管理：**區塊鏈可以用來跟蹤商品和服務的流動，並提高供應鏈的效率和透明度。

★ **電子商務：**區塊鏈可以用來提供安全和可追溯的支付方式，並提高電子商務的效率。

★ **遊戲：**區塊鏈可以用來開發新的遊戲，並提高遊戲的安全性和透明性。

這些只是Web4.0時代區塊鏈和加密貨幣服務的具體例子。隨著Web4.0的發展，區塊鏈和加密貨幣服務將變得越來越重要。這為提供

區塊鏈和加密貨幣服務的企業提供了新的賺錢商機。

5-7 綠色和可持續技術

　　綠色和可持續技術是指能夠減少環境影響的技術。這些技術包括太陽能、風能、水力發電和節能技術。綠色和可持續技術的市場潛力巨大。根據彭博新能源財經的一份報告，全球綠色能源市場預計將在2050年達到26兆美元。這一市場的成長將由以下因素驅動：

★ **政府的支持**：世界各國政府正在支持綠色能源的發展。

★ **企業的採用**：企業正在採用綠色能源來降低成本和提高競爭力。

★ **消費者的接受度**：消費者正在接受綠色能源作為一種生活方式。

　　綠色和可持續技術的市場潛力巨大。這為提供綠色和可持續技術的企業提供了新的賺錢商機。

　　以下是一些Web4.0時代綠色和可持續技術的具體例子：

★ **太陽能**：太陽能是一種可再生能源，它可以用來發電、供暖和照明。

★ **風能**：風能是一種可再生能源，它可以用來發電。

★ **水力發電**：水力發電是一種可再生能源，它可以用來發電。

★ **節能技術**：節能技術可以幫助企業和家庭降低能源成本。

5-8 數字健康和醫療科技

　　數字健康和醫療科技是指使用網際網路和相關技術來改善健康和醫療保健的技術。這些技術包括遠程醫療、電子健康記錄、可穿戴設備和人工智慧。數字健康和醫療科技的市場潛力巨大。根據Forrester

Research的一份報告，全球數字健康和醫療科技市場預計將在2025年達到2850億美元。這一市場的成長將由以下因素驅動：

★ **人口老齡化：**隨著人口老齡化，對醫療保健的需求將增加。

★ **技術進步：**數字健康和醫療科技的技術正在不斷進步，這使得它們更加可用和有效。

★ **政府的支持：**世界各國政府正在支持數字健康和醫療科技的發展。

★ **消費者的接受度：**消費者正在接受數字健康和醫療科技作為一種新的醫療保健方式。

數字健康和醫療科技的市場潛力巨大。這為提供數字健康和醫療科技的企業提供了新的賺錢商機。

以下是一些Web4.0時代數字健康和醫療科技的具體例子：

★ **遠程醫療：**遠程醫療是指使用網際網路和相關技術來提供醫療保健服務。遠程醫療可以使患者在任何時間、任何地點獲得醫療服務。

★ **電子健康記錄：**電子健康記錄是指使用計算機系統來存儲和管理患者的醫療信息。電子健康記錄可以使醫生和其他醫療保健提供者更容易訪問患者的信息，並提高醫療保健的品質。

★ **可穿戴設備：**可穿戴設備是指可以穿戴在身上的電子設備。可穿戴設備可以用來收集健康數據，並幫助患者管理自己的健康。

★ **人工智慧：**人工智慧是一種可以模仿人類智能的技術。人工智慧可以用來開發新的醫療診斷和治療方法，並提高醫療保健的效率。

這些只是Web4.0時代數字健康和醫療科技的具體例子。隨著Web4.0的發展，數字健康和醫療科技將變得越來越重要。

5-9 Web3.0 網域註冊

　　Web3.0網域是使用區塊鏈技術註冊的網域，它們具有傳統網域的所有功能，但還具有一些額外的功能，例如：

★ **更高的安全性：** Web3.0網域使用區塊鏈技術存儲數據，這使其更難被黑客攻擊。

★ **更大的可擴展性：** Web3.0網域可以更容易地擴展到更大的數量用戶。

★ **更大的透明度：** Web3.0網域上的所有交易都公開可見，這提高了透明度。

　　Web3.0網域的出現將帶來新的賺錢商機，其中包括：

 以太坊域名服務（ENS）

　　以太坊域名服務是一個去中心化的域名系統，可以讓用戶註冊以.eth結尾的域名，這些域名可以用於加密貨幣錢包地址、去中心化應用等。ENS的發展也將帶來許多商機，例如域名交易等。

　　Web3.0網域註冊商機主要有以下幾個方面：

★ **註冊和銷售Web3.0網域：** Web3.0網域是稀缺的資源，可以以高價出售。

★ **提供Web3.0網域相關服務：** 例如，提供Web3.0網域註冊服務、Web3.0網域託管服務和Web3.0網域安全服務等。

★ **開發Web3.0應用程式：** Web3.0應用程式需要Web3.0網域才能運行。

　　Web3.0網域註冊商機是巨大的，隨著Web3.0的發展，Web3.0網域註冊商機將會越來越大。

元宇宙和互動式應用

元宇宙和Web3.0強調互動和沉浸式體驗，因此與元宇宙相關的虛擬地產、虛擬商品等的域名註冊和交易可能成為商機之一。虛擬地產是指在元宇宙中虛擬的土地，它可以用來建造房屋、商店、企業等。虛擬商品是指在元宇宙中虛擬的物品，它可以用來裝飾自己的虛擬形象、玩遊戲等。

域名是指在互聯網上唯一標識一個網站或網頁的名稱。域名註冊是指將一個域名註冊到一個網站或網頁上。域名交易是指將一個域名從一個人轉讓給另一個人。在元宇宙中，虛擬地產和虛擬商品將會越來越重要，因此域名註冊和交易將會成為一個新的商機。

以下是一些與元宇宙相關的虛擬地產和虛擬商品的域名註冊和交易商機：

★ **虛擬房地產公司：** 虛擬房地產公司可以幫助企業和個人在元宇宙中購買、出售和租賃虛擬地產。

★ **虛擬商品公司：** 虛擬商品公司可以開發和銷售虛擬商品，如服裝、家具、汽車等。

★ **虛擬域名註冊公司：** 虛擬域名註冊公司可以幫助企業和個人註冊和交易虛擬域名。

 國際標準中文域名服務

國際標準中文域名服務（IDN）是指使用國際標準化組織（ISO）定義的標準字符集來表示中文域名。IDN域名可以使用中文、日文、韓文等語言來表示，這將有助於更多人使用網際網路。TWNIC推出的「國際標準中文域名註冊與解析服務」，將使IDN域名的註冊和解析更加方

便快捷。這將有助於更多企業和個人使用IDN域名，並將為中文域名註冊帶來新的商機。

以下是一些使用IDN域名的優勢：

★ **更易於記憶和識別：**中文域名使用中文來表示，這將更易於記憶和識別。

★ **更具文化特色：**中文域名使用中文來表示，這將更具文化特色。

★ **更具國際化：**IDN域名使用國際標準化組織（ISO）定義的標準字符集來表示，這將使IDN域名更加國際化。

IDN域名的推出，將使中文域名更加方便快捷，並將為中文域名註冊帶來新的商機。

各位讀者如有網域註冊等需求，歡迎與筆者聯繫，筆者與台灣【勤律專利商標法律事務所】合作，為欲申請網域註冊提供相關服務，聯繫方式如下：

06 結論

　　目前互聯網正處於從 Web2.0 向 Web3.0 的過渡階段，而人們對於下一代互聯網，即 Web4.0，已經產生了好奇。Web4.0 的定義尚不明確，但有一些猜測和觀點。有人認為 Web4.0 將更加「腦力」，意味著它將更加與我們的大腦嵌入和連接。

　　在不同的來源中，Web4.0 也被描述為利用人工智慧、機器學習、VR、AR 和區塊鏈等新技術的組合，以創造更沉浸式、連接和智慧的網路體驗。Web4.0 不僅僅是一個單一的技術或平台，而是一系列技術的集合，它們將相互協作，以創建更加沉浸式、連接和智慧的網路體驗。通過 Web4.0，我們將能夠以比以往更快、更高效的方式訪問、存儲和共用資訊。雖然 Web4.0 的具體特徵和實現方式尚不清楚，但它被認為將進一步改善用戶體驗，通過更加智慧化、個性化的網路應用，以及 VR 和 AR 等技術的應用，創造更加沉浸式的網路體驗。Web4.0 還將促進網路應用、服務和平台之間以及與用戶之間的即時互動，實現更高度的連接和智慧化。

　　綜上所述，Web4.0 將提供更好的使用者體驗和互動方式，儘管具體細節尚不明確，但 Web4.0 被認為將推動互聯網進一步發展並帶來更多潛在的好處。

智慧型立体學習

以書引流，以課導客

元宇宙、區塊鏈
專業教練
——吳宥忠

　　擁有中國電子節能技術協會之數
字經濟師、工業與信息化之區塊鏈應用
架構師等其他超過 20 張專業證照，授課地
區遍布中國大陸、香港、東盟、台灣等地區，
授課場次超過上千場，目標培訓更多區塊鏈專業
人士，並透過區塊鏈為各個產業賦能。目前已開立的
培訓班有：區塊鏈證照班、區塊鏈商業模式班、區塊鏈
賦能應用班、元宇宙 NFT 概念班、AI 生成應用班等，歡迎
對區塊鏈、AI 與元宇宙有興趣的朋友來共同學習。

洞見趨勢，鏈接未來，翻轉人生！

　　Web 4.0 與 AI 的數位新時代來臨，如何創造「不可被替代」的價值？
要成功就抓緊趨勢！吳宥忠老師致力推動區塊鏈、AI 與元宇宙相關知識與教
育，因為他深知只要站在浪頭，跟上勢不可擋的趨勢，成為市場先行者，就能
大賺趨勢財！因此推出一系列不需基礎也能懂的入門科普書及迎接虛實即時互通的
時代必讀的商機趨勢工具書，想要跟上新時代列車的你，絕對不容錯過！

更多詳情請上新絲路官網 www.silkbook.com　新‧絲‧路‧網‧路‧書‧店 silkbook◎com　查詢，或撥打客服專線 (02) 8245-8318

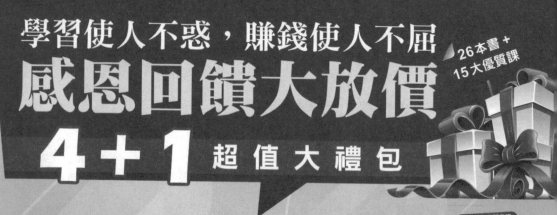